[개정판]

가족과 문화

곽미정 성진경 이영미 전대성 전미숙 공저

양성원

머리말

인간은 가족관계를 통해 자연스럽게 문화를 체득하며 성장하고, 가족과 함께하는 문화활동은 각종 생활 스트레스의 회복 기능과 함께 가족 구성원 간의 역할 갈등이나 가치관 대립의 문제에 대하여 열린 마음의 자연스러운 의사소통을 가능하게 한다. 또한 다양한 가족문화 활동은 생활의 질을 개선하는 효과가 있으며 가족 간의 유대뿐 아니라 행복하고 건강한 가정의 구심적 기능을 담당하는 것에 도움을 준다. 이를 통하여 가족 구성원의 소속감과 이해와 행복을 함양할 수 있게 하는 것이다. 가족 구성원이 상호 공통 관심을 공유할 수 있다는 것은 가족 구성원으로서의 신뢰감, 소속감, 심리적 안정감을 촉진하고 공동의 주제를 자연스럽게 해결해 나가는 기능이 있으며, 가족문화를 통해 가족 구성원은 상호 존중의 마음을 배우고 공동체적 경험을 통하여 각자 자기실현 경험이 가능해진다.

그 밖에도 가족문화를 통한 가족 구성원 간의 친밀감은 가족 응집력을 돈독하게 하며 이것은 현대사회에서 가족 구성원의 일탈이나 방임을 예방하고 가족 구성원이 유리되지 않도록 하는 것에 많은 도움이 된다. 즉, 가족이 함께하는 활동은 작은 일상의 문화라고 하더라도 향후 사회생활의 토대가 될 뿐 아니라 가족문화로 인한 긍정적인 시너지 효과는 인간의 자기발전과 잠재력의 발견 및 성취감에 도움을 주게 된다.

이와 같이 가족문화는 새로운 환경, 새로운 문화, 새로운 지적 호기심을 충족하는 다양한 활동을 가능하게 하며 새로운 능력을 발견하는 기회를 제공한다. 이는 궁극적으로는 자아실현에 도움을 준다고 할 수 있을 것이다.

한편 공동의 생각과 행동, 가치관, 사회적 특성, 전통적 습관 등 사회 구성원들의 사회활동의 관점은 가족문화를 새롭게 정의내리는 것에 영향을 준다. 이러한 관점에서 본다면 문화는 보다 넓은 의미에서 정의될 수 있으며 따라서 사회 구성원들의 총체적인 생활방식을 의미하게 된다. 인류학에서도 이 용어가 사용될 때 문화는 예술이나 사회적 미덕의 도야를 의미하지 않는다. 오히려 문화는 학습되고 축적된 경험을 가리키며, 상당히 다양한 의미로 사용되고 있다. 그러므로 가족문화의 개념은 산업혁명과 시민사회의 성장 속에서 그 범위를 오히려 넓혀 가게 되어 생활양식, 생활방식, 관념체계 등 여러 요소들이 반영된 종합적이고 복합적인 체계로 거듭나고 있다.

본 교재에서는 가족문화와 함께 '문화 컨텐츠'를 다루게 될 것이다. '문화 콘텐츠'는 예술적 자질을 포함하여 범위를 확장해, 지금은 각 영역의 전문성에 따른 창조력을 형성하고 있다. 콘텐츠의 의미는 구성원들의 공동체로서 가족문화의 관점에서도 그 정의를 도출할 수 있다. 이것은 문화, 예술 전반에 걸쳐 사용되고 시대에 따라 그 의미가 넓어져 현재는 가족 공동체 문화의 분화에도 많은 영향을 주고 있다. 가족은 문화를 통하여 상호 이해와 신뢰를 배우게 된다. 가족은 사회적으로도 국가의 미래에 있어서도 매우 가치 있는 집단이다. 즉, 인재의 양성은 가정으로부터 일어난다고 볼 수 있는 것이다. 따라서 현대사회에서는 오히려 가족학의 함의가 더 높게 평가되고 있다.

이러한 시점에서 가족문화에 대한 올바른 이해는 인간 상호 신뢰감의 배경이 되고, 개인적으로 추구하는 자아실현을 촉진하게 될 것이다. 이에 가족문화에 대한 다양한 영역을 탐색해 보고 현대사회에서 더욱 가치 있는 문화관을 올바로 정립하여, 건강한 가족문화에 대한 가치관을 형성해 나가는 것에 본 교재가 조금이나마 도움이 되었으면 하는 바람이다.

2025년 3월

저자 일동

차 례

Chapter 01

가족 관련 이론과 문화

CHAPTER

01 가족 관련 이론과 문화

1 가족과 환경

현대사회에서 환경 속의 인간(person in environment)은 보편화된 개념이며 인간은 환경 속에서 인간의 적응적 적합성을 지니며 성장하는데, 인간과 가족과 사회는 매우 밀접하게 상호 영향을 받으며 성장한다. 이를 위해서는 다양한 역할과 기능이 유기적인 모습으로 적응적 적합성을 지녀야 하는데, 이러한 관계성을 조화롭게 하는 것에 중요한 역할을 하는 것이 바로 문화이다.

사회과학적 차원에서 환경 속의 인간이라는 개념은 인간과 환경과의 관계를 설명하기 위하여 인간의 욕구와 문제점들이 환경과의 상호 교류에 의하여 발생하고 있다고 보면서 인간과 사회의 변화와 적응을 중요하게 보는 관점이다. 환경 속에서 성장하면서 인간은 다양한 문화를 경험하게 되며 이것은 다시 인간의 심리적, 사회적,

문화적인 요인에 영향을 주게 된다. 따라서 환경 속의 인간이라는 개념은 인간이 자신이 속한 환경 속에서 얼마나 조화를 이룰 수 있는가 하는 관점으로, 환경과 함께 개입한다는 것의 중요성을 설명하고 있으며 여기에서 중요한 것이 가족과 가족이 형성하는 문화일 것이다.

2 문화와 삶의 질

인간의 삶의 질을 구성하는 요인은 많은 부분이 있을 것이다. 그러나 그중에서 중요한 부분을 담당하는 것이 바로 문화이다. 올바른 문화는 인간의 감성, 지성, 심리, 정서에 영향을 주며 이러한 것에 좋은 영향은 인간의 삶을 풍요롭게 한다. 따라서 문화의 향유는 매우 중요한 문제이며 올바른 문화가 가족 내에서 구현된다면 더욱 바람직한 일이 될 것이다. 이에 대한 문화는 상호 교류를 더욱 원활하게 한다.

1) 상호 교류(tansaction)

생태학적 관점에서 볼 때 상호 교류란 개인과 환경이 상호 영향을 미치면서 개인과 환경이 조화를 이루는 것이다. 즉, 개인과 문화 사이의 상호 교환은 개인–환경 내에서 변화를 일으킬 수 있으며 '개인과 문화'라는 상호작용은 내적인 힘을 가지게 하는 효과로 축적된다.

2) 생태체계적 관점과 가족문화와 가족건강

기존의 인간의 심리를 다루는 관점은 인간 내부나 무의식에 치우쳐 해석하던 단선적인 관점의 진단적 모델이었다. 그러나 현대 체계론적 입장에서는 인간과 환경을 통하여 인간의 발전과 성장이 가족의 생활주기의 반영과 함께 환경과 다양한 문화와의 지속적인 상호작용으로 체계 속에서 이루어진다는 관점이 보다 설득력 있게 되었다.

3) 순환적 인과론의 제공

다양한 순환적 인과론은 기존의 직선적 인과론(linear causality)에서 벗어나 순환적 인과론(circular causality)을 지향하며, 이러한 순환적 인과론적 차원에서 설명할 때 문화는 인간의 삶에서 다양한 기능을 하며 영향을 미치고 있다. 그 기능으로는 다음과 같다.

(1) 스트레스(stress)와 대처(coping)

스트레스의 개념은 개인과 환경의 상호 교류 과정에서 스트레스가 발생될 수 있음을 뜻한다. 즉, 인간이 경험하는 스트레스란 주어진 삶 속에서 사회의 요구에 대한 개인의 지각 간의 요구 불균형으로, 인간에게 스트레스를 발생시킬 수 있다.

그러나 문화의 가장 중요한 기능은 인간의 스트레스를 완화하는 것이다. 문화를 접하는 경험은 재충전을 통하여 스트레스를 이겨 낼 힘을 줄 뿐만 아니라 정서 속에 내재되어 다양한 동기부여 등의 간접 경험을 제공하여, 다시 삶 속에 영향을 주어 개인의 성장과 발전을 도모하게 된다. 인간의 성장에는 항상 수많은 도전과제가 있기 마련이다. 따라서 이러한 도전과제에 직면하고 힘을 얻도록 하는 스트레스의 대처 기능이 바로 다양한 문화에 있다.

(2) 대처(coping)

대처란 인간이 환경을 극복하기 위하여 어려움에 부딪혔을 때 해결해 나가는 방법이나 과정을 의미한다. 이에 개인은 대처 과정을 통하여 동기, 자존감 회복, 정신적 안정, 문제 해결 능력, 자율성 등 내적 자원 및 가족과 사회적 관계, 자원의 동원 등 외적 자원을 활용할 수 있는 능력을 함양하게 된다. 이러한 대처에 대한 방법은 다양하며 그에 대한 간접적인 모델링을 건강한 문화로부터 배울 수 있다.

3 인간과 환경의 통합적 관점의 지향

인간과 환경과 문화 간의 활발한 교류는 다양한 가치관을 통해 인간의 성장을 돕는다. 이러한 관점에는 환경 속의 인간의 개념이 자리하고 있으며, 가족과 개인을 고려하여 볼 때 다음과 같은 기본전제를 생각해 볼 수 있다.

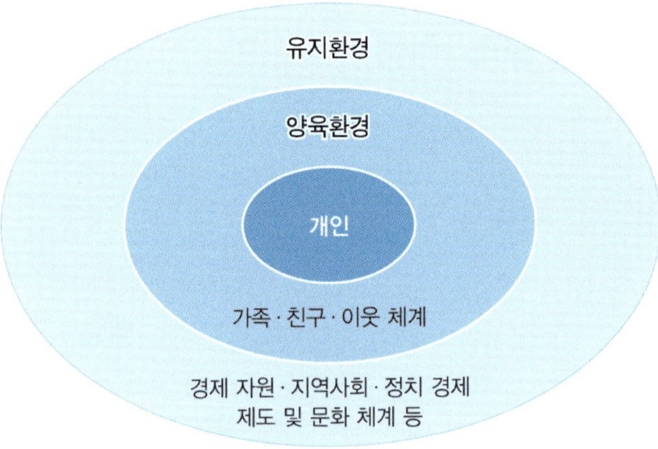

그림 1-1 Norton(1978).

① 가족관계는 개인이 환경에 성공적으로 적응하기 위하여 연속적인 인간의 발달 단계를 통하여 형성된다.

② 가족관계의 발달은 환경적 조건과 자원들 간의 적합성 등 다양한 관점에서 검토되는 것이 바람직하다.

③ 올바른 가족문화는 가족체계의 건강성에 영향을 주며 가족 내에서 개인이 건강하게 기능하는 것에도 영향을 미치게 된다.

4 문화의 유형과 속성

문화의 유형과 속성을 알아보면 물질문화와 정신문화로 구분했을 때, 물질문화란 정신적 문화 요소가 표현되어 가시적 형태로 유지되는 문화로 자동차, 컴퓨터와 같이 물질과 관련되거나 소비문화 등을 생각해 볼 수 있다. 반면, 정신문화란 인간의 정신적 상태로 유지되는 문화로 가치관, 신념 등이 있을 수 있는데, 가치와 신념이 물질문화에 반영되는 경우도 많다.

또한 정신문화뿐 아니라 행위문화가 있는데, 행위문화는 우리의 구체적인 행위가 이루어지는 절차나 방식에 관한 문화로 법, 민속, 관습, 제도 등이 이에 해당하며, 정신문화는 학문, 종교, 도덕, 가치관 등 정신적 창조물을 지칭하는 것이라 할 수 있는데 이것은 인간이나 집단이 갖는 상징이나 의미, 가치를 뜻한다.

한편 핵심문화와 주변문화로 구분하자면, 핵심문화는 전통 있고 사회적으로 영향력 있게 유지되는 문화인 반면 주변문화는 특정 소집단, 혹은 하위계층이거나 소수 마니아에 의한 문화라고 할 수 있다. 그 외에도 집단 구성원 간의 관계를 유지하는 형태인 규범적 문화와 형이상학적 사유형태로 심미적 문화가 있으며 문화란 구분방식에 따라 매우 광범위하게 우리 삶 속에 존재하고 있다. 이와 같이 문화는 실로 다양하며 우리사회도 다문화시대를 표방하고 있는데 이는 국가 내에서 다양한 문화를 인정한다는 의미라고 할 수 있다.

1) 다문화사회

'다문화주의'라는 용어는 캐나다와 호주에서 1970년대를 전후해 본격적으로 사용되기 시작하였으며, 정부의 새로운 정책이나 사회운동의 목표를 지칭하여, 이후 캐나다, 호주, 미국, 유럽 등의 선진국들 의회의 토론 이슈, 정당 공약, 중앙 및 지방정부의 조직 설치와 예산의 근거, 학문적 분석, 대중매체, 상업적 영역 등에서 급속도로 확산되었다(임정빈, 2010).

세계화의 조류에서 우리나라도 고령화, 저출산과 노동력 공급 부족을 해결하기 위하여 외국인 노동자 유입을 허용하면서 우리나라는 다문화사회로 이행하게 되었다. 더욱이 국제결혼 증가로 다문화 가정을 이루는 결혼 이민자는 급속도로 늘어나고 있는 추세이다. 이에 우리나라에서는 외국인 노동자, 결혼 이민자, 새터민, 1인 외국인 가족을 포함한 외국인이 함께 거주하고 있는 실정이다.

우리사회는 이제 다문화 시대의 도래를 맞이하여 단순한 차원의 정책 문제뿐 아니라 향후 나아가야 할 한국사회의 방향을 제시해야 하는 이론과 사회 및 정책적인 문제를 안고 있는 실정이다. 즉, 다문화주의 개념의 등장으로 민주주의의 확산과 다양한 인종의 정체성이 복잡하게 얽혀 있는 국가들에서는 국민들을 어떻게 하나의 '국민'으로 통합시킬 것인가에 대한 논의가 제기되고 있으며, 이는 곧 국가 이데올로기(ideology)로서의 다문화주의의 채택을 의미한다(강휘원, 2006).

다문화주의는 이제 민주주의의 확산과 더불어 단일민족으로부터 현재의 다양한 인종에 대한 정체성에 따라 국민통합의 이념 정립이 필요하다. 그러나 이와 같은 이념 정립의 문제는 많은 어려움을 가지고 있는데, 이에 대하여 이용승(2004)은 다음과 같이 언급하고 있다. "오늘날 이 다문화주의는 국가, 인종, 민족 등의 거시적인 차원에만 국한되지 않고 사회 내의 소외계층이나 소수인종, 세대 간 갈등과 성역할의 차이 등과 같은 미시적인 문제를 포함하는 매우 광범위한 주제이기 때문에 하나의 의미로 정의내리는 것은 불가능하다(이용승, 2004)."

다문화사회에 관한 정의는 학자마다 다양하나 주류사회의 전통이나 관습, 문화에 기반을 둔 다수집단의 정체성과 이에 포함되지 않는 소수집단의 정체성 간의 평화스런 공존을 추구하는 것을 다문화사회라고 하며, 이러한 다문화사회는 소수집단의 정체성을 존중하고 고유문화가 독자적으로 전개되는 시공간을 인정하고 수용하는 단계까지 포함하고 있다(강휘원, 2006).

현재 우리사회에서 통용되는 다문화주의의 의미는 다원적인 국민성과 '다르게 평등하게 사는 것'으로 두 측면에서 설명되고 있다(송종호, 2007). 이에 다문화, 다원주의는 문화적 존재로서 개개인이 타인의 기준에 의해서 부당하게 평가받지 않으며, 한 사회 내에서 존재하는 각 하위집단과 구성 집단들의 신념에 대한 상대성을 동등하게 인정하고 존중하는 것(김광억, 1998; 문경희, 2006)으로 정의되고 있다. 즉, 개인의 고유한 삶에 대한 의미와 가치를 존중받고 이러한 긍정적인 자기존중의 삶이 실현되는 것을 다문화주의라 할 수 있다(김경아, 2008).

현실에 비추어 세계화의 조류 속에서 한국은 고령화, 저출산과 노동력 공급 부족을 해결하기 위하여 외국인 노동자 유입을 허용하면서 다문화사회로 이행하게 된 가운데, 국제결혼 증가로 다문화 가정을 이루는 결혼 이민자는 급속도로 늘어나고 있다. 따라서 다양한 가족 문화에 대한 이해도가 더욱 중요하게 되었다.

2) 문화의 속성

문화의 속성으로는 그 자체가 하나의 실체로 다음과 같은 특성을 지니고 있는데,

상호 유기성, 역사성, 상대성, 공유성, 학습 가능성, 변화 가능성이며 이를 살펴보면 다음과 같다.

(1) 상호 유기성

상호 유기성이란 서로 다른 문화가 그것을 구성하는 요인들 간에 상호 유기적 관계를 이루면서 나타나는 문화라고 할 수 있는데, 문화의 특성상 상호 영향을 주면서 제 2의 문화가 만들어지는 특성을 뜻한다.

(2) 역사성

역사성으로 **문화는 오랜 역사적인 과정 속에서 인류가 창조해 낸 산물이며 사회와 인간과의 교류나 예술성에 의하여 만들어진 축적물**이라는 뜻으로 오늘날의 문화는 단시간에 이루어진 것이 아니라 인류문화를 통해 축척되어 온 창조물이라는 것이다. 이것은 음식문화에서 많이 찾아볼 수 있으며 자연환경과 음식의 보관문화 등에 의하여 만들어지는 김치, 치즈, 햄과 같이 인간과 자연과 환경을 통해 만들어진 문화가 있다. 우리가 문화를 흔히 사회적 유산(social heritage)이라 지칭하는 것은 바로 이러한 이유라고 할 수 있으며 이러한 문화가 내포되어 전승되며 다음 세대로 이어져 새로운 문화를 창출하는 예라고 할 수 있을 것이다.

(3) 상대성

상대성이란 문화가 절대적인 기준에 의하여 창출된 것이 아니라 다수의 많은 사람들의 생각과 가치와 행동이 반영된 총체적인 유형과 형태라는 것이다. 예를 들면, 의복문화를 들 수 있는데, 다양한 나라의 다양한 의상은 그 시대 사람들의 미와 예의 기준이라고 할 수 있으며 문화를 상대적으로 반영한 것이라고 할 수 있다.

동양의 한복과 서양의 드레스나 혹은 특별히 예의를 갖출 때 입는 의복이나 혹은 캐쥬얼, 청바지 이러한 것들은 사람들이 나름대로의 사고방식과 행동양식을 가지고 살아가는 삶의 총체적 모습을 담고 있는 것이며, 따라서 문화 역시 다양한 형태를 띠고 있는 것을 나타내 주고 있다. 그러므로 어떤 문화이든지 그 나름의 고유성과 독창성, 역사성을 가지고 있으므로 타 문화를 자기 시각에서 가치평가하지 않는 것이 중요한데, 이것을 오늘날 강조되고 있는 문화상대주의라고 한다. 특히 다문화시대의 도래에 따라 문화의 다양성과 상대성을 무시한 채 자기 민족 중심적으로 문화를 동화하고 흡수시키고자 할 때에는 많은 사회적 부작용을 감수해야 하며 그에 대한 사회적 위험이나 비용은 예측하기 어렵다.

(4) 공유성

공유성이란 개인 단독으로 문화를 창출하는 것이 아니라 개인과 사회와 문화가 함께 상호작용하여 만들어진 것이 문화라는 개념이라는 특성이다. 개인은 사회적 존재이며 태어날 때부터 사회와 상호작용하게 된다. 그리고 예술의 개념은 이와 같은 것을 토대로 새로운 시각에서 창조되어지는 특성이 있다.

(5) 학습 가능성

문화는 한번 형성되면 전파와 흡수의 효과에 의하여 다양한 사람들이 접하고 확산될 수 있는 가능성을 지닌다. 그러므로 유익하고 좋은 문화를 창출하는 것은 문화 창출에 관여하는 사람들의 중요한 책무이기도 하다. 우리사회에 잘못 전파된 공격성을 기반으로 하는 게임 등은 이러한 책무성보다는 시장성을 겨냥한 것이라 할 수 있고,

판단 없이 받아들였을 때의 사회적 파장은 나이가 어리고 인지기능이 약할수록 그에 대한 피해는 크다.

(6) 변화 가능성

변화 가능성이란 문화가 유지되거나 전승될 때 고정적인 것이 아니라 상황과 상호작용하면서 변화하게 될 수 있다는 것을 의미한다. 오늘날 업그레이드라는 의미가 될 수도 있고 새로운 창조의 개념으로 두 문화가 접변하여 다른 새로운 문화를 창출하는 것을 의미한다고 할 수 있다.

3) 문화적응의 의미

(1) 문화의 정의

마레츠키(Maretzki, 1977)에 의하면 문화란 관습, 믿음, 전통, 삶의 양식을 의미하며, 이것은 결혼생활에서 매우 중요한 것이라고 하였다. 베리(Berry, 1991)에 의하면 본디 문화적응(acculturation)의 개념은 레드필드와 허스코비츠(Redfield & Herskovits, 1936)에 의하여 소개되었다고 하면서, 문화적응이란 두 집단 간에 이미 가지고 있던 문화적 경험에 의하여 이차적으로 서로 다른 문화를 지닌 개인집단들이 지속적인 직접 접촉을 통하여 발생하는 현상들에 대해 이해하는 것을 의미한다고 하였다.

(2) 문화적응

베리 등(1990)은 '문화에 적응하는 개인 혹은 집단이 주류사회와 관계 맺는 방식'이 문화적응이라 하였다. 즉, 문화적응의 개념은 서로 다른 문화를 가지고 있는 사회나 집단이 문화적인 접촉의 상황에서 등장한 개념이라고 할 수 있다. 이에 대하여 채정민 등(2002)은 문화적응을 서로 다른 문화 속성을 지니고 있는 개인이나 집단이 하나의 사회를 형성하며 살아갈 때 각자 새로이 정립하게 되는 문화적인 정체성 및 심리적인 적응의 결과라고 정의하였다.

(3) 심리적 적응

이에 대하여 설과 워드(Searle & Ward, 1990)는 문화적응에는 정서나 감정의 심리적 적응과 행동에 관한 사회문화적 적응이 있다고 보았다. 또한 베리 등(1988)에 의하면 문화적응의 과정에서 각각의 개인이 경험하는 변화의 범위는 크게 5가지 범주로 나눌 수 있는데, 즉 신체, 생물학, 사회, 문화, 그리고 심리유형으로 구분할 수 있다고 하였다.

첫째, **신체 변화**는 낯선 거주지역에 따른 낯선 사람들과 새로운 기후를 접하면서 일어나는 변화를 뜻한다. 둘째, **생물학적 변화**는 낯선 음식의 접촉과 이에 따른 건강 상태의 변화를 뜻한다. 셋째, **사회적인 변화**는 새로운 사회적 관계를 형성하면서 갖게 되는 변화를 의미한다. 넷째, **문화적 변화**는 정치, 경제, 종교, 언어, 기술 그리고 사회의 제도적인 변화를 뜻한다. 다섯 번째, **심리적 변화**는 가치, 태도, 신념, 그리고 정신적인 건강의 변화를 뜻한다. 그런데 이와 같은 문화적응은 관점에 따라 약간씩 상이할 수 있다.

즉, 베리(1976)에 의하면 동화주의 모델이 적용되는 사회에서는 주류사회의 문화를 받아들이게 되고, 다문화주의 모델을 적용하고 하는 사회에서는 모국의 문화도 유지하면서 새로운 문화를 동시에 받아들이고 참여하게 된다고 하였다. 그러나 베리(1980)는 문화적응의 과정이 모든 이주자들에게 균등하다고 보지는 않았다. 즉, 베리 등(1987)에 의하면 문화적응의 과정이 자문화와 타 문화 간의 성격과, 개인적인 열의와 희망에 따라 상이하다고 하였다.

이것은 문화적응의 방식을 통해 삶을 유지해 가는 과정에서 개인의 힘은 소멸되기도 하고, 개인의 삶이 확장되기도 하므로 정신적인 건강에는 어떠한 측면에서 긍정적인 작용을 하기도 한다. 그런데 이때 주류인 문화가 만일 타 문화에 대하여 개방적이지 않다면, 이주자들은 종종 자신의 가치에 대해 회의를 느끼게 된다.

따라서 은와디오라의 맥아두(Nwadiora & McAdoo, 1996)에 의하면 이러한 현상은 결국 더 큰 사회에 소수집단이 순응해야만 하는 압력으로 작용하게 될 수 있다고 하였다. 또한 이에 대하여 데이비스(Davis, 1978)는 문화적응과는 달리 동화(assimilation)의 개념을 소개하면서 이것은 소수집단인 이민자의 욕구와 달리 현지 사회가 그들의 기준과 가치에 따라 소수민족을 흡수하고자 하는 지배적인 다수민족의 노력이라 정의하였다.

(4) 문화접변과 상호작용

허와 김(Hurh & Kim, 1988)이 언급한 문화접변(acculturalism)의 개념에서 보면 문화는 문화적인 수용과 유지관계에 있어서 스스로 가치판단을 하여 움직이는 기능이 있다고 하였다. 양계민(2004)은 이에 대하여 문화적응이 원칙적으로 중립적인 용어로 상호작용하는 두 집단 모두에게 해당하지만 실제적으로는 어느 한 집단이 다른 집단에 비해 많은 변화를 겪는 경우가 많다고 하였다. 따라서 베리(1990)는 서로 다른 문화의 집단 혹은 사회가 지속적이며 직접적으로 문화에 접촉하는 것이 문화접촉이며, 이러한 상황에서 적응과 관련한 문제를 문화적응(Acculturation)이라고 하였다.

베리(1991)는 레드필드, 린튼 그리고 허스코빗(Redfield, Linton & Herskovits, 1936)에 의해 문화적응의 개념이 처음 소개되었다고 하면서 다음과 같이 개념을 정의하였다. 베리의 문화적응은 첫째, 단순한 학습의 개념이기 보다는 전략적인 변화를 통하여 심리와 문화적인 적응 전반을 다룰 수 있는 장점이 있다. 둘째, 다양한 영역을 걸쳐 심리적인 문화적응을 다루게 된다. 셋째, 시간의 흐름에 따라서 순차적으로 이루어지게 되는 일련의 과정들을 체계적으로 다룰 수 있다.

(5) 변화의 과정

베리(1997)는 문화적응을 종합적으로 개인차원과 연관하여 집단차원의 개념으로 다루었다. 그는 문화적응의 과정이 각기 다른 문화집단 사람들의 장기간 접촉을 통한 '변화의 과정'이라 하였다. 베리(2005)는 이 중 특히 특정 구성원들의 태도나 행동이 수정되는 심리적인 문화적응을 통하여 태도, 신념, 가치 그리고 정신건강의 변화가 이루어지며, 문화적응은 개인의 삶을 확장시켜 정신건강에 있어서 긍정적인 효과가 있다고 하였다.

그리고 베리(1997)는 이주민의 문화에 대한 적응과정을 통하여 문화적응 전략인 통합, 동화, 분리, 주변화가 발생한다고 보았다. 즉, 문화적응의 각 하위 유형을 살펴보면, 첫째, 통합으로 이것은 기존에 개인이 지닌 문화 정체성과 새로운 문화 정체성 간의 조화를 의미한다는 것이다. 둘째, 동화의 개념은 자신의 고유한 문화 정체성의 일부를 포기하고 새로운 생활문화양식을 선택하는 것이라 보았다. 셋째, 분리로 이것은 기존의 자기 자신의 문화 정체성만을 유지하며 새로운 문화와 상호작용을 친밀하게 하지 않는 것이다. 넷째, 주변화로 이는 기존의 자신의 문화 정체성에 대한 거부와 동시에 새로운 문화의 무관심 모두의 특징을 지니는 것이다.

이러한 과정에서 중요한 것은 문화적응에 대한 스트레스가 발생할 수 있다는 것이다. 이에 대하여 체리(Cherry, 1978)는 스트레스가 개인에게 부과되는 요구가 즐거운 것인지 그렇지 않은지에 관계없이 그와 같은 요구에 대해 나타나는 보편적 신체적 반응이라고 하였다.

5 문화의 기능과 변동

1) 문화의 기능

문화는 개인의 심미와 예술성을 추구하는 욕구 충족뿐 아니라 개인의 사회화의 가능성을 가지고 있는데, 사회화란 개인이 특정 사회가치를 내재화하는 과정에서 생길 수 있다. 또한 문화를 통해 사회 구성원은 특정한 가치를 선호하기도 하고 윤리적 상대성에 의하여 윤리의식의 기준으로 삼기도 하므로 문화의 역할은 크다. 이와 같이 문화는 행동의 준거성이 되기도 하고 사회변동의 원동력이 되기도 한다. 세대 간의 변화와 차이는 바로 이러한 문화의 차이에서 비롯되는 경우가 많다.

2) 문화의 변동

문화는 하나의 영속적인 형태로 유지되지는 않으며 한번 형성된 문화라 하더라도 주변의 문화와 상호작용하면서, 융합되거나, 흡수하거나, 충돌하거나 하는 과정을 통하여 변화를 가지게 된다. 문화에 대한 용어는 다음과 같다.

(1) 문화전계

문화는 앞 세대로부터 다음 세대로 전달되고 전수되는 특성이 있다. 문화는 단시간에 형성되거나 극한 변화를 가지지는 않으나 세대 간에 따라 자연스럽게 변화하면서 전수되는 특성이 있다.

(2) 문화접변

문화접변이라는 용어는 특정한 문화가 **다른 문화와 접촉함으로써 제3의 문화를 이루는 현상**을 뜻한다. 문화는 이와 같이 무형이라 하더라도 어떠한 특성을 가지는 것이며 또 주변의 문화와 만나 또 다른 독특한 문화를 형성할 수 있는 가능성을 가지고 있다.

(3) 문화결핍

문화결핍(culture deprivation)이란 출신 가정의 사회적 · 경제적 지위가 상대적으로 낮은 환경에서 비롯될 수 있는데 그 시대가 보편적으로 누리는 문화에 노출되지 못하여 **균형감 있는 문화감각을 기를 수 없는 상태**가 되는 것을 의미한다. 따라서 행동형성의 준거가 되는 문화적 요소가 부족하거나 박탈되어 있는 상태를 문화결핍이라 하며 이는 개인의 성장과정에 반영되어 사회성이나 개인의 적성을 찾는 것이 지체될 수 있다.

(4) 문화지체

문화지체에 대하여 오그번(W. Ogburn)은 종교, 가치관 및 사회제도와 같은 비물질적인 문화는 도구나 기술 등 물질적 문화보다 **전파와 변화의 속도가 일반적으로 느리다**고 하였다. 예를 들면, 신기술이나 이에 의한 문화의 전수는 빠른 반면 특정 가치관과 같은 사고가 일반대중에게 어필되고 반영되어 정착하기에는 더 많은 시간이 소요된다는 것을 의미한다.

오그번은 문화지체 요인에 대하여 기술, 지식, 경험 같은 비물질 문화에 있어서의 개혁의 결여나 타성과 문화에 대한 저항은 문화지체의 요인이 될 수 있다고 하였다.

(5) 문화이식

문화이식이란 특정 지역 혹은 특정 집단의 지배문화가 다른 지역이나 집단에 급속히 전파되는 현상을 의미하는데 이러한 경우는 강제적인 방법이 동원되는 경우에 많이 발생할 수 있다.

6 문화의 구성

1) 문화의 구분

(1) 주류문화와 하위문화

주류문화는 지배문화라고 하기도 하며, 하위문화는 상위의 주류문화의 한 갈래라고 볼 수 있는데 이는 특정 지역이나, 세대, 성별, 직업 등 한 사회의 하위집단을 이루는 집단에 의해 공유되어 나타나는 문화를 의미하고 있다. 이러한 하위문화들은 보다 거대한 범주로 아우르는 상위의 문화에 포함될 수 있다. 하위문화의 이해는 한 사회 내에 존재하는 집단의 생활양식이나 사고방식을 이해하고자 할 때, 혹은 특정 집단 간 차이를 인식하고자 할 때 매우 유용한 개념이라고 할 수 있다.

2) 문화의 구성

(1) 문화 체계(cultural system)

각 사회 집단의 문화는 전체로서 하나의 통합된 체계를 이루고 있다고 볼 수 있는데, 한 사회의 문화를 이해하기 위해서는 그 사회의 역사, 사회, 자연 환경, 가족생활, 언어생활, 거주 구조, 정치 및 경제 체계, 종교와 예술 등 다양한 요인에 대한 이해가 필요하다.

이러한 문화를 구성하는 요인들은 상호 관계가 있으며, 문화의 역동성을 이해하기 위해서는 다양한 사회문화를 조합하여 관계성을 포괄적으로 바라볼 수 있는 안목이 필요하다.

(2) 문화 특질(cultural trait)

문화 특질이란 한 문화가 가지는 특성을 나타내 줄 수 있는 문화의 특성인데 더 세부적인 기본 단위로 구성될 수도 있고, 구분하는 형식에 따라 지역, 시대, 계층에 의해 분류하여 살펴볼 수 있으며 문화 인류학적 차원에서 본다면 더 흥미 있을 것이다.

(3) 문화 복합(cultural complex)

많은 문화 특질들이 더 작은 문화들로 나누어 생각할 수 있는 반면에 문화 복합은 다양한 문화들이 서로 관련을 맺으면서 문화 복합 현상을 형성하고 있는 특징이 있다. 문화 특질에 따라 문화 복합은 다양한 양상을 보일 수 있으며 그 구분이 모호한 경우도 많이 있다. 예를 들면, 일본의 문화가 우리나라의 어느 시대의 어떤 문화를 배경으로 복합적으로 형성되었는지 명확한 구분이 어려운 것과 같다. 문화 특질들과 조화를 이루는 것이 문화 복합이라고 이해하면 될 것이다.

7 문화의 체계

1) 관념체계와 적응체계로서의 문화

(1) 관념체계로서의 문화

관념체계로서의 문화는 문화를 인간의 정신과 사고로 보는 관점으로 모든 문화는 눈에 보이는 가시적인 부분에 국한하는 것이 아니라 인간의 정신작용을 통하여 물질이나 행동에 반영된다는 것을 의미한다. 따라서 문화는 인간의 사고나 정신이 반영되어 예술적 차원의 목표를 가지고 개인적이거나 집단적인 지향점을 갖고 만들어지는 창조적 과정이라고 할 수 있다.

(2) 적응체계로서의 문화

적응체계로서의 문화란 문화를 인간과 자연의 상호작용 결과로 얻어지는 인간의 삶에 대한 편의의 향상과 그 과정으로 보는, 체계 간의 상호작용으로 보는 관점이다. 따라서 사회적이며 인간의 인지적인 기술의 표현으로 성장과 생활양식의 개선을 뜻한다.

(3) 상징체계로서의 문화

문화란 각 개인 혹은 집단이 나타내는 행동 유형과 그 집단의 커뮤니케이션 방식으로 그 시대와 계층과 문화가 표방하는 바에 대한 상징적 양식이다. 즉, 집단의 경험과 해석과 행동에 대한 공유된 공적 합의인 사회체계의 일종으로 사회 구성원들의 행위의 유형(patterns of behaviors)과 행위를 위한 유형(patterns for behaviors)을 뜻한다. 이는 종교와 이념과 같은 문화 체계라고 할 수 있다.

즉, 문화는 어떤 추상의 기준에 의하여 표현하는 총체적 삶이나 해석이며 내용 모두라는 의미로, 총체적 삶의 모습 모두를 포함하여 해석해야 한다는 의미이다. 이것은 문화 다원주의적 입장으로 이해할 수 있다.

8 다양한 가족의 문화적 배경 이해

1) 동남아의 가족제도의 배경

오늘날 우리사회는 다문화사회의 도래에 따라 다양한 민족이 가지고 있는 각각의 문화적 배경을 이해하는 것이 중요하다. 특히 우리나라와 인접한 동남아 각국으로부터의 인구 유입으로 인하여 각 나라의 독특한 가족과 종교에 대하여 이해할 필요가 있다. 각각의 국가는 자국의 독특한 사회구조적인 특징과 역사적 배경의 산물임을 이해해야 하며 각국의 사회제도의 이해를 위해서 배경요인을 먼저 이해하는 것이 다문화가족의 이해에 선행되어야 한다.

이에 우리나라 다문화여성이 속해 있는 동남아의 인도네시아, 말레이시아, 필리핀, 싱가포르, 태국 등의 가족문화적 배경을 살펴보고자 한다. 이들 5개국은 지리적으로 인접하여 동남아 국가연합(ASEAN)을 구성하고 있으며 역사와 사회 및 문화적으로 다양한 모습이다. 이들 국가들은 민족적 지리적 위치나 식민지 경험의 유무 및 경제발전의 정도에 있어서 차이가 있는데, 이러한 차이는 각 나라의 고유한 가족과 사회의 변화에 영향을 주고 있다.

이들 가족제도를 살펴보면 말레이시아, 필리핀, 싱가포르의 경우는 원주민이 말레이족이라는 점에서 공통점 이외에도 제도적으로 유사점이 많다. 먼저 싱가포르의 경우는 말레이 반도의 끝에 위치하여 40년 전만 해도 말레이의 일부였다. 그러나 말레이인들의 가족제도는 우리나라나 중국의 가족제도와 매우 다르다. 말레이 가족은 양계(bilinear)로 양친의 친척을 구분하지 않고 똑같이 중요하게 여긴다. 그리고 말레이인들은 조혼의 특징으로 여자는 16세 이전에 결혼을 하며 남자는 이슬람법에 의하여 4명의 부인과 결혼할 수 있는 것으로 되어 있다. 전통적 차원에서 보면 이혼은 남편의 권리로 받아들여져서 이러한 결혼관습 때문에 이혼율이 높으며 일부 지방은 결혼 1~2년 내에 이혼하는 비율이 전체 결혼의 1/3에 이른 적도 있었다. 그러나 말레이족의 가족제도는 최근 변화를 겪고 있는데, 핵가족화되는 추세로 평균 가구원 수도 감소하여 싱가포르의 말레이 가족은 핵가족이 80%를 넘어섰고 말레이시아의 말레이 가족도 핵가족을 선호하고 있는 추세이다. 말레이시아에서는 도시보다 농촌이 핵가족의 비율이 높은데, 농촌이 가옥구조가 단순하여 신혼부부가 살림을 차리기 쉬운 반면 도시는 주거비용이 높아 여러 사람이 함께 사는 경우가 많다. 또한 싱가포르는 말레이인의 경우는 무슬림법에 따라 여성은 16세가 되면 결혼이 가능하나 실제로 여성 혼인 연령이 1981년도에는 24세였으며 1991년에는 26세로 증가하고 있으며 우리나라와 같이 점차 초혼 연령이 늦어지고 있다.

싱가포르의 경우는 이슬람교도들의 경우 남편이 일방적으로 이혼을 성립시키던 전통에서 법적으로 정당한 사유가 있을 경우만 이혼을 허용하고 있어, 극단적인 경우를 제외하고는 결혼한 지 3년 내에 이혼신청을 할 수 없도록 함으로써 말레이인들의 이혼율을 사회적으로 낮추었다. 그러나 이런 여러 조치로 1990년대까지 이혼율이 줄었으나 현대사회에서는 다시 싱가포르 사회가 선진산업사회로 변화하면서 여성의 지위가 향상되고 결혼에 대한 태도가 변화하여 이혼율이 증가하고 있기도 하다.

중국의 가족제도는 우리나라와 비슷하다. 중국의 이상적인 가족형태는 확대가족이며, 가계를 중요시하고 우리나라처럼 가부장적 권위를 존중한다. 즉, 결혼한 아들이 부모 집에 거주하면서 가계를 잇는 부계의 부거형태가 결혼의 이상적인 형태이다. 또한 중국인의 관습도 일부다처제를 허용하고 있어 일부 부유층에서는 첩을 거

느린 경우도 있으나 중국의 가족은 구성원 간의 결속력이 강하고 안정되어 이혼율이 낮은 편이다. 그러나 싱가포르와 말레이시아에 이민 온 중국인으로, 이민 초기부터 농촌의 가난을 벗어나고자 고무농장이나 부두의 막노동자로 이민 온 중국이민자 1세들의 경우는 젊은 독신 남성이 많다. 그들은 미혼도 있고 결혼한 가족을 고향에 두고 혼자 온 사람도 있다. 이들은 경제적인 어려움으로 고향의 가족을 데려올 수도 없거나, 남아 선호사상으로 성비율의 불균형으로 결혼하지 못한 경우도 많다.

인도사회의 특징을 살펴보면, 카스트제도는 인도인을 엄격한 신분집단으로 구분하여 가족제도에 영향을 주는데 이는 식사규칙과 결혼규칙 등에서 하나의 힌두교 절을 중심으로 공동체를 이루어 같은 절에 소속되어 같은 신을 믿는 구성원들은 친척으로 간주되므로 통혼하지 않는다. 말레이시아와 싱가포르에 이주한 인도인들은 사정이 중국인들과 비슷하여 이민초기는 독신가구가 많고 그 후는 핵가족이 전형적인 가족형태이다. 필리핀의 가족제도도 기본적으로 핵가족을 단위로 민다나오 섬 남단의 이슬람교도들은 일부다처제를 허용하기도 하지만 인구의 90% 이상이 기독교도들로 일부일처제의 관습과 핵가족을 선호한다. 또한 친족범위도 결혼한 부부를 중심으로 양쪽의 종교적인 대부(Godfather)와 대모(Godmather)도 포함되어 비교적 넓다. 필리핀은 피임이나 임신중절을 반대하는 가톨릭의 영향으로 평균 가구 수가 많은데 필리핀인들의 전통적인 조혼관습도 출산율을 높이는 원인이다. 그 밖의 문화와 전통도 우리나라와 다른 면이 많아 그에 대한 이해가 필요하다. 세부적으로는 어떠한 차이가 있는지 살펴보는 것도 다문화가정을 이해하는 데 도움이 된다.

2) 종교제도

종교제도로 인도네시아는 헌법상에서는 종교의 자유를 인정하나 인구의 90%가 이슬람교를 믿으며, 불교, 힌두교, 기독교 등이 형성되어 있으나 이슬람교의 사회적 영향력은 크다. 인도네시아의 경우는 외래의 종교문화를 그대로 수용하기보다 자국에서 독특한 문화양식을 형성하였다. 필리핀은 인구의 90% 이상이 기독교도이고, 이슬람교도도 5% 정도이다. 기독교는 스페인 통치시대에 국내로 들어온 로마 가톨릭교가 지배적이다.

이에 반해 **태국**은 불교왕국이라 불리는 만큼 불교가 차지하는 비중이 커서 전체인구의 95%가 불교이다. 태국의 불교는 중국이나 우리나라의 대승 불교가 아닌 소승 불교로 남자는 일정기간 절에서 승려로 지내기도 한다. 이에 20세 미만의 남자는 일정기간 동안 수련 승려로 지내거나 전체 성인남자의 2/3 정도가 승려기간을 거친다.

말레이시아와 **싱가포르**는 모두 다민족 사회이자 다종교 사회다. 말레이시아는 전체인구 가운데 이슬람교 50%, 불교 20%, 유교 10%, 힌두교 10%, 기타 10% 정도로 구성된다. 싱가포르의 다수 민족은 중국인으로, 중국의 종교는 유교, 불교, 도교 및 토속신앙의 성격을 수용한다.

이 중에서 동양의 사상에 영향을 많이 미치고 있는 유교는 가족관계를 중시하며 도교는 사회적 제약으로부터 벗어나 수양과 덕을 쌓을 것을 강조하지만 불교는 인간의 삶이 윤회와 업보의 개념을 통해 설명되며 극락에 갈 수 있는 방법을 제시하고자 하여 가족사상에도 영향을 미치고 있다.

한편 말레이시아와 싱가포르에서 소수자 인도인들의 종교는 힌두교이다. 힌두교는 여러 신을 동시에 가지므로 교리나 의식이 다양하다. 이들 종교는 민족의 유형에 따라 그 사회의 문화와 사회 제도에 녹아들어 있으며 많은 영향을 주고 있으므로 다문화사회에서는 이들 문화를 이해하는 것이 선행되어야 한다.

Chapter 02

한국의 전통적 여가

CHAPTER 02

한국의 전통적 여가

1 여가의 종류

여가활동은 매우 다양하며 문화와 같이 분류방식에 따라 다르게 구분된다. 이에 대하여 골드(Gold, 1980)는 신체적 여가, 사회적 여가, 인지적 여가, 환경 및 관계적 여가로 여가를 구분하였고, 에퍼슨(Epperson, 1977)은 관람, 야외 레크리에이션 활동, 개인 및 소집단 활동, 스포츠 활동, 클럽이나 리조트 활동, 별장에서의 여가 등으로 나누었다.

또한 머피 등(Murpy et al., 1973)은 여가 행동을 행위의 관점에서 사교적 행동, 조직적 행동, 모험적 행동, 탐험적 행동, 대체적 행동, 감각적 행동, 신체적 행동, 진단적 행동, 창작적 행동, 심미적 행동, 변화 추구 행동, 회상적 행동 등으로 유형화하였다.

머피의 여가활동 분류의 특징은 일상생활상에 나타나는 활동을 모두 포함하고 있으므로 여가의 범위가 매우 광범위하다는 것을 알 수 있다. 그 밖에 여가의 수준에 대해서 잘리(Szali, 1972)는 준여가, 수동적 여가, 완전여가로 여가의 수준을 나누기도 하였다. 다음은 머피의 여가 유형을 간략히 제시한 것이다(이연숙 외, 1999: 27 재구성).

구분	내용	종류
1. 사교적 행동	사교를 목적으로 좋아하는 사람과 부담 없이 동반하는 것-조직적인 행위는 없음	춤추기, 데이트, 친구 만남, 파티 참석, 노래 부르기
2. 조직적 행동	공동 관심사를 가진 사람들끼리 모이는 것-조직적 형태를 두어 회의, 의장선출 등을 경험함	동호인 모임, 우표 수집가, 보석세공사 모임, 종교 활동, 서클 활동
3. 경쟁적 행동	규칙과 절차가 있는 스포츠 게임을 포함하여, 실제적, 가상적 적수가 존재하는 것-기술과 전략을 필요로 하는 특징이 있음	컴퓨터 게임, 단체경기, 1인·2인 경기, 탁구, 복싱, 당구, 농구, 축구, 테니스, 바둑, 장기, 혼자 낚시하기
4. 모험적 행동	생사를 걸지만 안전과 성공에 확신이 있는 것-고도의 위험한 행동 혹은 금전적 득실에 대한 내기 행위	낙하산 타기, 점프, 도박, 카지노
5. 탐험적 행동	새로운 환경에 대한 탐험심과 과거 모험에 대한 재탐험도 포함되는 것	여행, 스쿠버 다이빙, 등산, 캠핑, 낚시, 수집, 독서
6. 대체적 행동	타인의 행위를 관망하거나 간접적으로 경험하는 것	독서, TV 보기, 영화 관람, 음악회, 연극, 스포츠 관람
7. 감각적 행동	감각기관을 통한 감각적 자극 행동, 성적 행위를 통해 쾌감을 느끼는 행동, 시각적 자극 행동	흡연, 음주, 커피
8. 신체적 행동	감각기관을 통해 단순한 신체적 표현을 하는 것-간단한 동작이나 행위로 즐거움을 느낌	달리기, 점프, 다이빙, 스키, 썰매, 율동, 줄넘기, 자전거, 수영
9. 진단적 행동	스포츠 게임에서 기술적인 면, 정신적인 면에서 완벽을 추구하기 위해 시험하는 것	사격 연습, 암벽 등반, 퍼즐 게임

구분	내용	종류
10. 창작적 행동	도구를 이용하여 표현하려는 행위로 창작과 연관되는 것	도구작업, 무용, 미술, 작문, 악기 연주, 사진 찍기
11. 심미적 행동	만들어진 결과물이 타인에 의해 감상되는 것을 좋아하며, 참여적이고 창조적인 것	그림 그리기, 조각하기, 글쓰기, 연기하기, 음악 감상
12. 변화 추구 행동	일상생활에서 탈피하기 위해 경험하는 것	휴양, 산책, 목욕, 사회봉사
13. 회상적 행동	여가 자체에 대한 즐거움과 함께 여가 전후의 모든 단계를 즐거워하는 행동	회상

2 우리나라의 전통적 가족여가

1) 우리나라의 전통놀이의 배경

우리나라 조상들의 여가 생활은 농번기의 육체적 고통을 달래고 농한기에는 풍년을 빌기 위해, 이웃과 겨루기 또는 내기를 위하여, 혹은 가정과 마을의 평화를 빌기 위함이 놀이에 반영되었다. 여가 시간에 즐겼던 민속놀이에는 널뛰기, 그네뛰기, 씨름, 탈춤, 농악놀이, 차전놀이, 달맞이, 강강술래, 놋다리밟기, 연날리기, 지신밟기, 줄다리기, 쥐불놀이, 윷놀이, 제기차기, 소싸움, 닭싸움, 투호, 공기놀이, 구슬치기, 수놓기, 실뜨게 놀이, 붓글씨 쓰기, 썰매타기, 고누놀이 등이 있다. 이러한 놀이는 주로 명절 때 민속놀이를 하면서 가족, 친척, 이웃 사람들과 사이좋게 지내면서 마을의 풍년을 빌었다.

우리나라의 전통적 여가문화는 이와 같이 **농촌의 노동문화와 상호 밀접한 관련을 갖는** 것이 많이 있다. 농경사회는 집약적인 노동력이 절대적으로 요구되므로 상호의존적인 집단문화의 특성이 비교적 강하다. 이러한 특성은 여가생활에서도 반영되어 여럿이 어우러져서 함께 즐기게 되며 **놀이도 농한기와 농번기의 농사일을 고려하여 이루어졌다.**

(1) 계절에 따른 전통놀이

① **봄**: 그네뛰기, 줄다리기, 농악놀이, 씨름 등

② **여름**: 머리감기 등

③ **가을**: 달맞이, 강강술래, 소먹이 놀이, 소싸움, 닭싸움 등

④ **겨울**: 연날리기, 제기차기, 팽이치기, 썰매 타기, 차전놀이, 쥐불놀이 등

(2) 신분에 따른 분류

① **양반**: 장기, 거문고 연주, 서예, 사군자 그리기, 뱃놀이 등

② **서민**: 제기차기, 씨름, 공기놀이, 연날리기 등

(3) 연령에 따른 분류

① **아이**: 제기차기, 자치기, 투호, 팽이치기, 연날리기 등

② **어른**: 씨름, 줄다리기, 차전놀이, 지신밟기 등

2) 전통놀이의 특성

우리의 민속놀이 중에는 농사에 관련 있는 것이 많다. 예를 들면, 정월의 '모심기 놀이', '횃불 놀이', '줄다리기', '소먹이 놀이', '농악 놀이', '차전놀이'와 같은 것이다. 반면, 외래의 민속놀이로 중국에서 들어온 것으로는 4월 8일 '관등놀이'와 5월 단오의 '그네뛰기'가 있다. 이들 놀이는 중국과 한국이 교통하는 가운데 중국의 놀이를 한국이 수용한 것이라고 할 수 있다.

3) 전통놀이의 내용

(1) 가마싸움

가마싸움이란 팔 월 추석 때 서당에 다니는 학동들이 편을 지어 가마를 이웃 서당과 겨루면서 시작되었으며 경상북도 의성군 의성읍 등을 등지로 하여 전해졌다. 옛날 의성의 남부에는 봉강 · 재정 · 성무청 · 삼일제 등의 유명한 4서당이 있었고, 북부에는 덕록 서당 한 곳이 있었다.

이들은 추석 때 훈장으로부터 허락을 받아 각기 자기 고향으로 돌아가게 되는데, 이때를 기해서 각기 가마를 만들어 남부와 북부가 겨루었다고 한다. 이때 사용하는 가마는 모형 가마로, 주위에 깃발을 꽂아 상대의 가마를 부수는 싸움으로 어린 학동부터 20대의 학동까지 참여했다고 한다. 이것은 가마타기와는 다르게 차전놀이나 고싸움과 같은 집단놀이라고 할 수 있다. 놀이방법과 내용을 조사한 기록은 「한국민속종합조사보고서(韓國民俗綜合調査報告書)」의 '경북편(1974)'에 있다.

(2) 놋다리밟기

놋다리밟기는 경상북도 지역에서 정월 대보름에 행해지던 부녀자들의 놀이로 여럿이 한 줄로 서서 허리를 굽혀 사람 다리를 만들면, 공주로 뽑힌 사람이 그 위를 밟고 지나가는 놀이이다. 이를 놀이의 형태를 통해 '인(人)다리', '동교(銅橋)', '기와 밟기'라고 부르기도 한다. 무형문화재 7호로 지정되기도 하였는데 놀이의 유래는 공민왕(恭愍王)의 파천(播遷)과 연관된 민간에 전해졌다고 보기도 하고 다른 하나는 상고시대의 원무에서 그 기원을 찾기도 한다.

고려 31대 공민왕(恭愍王)이 왕비인 노국공주(魯國公主)와 함께 안동지방에 피난 갔을 때, 개울을 건너게 되는 상황이 있었는데 이때 젊은 부녀자들이 그 개울 위에 일렬로 엎드려 사람 다리를 놓아 노국공주를 지나가게 하였다고 하며 이후 정월 대보름에 이를 기념하게 되었다고 하는데, 『동국세시기(東國歲時記)』의 정월조(正月條)에 소개된 바에 따르면 안동(安東)의 풍속에서 여인들이 떼를 지어 성 밖으로 나와서, 길게 엎드려 서면 그 위를 여자 어린아이가 여인들이 엎드린 그 위를 좌우에서 부축을 받으며 걸어가고 여자 어린아이는 '여기가 무슨 다리인고'라고 먼저 노래를 부르면, 엎드려 있던 여인들이 동시에 '청계산의 동교'라고 노래를 부른다고 하고 있다.

(3) 바둑

바둑은 한자로는 '기(碁)', '기(棋)'라고 하며, '혁(奕)', '혁기(奕棋)', '위기(圍棋)', '위기(圍碁)'라고도 지칭한다. 이 외에 바둑판의 사각형과 돌의 둥근 모양으로 '방원(方圓)', 흑과 백을 가리키는 '흑백(黑白)', 다른 나라 사람들과 바둑으로 마음을 통하게 한다는 의미의 '수담(手談)'이라 칭하기도 한다. 바둑이 처음 생겨난 곳은 중국이라고 하지만 정확한 기원은 찾을 수 없으나 오늘날까지도 연령에 무관하게 사랑받는 문화로 자리하고 있다.

(4) 윷놀이

윷놀이는 윷과 말판을 가지고 여러 명 혹은 여러 편이 함께 놀이를 즐길 수 있는데 남녀노소 누구나 즐길 수 있는 우리나라의 대표적인 놀이이다. 이 놀이는 특히 정월 초하루부터 대보름까지 행해졌는데, 정초에 그해 농사의 풍흉(豊凶)을 점치기도 하였다. 요즘에는 시간에 구애받지 않고 널리 행해진다. 한자로는 사희(柶戲) 혹은 척사(擲柶)라고 하기도 한다.

윷놀이는 삼국시대 이전부터 농사의 풍흉뿐 아니라 개인적으로는 한 해의 길흉을 점치는 점술 도구로 시작되어, 삼국시대 · 고려시대 · 조선시대로 이어지면서 점차 놀이로 변화였다고 한다. 『동국세시기(東國歲時記)』의 제석조에 보면 윷가락을 던져서 새해의 길흉을 점치는 풍속에 대해 소개하고 있고, 유득공(柳得恭)의 『경도잡지(京都雜志)』의 원일조에는 윷가락을 던져 나온 64괘에 따른 풀이까지 실려 있다.

(5) 탈놀이

탈놀이는 여러 모양의 탈을 쓰고 무대에서 춤추며 노래하면서 대화를 주고받는 가무놀이로 일본의 가부끼와는 조금 다른데, 주로 풍자 등에 많이 활용되기도 하였다. 우리나라는 지방마다 특색 있는 탈놀이가 있는데, 황해도 봉산과 강령의 탈놀이, 경기도 양주의 별산대 탈놀이, 통영의 오광대놀이가 유명하다. 탈놀이는 사냥을 하거나 적을 겁주기 위해 탈을 만들어 쓰기 시작한 것이, 점차 놀이로 발전하였다고 전해지고 있다. 이러한 탈놀이는 아프리카 등지에서 토속적인 문화에 남아 있기도 하다. 우리나라에서는 고려시대에 삼국시대의 탈놀이가 계승되면서 '산대잡극(山臺雜劇)'이라는 종합적인 탈춤극으로도 발전하였다. 탈놀이는 서양에서도 일종의 가면무도회와 같은 유희적인 문화로도 자리 잡고 있다.

(6) 차전놀이

차전(車戰)놀이는 음력 정월 보름에 행해지는 민속놀이로 춘천과 가평에서는 '수레싸움', 안동에서는 '동채싸움'이라고 하는데, 1969년 중요무형문화재 24호로 지정된 안동 차전놀이가 대표적이라고 할 수 있다. 차전의 기원은 견훤(甄萱)과 왕건(王建)·삼태사(三太師)와 연관되어 전해진다. 『삼국사기(三國史記)』 신라본기(新羅本紀)에 "고려 태조(太祖) 왕건이 930년 고창군(안동군) 병산에서 후백제왕 견훤과 싸워 크게 이겼을 때 고을 사람 권행(權幸)·김선평(金宣平)·장길(張吉)(고려의 건국 후 삼태사로 봉해짐) 등은 여러 개의 수레를 만들어 타고 싸워 후백제군을 격파했다."고 기록되어 있는데, 이 전투가 끝난 후 이 지방 주민들은 용감한 세 사람의 승리를 기념하면서 새해를 맞는 시기에 동채싸움을 즐기면서 유래되었다고 전해지고 있다. 그 밖에도 다양한 전추를 통해 혹은 오랜 놀이로부터 유래되었다는 설이 있으나 확실하지는 않으며 우리나라에서 대보름 등을 통해 오랫동안 지속되어 왔다.

(7) 팽이치기

팽이치기는 삼국시대 이전부터 전해 내려오는 놀이이다. 팽이치기는 남자 아이들을 중심으로 썰매타기와 함께 겨울철을 대표하는 놀이이다. 이 놀이는 겨울에 강이 얼면 그 위에서도 행해졌으며 오래 전부터 전국적으로 행해지던 놀이였다. 지방에 따라 함경도는 '봉애', '방애', 평안도에서는 '세리', 경상도는 '뺑이', '핑딩', 전라도는 '뺑돌이', 제주도는 '도래기'라고 하였으며 그 밖에도 '패이', '빼리', '포애', '뺑생이', '뱅오리' 등으로 지칭되기도 한다.

『한청문감(漢清文鑑)』 기예부, 역어유해(譯語類解)에는 팽이를 "핑이"로 기록되어 있는데 '핑이'란 물체가 '빙빙 돈다', '핑핑 돈다'에서 유래된 말로 알려져 있다. 이는 일본에도 전파된 흔적이 있으며 '고미도구리', '구', '고려(高麗)' 등이라고 불리는데, 일반적으로 '고려'라고 불린다고 하며 훈독할 때 '고마'로 읽혀지고 있다.

(8) 투호

투호는 일정한 거리에 서서 투호통에 화살을 던진 후에 누가 많은 수를 넣는가를 겨루는 놀이이다. 이 놀이는 과거에는 양반들의 놀이였으나 오늘날에도 전해지고 있다. 예전에는 주로 명절에 고궁이나 민속촌 등지에서 쉽게 볼 수 있었는데 특별하게 제작된 투호통을 이용하였고 요즘에는 조금 응용되어 놀이로 전승되고 있다.

투호는 원래 중국 당(唐)나라 때 성행하던 놀이였으며 백제 사람들과 고구려 사람들이 이 놀이를 즐겼다는 기록이 있다. 이후 조선시대에는 주로 궁중에서 양반들에게 성행하였는데 놀이할 때 예(禮)를 갖추었다고 한다.

(9) 칠교

칠교(七巧)는 정사각형의 평면을 일곱 조각 내어 여러 가지 모양을 만들며 노는 놀이로 이 놀이를 하면 지혜가 길러진다고 하여 지혜판(智慧板)이라고도 하며 손님을 머무르게 하는 판이라고 하여 유객판(留客板)이라고도 하였다. 이는 서양에서는 탱그램(Tangram)이라고 한다. 이 놀이는 어린아이의 아이큐를 높이는 지능 관련 놀이로도 응용되고 있다.

칠교는 중국에서 창안되었다고 하는데 약 5천 년 전에 중국 광동지방의 '탄'이라는 사람 또는 신(神)이 만들었다는 이야기가 전해져 내려오고 있다. 칠교라는 단어가 기록에 처음 나오는 것은 주(周)나라 때인 것으로 보아, 역사가 오래된 것을 짐작할 수 있으며 19세기 초에 유럽과 미국으로 전해지기도 하였다.

(10) 화가투

화가투는 시조를 누가 더 많이 외우고 있는가를 겨루는 놀이이다. '가투(歌鬪)놀이', '시조잇기 놀이', '시조 연상 놀이'라고 칭하기도 한다. 화가투(花歌鬪)라는 말은 '좋은 노래(시조)로 겨룬다'라는 의미로, 카드에다 각 시조의 초·중·종장을 각각 써놓고, 한 사람이 초장·중장을 읊으면 다른 사람들은 나머지 카드에서 종장을 찾는 게임이다. 놀이를 즐기며 교육적 효과도 있었다. 그 밖에 각 지역의 이름을 외우게 한 고을 모둠, 시의 구절을 늘어놓고 맞히는 시패놀이(풍월패놀이) 등이 있으며 불교에서는 불교의 교리를 익히는 성불도(成佛圖)놀이가 있다

(11) 줄다리기

줄다리기는 두 패로 나뉘어 큰 줄을 당기는 형식으로 한반도에서 광범위하게 행해졌다. 놀이의 시기는 정월대보름 무렵에 하는 형태와 특별한 경우 임시로 행하는 형태가 있는데 우리나라 각종 학교의 체육행사 때 빠지지 않고 등장하기도 한다. 이 놀이는 한중일을 포함한 동남아 일대와 영국 등에서도 했는데 놀이방법이 간단하고 광범위한 분포로 보아 어로나 농경과 관련이 있는 것으로 보인다.

『동국세시기(東國歲時記)』 추석 편에는 제주도 풍속에 매년 8월 보름날 남녀가 모여 노래하고 춤추며 편을 갈라 큰 줄의 양쪽을 잡아당겨 승부를 겨루는데, 만약 줄이 중간에 끊어지면 양쪽이 모두 땅에 엎어지고 구경꾼들이 크게 웃는다고 하여 조리지희(照里之戲)라고 한다는 기록도 있다. 이 놀이를 통해 사람들이 그해의 풍·흉을 점친다고 하였으며『동국여지승람(東國與地勝覽)』에도 기록되어 있으며 이는 1969년에 중요무형문화제 26호로 지정되었고, 기지시 줄당기기는 1982년에 중요무형문화재 75호로 지정된 바 있다.

(12) 제기차기

제기는 오늘날에도 잘 전수되고 있다. 제기를 차면서서 재주를 부리거나 누가 여러 번 찼는가를 겨루기도 한다. 제기는 구멍 뚫린 엽전을 한지나 비단으로 싸서 그 끝을 갈래로 술을 만든 놀이로, 주로 음력 정초(正初)를 전후한 겨울철에 전국적으로 널리 행해진다. 제기차기는 지방에 따라 평안도에서는 '테기차기', '체기차기', 전라도에서는 '재기차기', 제주도에서는 '쪽기차기' 등으로 불리우기도 한다.

『동국세시기(東國歲時記)』 12월내조(十二月內條)의 기록은 "젊은이들이 축국놀이를 한다며 그 공의 모양은 큰 탄환만하며 공 위에는 꿩털을 꽂았고 그 방법은 두 사람이 서로 마주 서서 차는데 계속 차다가 땅에 떨어뜨리지 않는 사람이 잘 차는 것이다." 라고 하기도 하였는데 별개의 놀이로 받아들여지고 있으며, 그 밖의 학자는 제기차기의 연원을 뿌리가 달린 풀에서 찾으면서 흔히 질경이 · 우산풀 등 뿌리가 많고 잎이 달린 풀을 뽑아 놀잇감으로 이용한 '풀제기'에서 발전하였다고 주장하기도 한다.

(13) 연날리기

연은 흔히 대나무로 살을 만들고 그 위에 종이를 붙여 장방형이나 가오리 모양으로 형태를 만들고 실로 연결하여 하늘에 띄우는 놀이이다. 연을 띄우거나 연줄 끊어먹기, 멀리 날리기 등의 방법을 활용한다. **연날리기는 썰매타기, 팽이치기 등과 함께 겨울철을 대표하는 민속놀이**이다. 연날리기는 **아이와 어른이 함께 즐길 수 있는 놀이**이며 전통적으로는 초겨울에 시작해서 이듬해 추위가 가실 즈음에서 끝나게 된다. **본격적으로 연을 날리는 시기는 정월 초하루인 설날부터 대보름까지로 그 무렵 연을 끊어 날려 보낸 후에 다시 농사일로 돌아간다. 대보름 이후에는 농사준비**를 하므로 이때까지 연을 날리면 고리백정으로 놀리기도 했다고 한다,

연은 서양에서는 BC 400년경 플라톤(Platon)의 친구 '알투스'가 처음 만들었다는 설

이 있으며 동양은 BC 200년경 중국의 '한신(韓信)'이라는 장군이 만들었다는 설이 있다. 우리나라 『삼국사기(三國史記)』 김유신전(金庾信傳)에 따르면, 647년 성안에 별똥이 떨어져 군사들이 두려워하고 사기가 떨어졌을 때 "어제 떨어진 별이 하늘로 다시 올라갔으니 전쟁에서 승리할 것"이라는 소문을 내어 싸움에서 이겼다는 기록이 있었다. 또한 이순신(李舜臣) 장군이 아군에게 신호를 보내기 위해서 연을 이용하여 날렸다는 기록도 있다. 조선 말기의 기록에는 연에 대한 자세한 정보와 종류, 만드는 법, 연과 관련한 풍속 등이 자세히 소개되어 있다.

(14) 씨름

씨름 역시 우리나라의 고유한 운동이다. 이 운동은 현대사회에도 전승되어 천하장군 등의 타이틀을 놓고 겨루기를 하게 되는데 두 사람이 샅바나 띠를 넓적다리에 걸어 서로 잡고, 일정한 규칙 아래 먼저 땅에 넘어뜨리면 승리하는 일종의 민속놀이이다. 이 놀이는 여러 명절날, 단오, 농한기나 사람이 모이는 장터 등지에서 성행되었고 아이들끼리 하는 '애기씨름'도 있다. 씨름은 영남지방의 말에 서로 버티며 힘을 겨루는 것을 '씨룬다'라고 하여, 오랫동안 버티고 있다는 말을 '되게 씨룬다'라는 표현으로 오늘날 씨름으로 발전했을 가능성이 있다.

(15) 유객주

유객주는 다소 생소한 표현이지만 한쪽 끈의 고리에 있는 구슬을 다른 쪽 끈의 고리로 옮기는 놀이로 오늘날 어린 아이들의 지능 놀이로는 그 흔적이 남아 있다. 유객주(留客珠)는 한자말 그대로 풀이하면 '손님을 머물게 하는 구슬'이란 뜻으로 손님을 기다리게 하는 경우 다과와 함께 내놓았던 놀이기구이며 좀 더 복잡한 형태로는 유객환(留客環)이 있는데 이것은 이익(李瀷)의 『성호사설(星湖僿說)』에, 조조(曹操)의 아들 조식(曹植)이 만들어 아내에게 주었다는 기록이 있는 만큼, 주로 양반층에서 즐겨했던 놀이로 추정되고 있으며 유럽의 가정에서는 지금도 볼 수 있는 놀이라고 한다.

(16) 불꽃놀이

불꽃놀이는 한자어로는 화희(火戲) · 화산희(火山戲)라고도 한다. 이 놀이는 나라에서 대규모로 하기도 하고 마을이나 개인이 작은 규모로 하기도 했다. 예로부터 불과 큰 소리는 악귀(惡鬼)를 몰아내는 주술적인 의미로 연화(煙火)라 폭발성 있는 물질을 사용하여 만들었다.

우리나라에서는 이규보(李奎報)의 시에서 찾아볼 수 있으며 최무선(崔茂宣)이 화약(火藥)을 발명한 이후 더욱 성행하였으며 이색(李穡)의 산대잡희(山臺雜戲)의 시에서는 "불이 터져서 충전하는 것이 우뢰와 같다."라고 표현하였다. 『동국세시기(東國歲時記)』 사월조(四月條)에 "화약을 싸서 솟구쳐 오르게 하는 모양은, 활을 떠난 화전(火箭)이 흩어져 내리는 것이 불비 같다."고 하여 조선 말의 불꽃놀이가 이미 상당한 경지에 있음을 알 수 있다.

(17) 딱지치기

종이가 귀했던 시절에는 책표지나 헌 장판을 오려서 만들기도 하였다. 문화재관리국(文化財官吏局)의 「한국민속종합조사보고서(韓國民俗綜合調査報告書)」에 영동, 영서 지방에서 표치기로 소개되었고 바람치기 방법도 소개되고 있다. 경기 지방에서는 오늘날의 방식으로 소개되고 있으며 충청남도 지방에서는 "놀이 재료가 좋아야 유리하다"고 소개하고 있다.

이와 같은 다양한 전통놀이는 오늘날에도 일부 전수되어 명절을 통하여 시간을 공유하는 가족 간 다양한 놀이문화에 영향을 미치고 있음을 알 수 있다.

Chapter

03

여러 나라의 가족여가

CHAPTER 03

여러 나라의 가족여가

1 노르웨이

북유럽인의 여가생활은 우리나라에 비해서 비교적 장기의 휴가기간을 가지고 있으며 4주 연속 휴가인 경우도 많다. 노르웨이인들의 여가활동은 겨울철에는 스키를 타거나 크로스컨트리를 즐기고 여름철에는 하이킹, 보트타기, 해양스포츠 활동을 하며 사이클링 등 개인 운동이 발달해 있다. 주말에는 대부분의 가정이 소유하고 있는 일명 '코티지(cottage)'라는 주말 농장의 오두막에서 시간을 보내며 그 외에도 인근 강이나 호수에서 고기를 잡아 구워 먹으며 시간을 보낼 수 있다.

2 핀란드

1) 여가활동의 특징

핀란드는 습한 나라이다. 1년 중 3개월만 맑은 날씨인 이유로 거의 모든 가정마다 개인사우나가 설치되어 있을 정도로 사우나를 즐기며, '호수의 나라'로 불릴 만큼 호수가 많다. 교통체증은 적고 주류세 등이 다른 북유럽 국가들처럼 비싼 편이어서 바다, 호수, 높은 물가를 중심으로 주말 크루즈여행을 즐긴다. 크루즈에서는 주류가 면세이며, 호수와 바닷길을 따라 이어져 있는 해안선의 별장에서 여가를 즐기고 있다. 평균 레크리에이션 및 문화비 지출이 가계 소득의 약 10% 정도에 이른다. 핀란드는 노동법에 의하여 하루 8시간 근무하고 연간 6주 정도의 휴가를 보장받으므로 비교적 다양하고 활발한 여가생활을 개발하여 자연적인 조건인 호수와 숲과 같은 자연과 친화된 생활을 하고 있다.

또한 1년 중 가장 긴 낮인 날을 축하하는 연례행사로 축제를 통해 록페스티벌, 모닥불, 수영, 뱃놀이 등을 다채롭게 펼친다. 한편 여름 휴가 때 Pori 재즈축제, Savonlinna 오페라 축제, Kuhmo 실내악 축제 등을 지역별로 개최하고 있어 휴식과 함께 국민들의 문화생활을 장려한다. 핀란드의 문화생활의 특징으로는 고비용으로 인하여 사우나, 독서, 산책, 낚시 그 밖의 야외활동과 같은 비교적 저비용의 문화생활을 추구하고 있으나, 여름에는 노르딕 워킹, 겨울철에는 크로스컨트리를 즐기며, 주말이면 가족 또는 친구들과 사우나를 즐기고 여름에는 호수 근처의 하계별장에서 독서, 낚시 등으로 휴가를 보내는 것이 일상화되어 있을 만큼 문화향유지수가 높다. 그 밖에도 핀란드는 독자적인 문화에 대한 긍지와 문화예술 활동에 대한 열정이 높아서 청소년들이 문화, 예술, 체육활동에 대한 소양을 함양하기 위한 문화센터와 공연극장, 오케스트라, 박물관, 공공도서관을 전국에 골고루 설치하고 있다. 특히 공공도서관의 도서대여 인원은 인구의 약 45.9%로 1인당 연간 도서대여가 약 21권으로 세계적으로 도서관 이용률이 높다.

또한 성인 중 정기적으로 운동을 하지 않는 국민은 3% 미만일 정도로 스포츠가 생활화되어 성인(19~65세)은 걷기, 체조, 자전거, 크로스컨트리 스키, 노르딕 워킹, 수영 등의 운동을 즐기며 청소년(3~18세)은 축구, 자전거, 수영, 크로스컨트리 스키, 아이스하키 등을 즐기므로 정부는 스포츠 기반시설을 지원하며 약 75%를 지자체에서 운영하고 있다.

2) 문화예술활동을 위한 정부의 지원

문화예술활동 지원 예산의 지출은 도서관, 박물관, 오케스트라, 극장 건립 등의 지원에 지출되고 있고, 약 50%는 복권기금 수익에서 지출되어 지역문화의 균형 발전 및 문화행사에 대한 각종 지원과 세제 혜택 등을 통해 기업들이 문화행사에 대하여 지원을 하도록 유도하고 있다. 국민이 적은 비용으로 문화생활을 즐길 수 있도록 가족 및 청소년의 건강을 위해 스포츠, 레크리에이션, 청소년 업무에 많은 비용을 지출하고 있다. 청소년 문화 및 여가활동 지원은 청소년 센터를 통해서 청소년 문화, 스포츠 활동을 펼치고 있으며 청소년 영화, 청소년 미디어 교육도 보다 강화하고 있는 추세이다.

특히 핀란드는 스포츠와 체육활동을 보건정책의 핵심요인으로 간주하여 성인들이 지속적으로 스포츠 활동에 참여하도록 하며 고령자, 장애자 및 환자들을 위한 스포츠 활동을 지원하여 특수시설로써 수영장, 학교 체육관, 자연산책로 등을 지원하고 있어 고무적이다.

3 스웨덴

스웨덴의 주 5일제는 1950년대부터 정착되어 있는데 높은 물가로 인하여 주말에는 친구 등과 함께 회식 및 파티 문화가 보편적이며, 음식은 손님이 골고루 나누어 준비해 오고 술도 직접 가져와 저녁 8시부터 12시까지 주말 파티를 가진다. 또한 연장자들은 Coloni(콜로니, 별장)라는 오두막을 짓고 1~2평 정도의 작은 땅에서는 정원을 가꾸기도 한다. 스웨덴은 복지국가를 상징하는 만큼 퇴직 이후에도 퇴직 이전 월급의 약 60% 수준을 받는다.

이와 같이 스웨덴의 여가생활은 북유럽 사민주의의 노력으로 광범위한 중산층 구성이 고르게 건강과 여가를 즐기고 있다. 여름에는 남부 유럽과의 국제관광도 활성화되어 있으며 중산층이 60~70%에 달하므로 국민들이 고른 여가 패턴을 갖고 있다고 할 수 있다. 특히 관공서의 업무가 통상적으로 오전 9시에서 오후 4시 반이면 마치는 경우가 많으므로 영화나 콘서트 등 일상적인 문화 행사가 평일에도 활성화되어 있으며, 여행사들이 비행기와 호텔을 임대하고 있을 정도로 스페인 등 해외에서의 휴가나 '여름 별장'(somma stuga)에서의 여가시간을 국민들이 많이 가지고 있다. 여름 별장은 날씨가 좋은 스톡홀름 해변의 아키펠라 군도나 스페인 마요르카, 그리스 등지의 지역에 가지고 있다.

4 영국

영국의 경우에는 '여가 관리사'라는 전문가를 양성하여 국민의 올바른 여가 문화를 위해 레저센터에 배치함으로써 지역사회 주민들의 여가생활의 활성화를 도모하고 있다. 이들은 연령별 수준별로 안전하고 적합한 여가활동의 상담과 설계를 도와줄 뿐 아니라 직접 여가활동을 지도하기도 한다. 이들은 개인의 여가활동과 가족단위 여가활동의 문화정착에 도움을 주었다. 이들은 British Activity Hokiday Association(BAHA)을 통하여 레저센터에서 가족단위로 휴일 동안 즐길 수 있는 활동에 관련하여 정보를 제공하며 이러한 여가 추천을 통하여 영국의 가족레저문화는 많이 정착되었다고 할 수 있다.

또한 가족과 어린이들을 위한 아이디어를 제공해 주는 여가관리 전문 사이트를 운영하는데, “Break-out”(http://www.culture.gov.uk/breakout/)이라는 온라인 정보관이 개설되어 가족단위로 원하는 콘텐츠를 찾을 수 있는 맞춤형 온라인 홈페이지를 운영함으로써 계절별 활동, 스포츠 활동, 창의활동, 문화활동, 옥외활동 등 다양한 정보를 제공하여 여가활용을 돕는다.

5 러시아

러시아도 오랜 기간 동안 주말 텃밭으로 ‘다차(Dacha)’라고 불리우는 주말농장 문화를 갖고 있다. 일 년에 2개월 정도의 휴가를 즐기기도 하며 젊은 층을 중심으로 해외여행도 많은 추세이다. 러시아는 발레로 유명하여 볼쇼이 대극장을 곳곳에 설치하여 시민들이 수준 높은 문화를 손쉽게 접할 수 있도록 하였다. 이러한 문화 정책은 러시아 국민으로 하여금 높은 민족의식을 갖도록 하는 배경이 되고 있다.

6 체코

1) 체코인의 여가 특징

체코의 노동법에 의하면 체코사람들은 1년에 최소 4주간의 휴가를 받도록 되어 있으나 회사들은 대체로 1주일의 휴가를 추가로 부여하는 경우도 많으며 체코인들은 거의 법정휴가를 모두 하절기 정도에 사용한다. 체코는 소득 수준은 높지 않으나 5일제 및 연 4주 이상의 휴가 제도를 활용함에 있어서 chata(하파)로 불리는 주말 별장을 중산층 이상이면 거의 소유하므로 다양한 여가활동을 한다. 하파의 위치는 시내에서 약 1시간 거리에 주로 통나무집으로 몰다우 강가나 숲속에 위치하여 텃밭을 가꾸며 채소를 팔기도 한다. 북동유럽국가의 특징이 가족 중심의 문화이므로, 시내에도 묘소 등을 중심으로 공원이 잘 조성되어 있으므로 주말에 가족단위로 시간을 보내기도 한다.

2) 스포츠 여가활동

체코에 위치하고 있는 Krkonose 산악지대(북부 보헤미아), Sumava(남부 보헤미아), Krusne Hory(서부 보헤미아), Jeseniky와 Beskydy 산악지대(북부 모라비아)도 주로 찾는 휴양지이며 인근 국가나 동남아국가 등으로도 휴가를 많이 가는 편이다. 학생들은 겨울에 1주일간의 스키 휴가를 갖기도 하는데 스키장으로는 Krkonose 산악지대(북부 보헤미아), Sumava(남부 보헤미아), Jeseniky와 Beskydy 산악지대(북부 모라비아)를 이용하며 오스트리아 알프스 산악지대, 프랑스나 북부 이탈리아도 자주 찾는다.

문화활동으로는 프라하 시내의 오페라와 콘서트 등을 즐길 수 있는 문화시설이 있으며 수영, 테니스, 골프, 헬스 등을 즐길 수 있는 체육시설도 많아서 여가를 즐길 수 있는 여건이 좋은 편이다.

7 일본

1) 여가정책의 배경

일본은 1997년 4월에 개정된 「근로기준법」으로 주 40시간 근무하도록 하여 주 5일 근무제이다. 일본은 1972년 여가제언에서 여가의 소비적, 산업적 측면을 강조하였고, 실버세대의 여가참여도 늘어나고 있는 가운데 창조적 여가를 위해서 자유 시간의 확충과 여가 공간의 확보에 대한 공감대가 확산되었다. 1970년 여가정책 관련 사업에서 후생성은 국립공원이나 국정공원을 이용하려는 사람들을 위하여 쾌적한 자연환경에서 여가를 지낼 수 있는 국민 휴가촌 계획을 수립(生活科學調査會, 1971)하였고, 환경청은 자연보호 및 환경개선을 위하여 국립공원, 국민휴가촌과 같은 관광지 정비를 진행하고 시주쿠교엔(新宿御苑), 경도궁(京都宮) 등의 문화재를 재정비하였다. 또한 '국민총건강백서'가 매년 작성되며 일본체육협회 주관으로 국민 스포츠를 진흥시키기 위한 생애교육이 기획되어 실시되었다. 또한 여가 · 생활문화실과 여가개발실을 신설하고 여가연구를 위한 (재)여가개발센터도 설립하였다.

일본은 또한 국민관광시대에 따라 리조트를 개발하고 가족 여행촌과 같은 관광단지를 집중 개발하여 여가를 위한 단지를 계획적으로 조성하였다. 그리고 "지역 활성화"를 위하여 농촌을 무대로 하는 여가공간을 확보하여 농촌의 고령층도 지역사회활성화 차원에서 여가의 생산적 측면에 적극 참여할 수 있도록 하였다. 일본은 경기침체 이후 도시나 도시 근교에 기획개발을 통하여 생활권 여가공간을 제공하기 위하여 힘쓰고 있다.

2) 휴가의 조정

일본의 경우는 **4월 말과 5월 초에 걸쳐 휴일이 연속적인 '황금휴가'**가 있으며 또 다른 대규모 휴일이 새해의 월말과 8월 중순에 있다. 일본인의 휴가는 주로 이 기간을 활용한다. 일본의 **해피 먼데이 제도**로 주 5일제 근무제가 정착된 이래로 월요일을 휴일로 정함으로써 토요일과 일요일을 합쳐 3일 연휴로 여가를 즐길 수 있도록 하기 위한 취지로 경축일에 관한 법률을 일부 개정하여(1998년 법률 제 141호) 성인의 날, 체육의 날, 바다의 날, 경로의 날이 「국민의 경축일에 관한 법률 및 노인 복지법의 일부를 개정하는 법률(2001년 법률 제 59호)」에 의하여 각각 월요일로, 즉 해당 월의 해당 월요일과 같이 고정되어 실시된다. **이렇게 월요일로 이동한 경축일은 2000년부터 성인의 날 1월 15일이 1월 제2월요일로, 체육의 날 10월 10일은 10월 제2월요일로 옮겨졌다. 또한 2003년부터 바다의 날 7월 20일은 7월 제3월요일로, 경로의 날 9월 15일은 9월 제3월요일로 옮겨졌다.**

3) 실내활동

실내 여가활동으로는 '쇼기'(將棋-장기)와 '고'(碁-바둑)가 일본의 대표적인 실내게임이다. 서양장기와 비슷한 '쇼기'는 양 팀이 말판에 말을 번갈아 놓아 먼저 상대편의 왕을 먹는 사람이 이긴다. '쇼기'는 인도에서 유래되었다고 하며 중국에서 발달하였는데 일본으로 전수된 '쇼기'는 자기가 먹은 말을 아군으로 사용할 수 있는 차이가 있다. 그 밖에도 일본인은 짧은 기간에는 가라오케나 빠찡고 혹은 경마 등을 즐기며 시간이 좀 허락될 때에는 해외여행이나 봄철의 벚꽃놀이 혹은 가을철에는 많은 사람이 단풍구경을 떠나기도 한다.

8 중국

1) 중국의 전통놀이

(1) 투솔

중국의 전통놀이로 알려진 것은 투솔(鬪蟀)이라는 귀뚜라미 싸움이 있는데 중국인들에게 귀뚜라미[1]는 신화나 미신에서 행운과 영리함을 상징하므로 이를 해치면 불

1) 귀뚜라미류는 2,400종 정도이며 길이는 3~50㎜이며 보통 가을에 성숙하고 산란을 통해 약충은 봄에 부화하여 6~12번 정도를 탈피한 다음 성충으로 되며 성충은 보통 6~8주간 생존한다. 수컷은 한쪽 앞날개의 마찰기구를 다른 쪽 날개의 50~250개의 이빨로 된 치열에 문질러 소리를 내는데, 이 마찰음을 내는 빈도는 1초 동안에 마찰하는 이빨의 수에 달려 있어, 큰 귀뚜라미는 1초당 1,500회 정도 작은 귀뚜라미에서는 1만 회 정도 소리를 낼 수 있으며 문화에 따라 만달레이

운이 오는 것으로 믿는 미신이 있다. 이러한 전통놀이는 중국 당나라와 송나라로부터 시작되어 명나라와 청나라의 시기에 크게 유행하였다. 재미있는 것은 명청 시기 저울로 5mg의 무게 차이를 두어 귀뚜라미의 체급별로 경기를 하였으며 주인들은 귀뚜라미를 일부러 굶겨 난폭하게 만든 뒤에 출전시켰다고 한다. 귀뚜라미들은 죽을 때까지 싸우기도 하는데 기술이 높은 귀뚜라미는 단 한번으로도 상대를 제압하기도 한다고 하였다.

품종만 해도 70~80종류에 이르며 색깔은 백색이 가장 좋은 품종으로 치며 그다음이 적색, 그다음이 황색, 그다음이 청색이다. 귀뚜라미 싸움 투솔에서 우승을 한 귀뚜라미는 '장군 귀뚜라미'라 불리며 우리 돈으로 몇 백만 원에서 천만 원까지고 거래가 된다. 이들 싸움을 위한 귀뚜라미의 승리를 위해 대두, 녹두, 달걀과 칼슘 가루 등을 먹이며 직전에 흥분제 약물까지 복용시키기도 하는데 사람피를 먹은 모기를 먹인 것이 최고의 맹장(猛將)이라는 설도 있다.

(2) 제기(毽子)차기

제기의 총 길이는 25cm 정도이며 머리 지름은 3~4cm이다. 머리는 고무로 되어 있어 탄력을 받으며 깃털 4개로 옆으로 튀지 않고 단방향으로 가도록 하는데 차기도 좋고, 잡기도 좋은 것이 좋다. 이러한 제기차기는 중국뿐 아니라 우리나라에서도 성행하고 있다.

(3) 마장

마장(麻將)은 4명이 한 조가 되어 각자가 13패씩을 가지고 시작한다. 놀이의 순서는

에서는 갈색으로 튀겨서 귀뚜라미를 시장에서 이것을, 파는데, 유랑을 하는 불교 스님들이 이것을 먹는다고 한다.

시계 반대방향으로 기본 패로부터 1패를 집어 오고 1패를 정해진 시간 내에 버리게 되는데 자기가 집어 온 1패 혹은 남이 버린 1패를 더하여 조합을 충족하면 승리한다. 화투의 구성처럼 총 34종 내에 각 4개씩의 소속 패가 있어 전체 총 136개의 패로 구성된다. 마장은 높은 집중력과 순발력 및 경험을 요구하여 중국인들이 수시로 즐기며 명절놀이로 자리 잡고 있다.

(4) 기타

그 밖의 중국인에게 인기 있는 취미로 북경, 상해, 무한 등지에서 독서가 인기 있다. 독서는 중국인의 역사 속에서 읽고 쓰는 것을 즐기는 민족성으로부터 전수되어 지금도 여가의 중요한 부분을 차지하고 있으며, 그 밖에는 등산을 하거나 탁구, 배드민턴 등의 스포츠가 일반화되어 대중의 사랑을 받고 있다.

2) 중국 여가생활 활성화와 태극권(太極拳)

중국은 공무원의 법정 노동시간이 주 40시간으로 확정되어 주 5일제를 민간부문까지 확대하고자 하였다. 이러한 근무 패턴의 변화는 세계 공통적으로 국민의 문화생활에 기여하고 여가문화를 바꾸고 있으며 문화와 연계된 소비문화의 활성화로 경제에 기여하는 바도 크다. 이러한 여가활동은 국민생활의 질에 기여하고 또한 여행, 교통, 정보, 문화, 오락 등 산업에 재투자되었다. 이러한 흐름에 따라 중국인의 여가문화인 여행을 비롯하여 다양해진 문화 및 체육활동이, 중국인의 생활에 활력이 되고 있다.

중국인들은 특히 건강에 대한 관심이 높기 때문에 체력 단련 혹은 레저 활동이 인기 있는 여가활동이다. 중국인들은 체력 단련을 위해 **태극권**으로 우리나라에 알려진 타이쥐취엔(太極拳)[2]을 통해 남녀노소가 아침이면 집 주변 공원에서 신체 단련을 한다. 중국의 무술 중 한 종류인 **타이쥐취엔**은 호흡뿐만 아니라 각 동작마다 공격과 방어의 기술이 있으며 부드러운 움직임 속에서도 강한 순발력이 느껴지는 무술이다. 무술은 우슈(武術) 무술이라는 중국어 발음으로 중국의 쿵푸, 타이쥐취엔, 소림권 같은 모든 무술을 일컫는다.

또 쿵푸(工夫)라는 말은 우리나라에서 알려진 공부라는 의미 외에도 '수련'이나 '노력' 혹은 '무술을 하는 사람'이라는 뜻으로 문무에 걸쳐 포괄적인 의미를 가지고 있다. 우리가 일반적으로 인식하는 **쿵푸**는 소림사(少林寺)나 그리고 중국의 서커스에서 공연되고 있으나 타이쥐취엔(太極拳)만은 대중들에게 널리 보급되어 운동, 단련, 오락, 건강 도모, 호신술 등의 다양한 목적으로 널리 대중화되었다.

3) 중국 문화의 특색

뿐만 아니라 중국인들은 **사교춤**에 대한 관심이 있는데 우리나라처럼 음성적인 인식이 있는 것이 아니라, 집 주변 공원에서 남녀노소에 의하여 전통적 반주와 리듬에 맞추어 열린 공간에서의 활기찬 운동으로 인식되어 있는 일상생활의 문화이다. 그렇기 때문에 춤을 위한 의상 없이도 슬리퍼만 신고 공원에서 처음 만나는 사람과도 출 수 있다고 생각한다. 예를 들면, 공원에서 아침, 저녁으로 리듬에 맞춰 집단적으로 추는 모습을 많이 볼 수 있는데 **1920년대 후반에 수용되어 1940년대 상류층에 확**

2) 태극권(太極拳)이란 중국인들이 많이 즐기고 있는 신체 단련 운동으로 음양의 원리를 이용한 신체 조절 훈련이며 체력을 단련할 뿐 아니라 질병예방과 치료에 활용된다. 중국인은 이와 같이 기공이나 태극권으로 몸을 단련한다.

대된 이래 1950년대 이후 정부의 홍보 및 학교 교육 등으로 대중화되었다. 이러한 사교춤은 일상생활 중에 정착되어 각종 행사로 생일파티, 결혼축하연 및 각종 공공기관의 행사로 사회 속에 정착하였다. 중국 사교춤의 특징은 자세나 리듬과 박자가 비교적 정확하며 예의 있게 추게 되어 있다. 이렇게 사교춤이 비교적 일찍 안정되게 정착한 이유로는 중국인들의 일상적 스포츠인 기공이나 타이쥐취엔 등이 부드러운 동작으로 이미 친숙하기 때문일 것이다. 이와 같이 중국에서의 춤은 서방세계의 사람들이 생각하는 춤이라기보다는 일상 스포츠이다.

한편 사교춤 외에도 중국인들이 많이 즐기는 것으로는 수영이 있다. 수영은 상류층 인사들이 건강의 기법으로 소개하면서, 사교춤이 상류층에서 시작되어 일반화된 것과 같이 수영도 점차 일반화되었다. 그 밖에도 최근 소득수준이 높아짐에 따라서 중국에도 골프, 수상 스포츠, 스키 등 현대화의 추세에 따라 다양해지고 있다.

Chapter

04

가족여가의 생애주기 고려와 의사소통 방식의 재고

CHAPTER

04 가족여가의 생애주기 고려와 의사소통 방식의 재고

1 생애주기의 개념

인간은 태어나면서부터 성장, 발달하고 노년의 자아통합에 이르기까지 일련의 변화 과정을 겪는다. 여기에서 자아통합에 이르며 일생동안 잘 살아왔다는 의미는 어려움 없이 살았다는 의미가 아니라, 삶의 다양한 과제에 직면하여 긍정과 도전으로 잘 대처하면서 성장했다는 의미가 될 것이다.

이와 같이 인간은 모두 아동, 학령기, 청년에서 성인기를 거쳐 노년에 이르기까지 독특한 생애과정을 거치게 된다. 생애주기는 입학, 진학, 취직, 결혼, 은퇴 등의 특정한 지표를 통해 이루어진다. 이를 생애주기(life-cycle)라 하는데, 생애주기를 이루고 있는 기간이 생애기간(life-span)이며 이 생애기간 안에서 생애사건(life-events)이 발생하여 전체 생애과정이 될 수 있다.

1) 생애주기의 단계별 특징

인간발달의 주기는 일반적으로 생물학적 연령을 기준으로 구분되지만 최근 평균수명의 연장으로 생애의 길이가 길어지면서 성인기에 대한 관심이 확대되어 인생의 후반기가 60대부터 다시 young-old, middle-old, old-old로 세분화되어 여러 시기로 나뉘기도 한다. 그러나 보편적으로는 학령기, 청년기, 결혼기, 자녀 출산기 등 가족생활주기를 고려하여 생애주기 단계를 구분하고 있다. 혹은 생활연령에 따라 보편적으로 유년기, 청년기, 성인기, 노인기로 구분될 수 있다.

2) 발달이론의 생애주기 단계 구분

레빈슨(Levinson)은 인생의 주기에는 어떤 보편성이 있으며 개인적 독특성이란 이러한 보편성을 바탕으로 이루어진다고 하였다(김애순, 2006). 이에 따라 레빈슨의 이론은 전 생애적 접근방식의 대표적 이론으로 알려지게 되어 현대사회의 각종 가족 프로그램에도 활용되고 있다. 레빈슨(1978)은 인간은 수태에서 죽음에 이르기까지 인생주기의 개념을 계절의 개념으로 접근하여 인간의 발달 단계를 넓게 아동기와 청년기, 성년기, 중년기, 노년기의 4단계로 구분하였다.

이에 대하여 살펴보면 아동・청소년기(0~17세)는 수태로부터 청년 후기까지의 인생의 형성기이며, 성년기(17~40세)는 인생에서 중요한 선택을 하며 최고의 경력을 능동적인 선택에 의하여 발휘하지만 또한 가장 큰 스트레스를 경험하는 시기이기도 하다.

중년기(40~60세)는 대부분의 사람들이 생물학적 능력이 다소 감퇴하나 사회적인 활동이나 책임은 더 커지는 시기이며, 노년기(60세 이후)는 인생의 마지막 단계로 과거에는 각종 사회생활에서 벗어나 개인적 의무로부터 자유로워지는 시기로 이해되는 경향이 많았고 오늘날의 사회에서는 길어진 노령에 대한 건강한 사회생활이 관심받고 있다.

한편 새들러(Sadler, 2000)는 늘어난 수명을 반영하여 생애주기를 4단계로 나누고 있다(김경숙 역, 2006). 제1연령기는 배움의 단계로 보며 학습을 통해 인생의 1차 성장을 이루는 10대, 20대 시기로 보았다. 제2연령기는 일과 가정을 이루는 단계로 보아 가정, 직장, 지역사회에 정착하는 시기의 공통점이 있다고 하였다. 제3연령기는 생활을 위한 단계로 마흔 이후 30년 동안 인생의 2차 성장을 통하여 자기실현을 추구하며 인생에서 가장 활동적인 긴 시기로 보았다. 마지막으로 제4연령기는 노화의 단계로 성공적인 노화가 중요한 시기이다.

3) 생애주기별 가족 활동의 중요성

우리나라는 2018년에는 고령사회(14%), 2026년에는 초고령사회(20% 이상)에 도달할 것으로 전망된다. 또한 2008년 기준 생산인구(15~64세) 7명이 노인 1명을 부양하고 있지만 2030년에는 2.7명이 노인 1명을 부양해야 하는 것을 전망되었다. 우리나라는 빠른 고령화 현상에 따라 청소년층의 노동시장 진입 시점은 늦어지는 반면 퇴직한 이후에는 노년기가 연장되는 생애주기의 변화 현상이 나타나고 있다.

이에 OECD는 노령화를 단절적 인생 주기로 보지 않으며 생애의 전 과정에 걸쳐 일어나는 맥락적인 차원에서 이해하며 UN은 전 세계적인 인구의 고령화 현상에 대처하여 '고령화 관련 국제행동계획(International Plan of Action on Ageing)'을 채택하기에 이르렀다. 이는 가족정책의 추진 역시 생애주기를 고려하여 전 생애에 걸친 과정으로 접근되어야 하며 이러한 인식이 자연스러운 하나의 과정으로 이해되어야 한다는 개념이다. 이에 따라 길어진 제2의 인생에 대한 설계의 중요성이 증대되었고, 노후의 삶을 보다 가치 있고 의미 있게 보내기 위한 삶의 영역이 매우 중요해지고 있으며 의존적인 삶이 아니라 활기찬 노년을 지향하고 있다.

생산연령에서 퇴직한 이후에 길어진 노령화는 경제적 빈곤문제, 질병과 건강보호문제, 역할상실과 여가문제, 고독 및 소외문제 등 노인들이 당면하게 되는 문제들을 개인 스스로 해결할 수 없는 경우가 많아지면서 사회적 문제가 되어 왔다(조명희, 2008). 따라서 이러한 인구학적 변화로 인해 '성공적인 노화'가 사회의 중요한 화두가 되고 있다. 이를 위해 노년기의 삶의 질을 높이는 데 사람들의 관심이 높아지면서 개인의 삶의 영역에서 '가족'이 다시 중요한 화두로 부각되고 있다. 그 이유로 노후에 대한 준비가 경제력으로 국한되면서 삶의 질 향상을 위한 노후 준비의 접근은 미흡했다는 반성으로 사회적 활동성을 갖고 건강한 노후생활에 가치를 두면서 점차 현재의 노인층과 매우 다른 양상의 가치관이 확산되고 있으며, 노후를 가족과 함께 건강하게 생활하기를 바라기 때문이다.

인간은 태어나면서부터 학령기, 청소년기, 성인기, 장년기, 노년기의 삶을 주도적으로 설계하게 된다. 따라서 각각의 단계에서 전 생애주기에 걸쳐 발생하는 계속적인 경험과 변화는 인간을 통합적인 관점에서 성장하게 한다. 특히 가족과 함께 노년기 삶의 질의 만족도를 높이기 위해서는 모든 포커스를 가정의 사교육에 두는 기존 인식에서 벗어나 좀 더 활기차게 성공적인 노화의 개념을 젊어서부터 학습하는 것이 바람직하다. 또한 생애주기에 따른 다양한 가족 간의 경험은 다음과 같은 효과가 있다.

첫째, 가족과 함께하는 시간의 질은 가족 구성원 간의 유대를 증진시키며, 상호이해와 친밀감을 증진시켜 가족 응집력과 결속의 바탕이 된다. 가족과 함께하는 활동은 부모, 자녀 관계에 정서적 역동성 및 관계의 질에 영향을 미친다(강봉화, 2003).

둘째, 능동적이고 적극적인 가족 활동의 참여는 삶의 질적인 함양과 가족 구성원의 심리적 이해와 행복을 줄 수 있으며, 오늘날 사회가 직면하고 있는 개인주의적인 문제 발생에 대한 예방과 건전한 사회 풍토의 조성에 도움이 될 수 있다. 이에 대하여 박세혁(2002)은 가족이 함께 여가 시간을 많이 보낼 수 있을 때 생기는 가족 간의 이해의 도모는 결국 가정의 행복지수를 높일 수 있다고 하였다.

셋째, 가족활동을 통한 가족체계의 상호 주고받는 영향은 자녀의 자아존중감과 의사소통 능력의 함양에 도움이 된다. 이한규(2002)는 가족과 보내는 시간이 많아짐에 따라 가정 내의 의사소통이 원활해지는 효과가 있다고 하였다. 따라서 생애주기의 인간발달학적 차원에서 볼 때 가족과의 시간의 질의 중요성, 함께하는 시간에 대한 중요성을 인식하는 것은 그 시간을 통하여 상호 경험하는 가족관계의 소중함을 인식하는 것이기도 하다.

이와 같이 가족이 구성체가 되어 그 구성원으로 생산적이고 자율적으로 기능할 수 있는 적극적 노화 과정은 노인이 가족과 사회에서 지속적으로 발전하는 동인이 될 것이며 '활동적인 노년상'의 정립에 도움이 되는데, 이를 위해서는 젊은 시절부터 생애 전 과정에서 가족을 이해하고 계획적이면서도 체계적인 준비를 필요로 한다. 즉, 생애주기에 따라 변화하는 개인의 욕구를 수렴하여야 한다. 동시에 성공적인 노화를 이루기 위해서는 가족과 하는 활동이 단순히 노년기에 이룰 것이라고 미루는 것은 현실성이 없으므로, 전 생애주기 관점에서 각 생애단계에 따른 가족 구성원으로서의 역할과 관계가 축적되어야 가능할 것이다.

4) 연령 통합사회로의 변화

전인적인 삶을 위해서는 인간의 삶에 대한 생애주기적 관점에서 인간의 발달학적 성장을 바탕으로 하여 교육, 일, 여가, 건강의 활동이 고르게 균형을 이루는 것에 대한 이해가 중요하다. 이에 대하여 과거에는 청소년기에는 교육, 중·장년기는 노동, 노년기는 여가가 중요하게 생각되어 온 경향이 있었다. 그러나 최근 이러한 관점이 연령 차별적인 논리라는 주장이 일어나면서 이는 '전 생애'에 걸쳐 노동과 교육, 여가가 동등하게 다루어져야 한다는 연령 통합적 사회의 중요성이 강조되었다(Riley, 1994).

즉, 생애주기의 어느 시점에서나 일, 여가, 교육이 고르게 중요하다는 연령통합이 시대에 맞는 관점이라는 것이다. 기존의 연령차별적 사회에서는 특정한 삶의 단계에서 특정한 활동이 중요했다면 연령 통합적 사회에서는 교육, 노동, 여가가 전 생애에 걸쳐 균형 있게 시행되고 개인의 욕구에 따라 자유롭게 선택할 수 있는 자율적 사회 구성원으로서의 삶의 영위가 중요하다(정경희, 2004).

이러한 연령 통합적 사회로의 변화는 우리의 삶을 전 생애적 관점에서 설계하고 준비하도록 하였으며 따라서 가족의 의미도 재해석되고 있다. 기존의 전통적인 가족의 부모가 담당한 교육의 기능과 자녀가 담당한 사회진출에서의 성공과 같이 단순한 개념의 가족은, 함께하는 전 생애적 단계에서 볼 때에는 소원한 가족관계를 양상하기 쉽고 오히려 노인빈곤을 초래하는 결과를 가져왔다. 따라서 가족의 생애주기 어느 시점에서든지 일·여가·교육을 적절히 선택하면서 조화를 이루는 삶을 살 수 있어야 전 생애에 걸친 가족과의 성장과 설계가 가능하다.

5) 현대사회에서 자녀양육의 기능

현대사회에서의 청소년은 아동에서 성인으로 옮겨 가는 과도기적 상태로 인하여 역할 갈등, 장래의 불안, 과중한 학업부담 등이 일어나기 쉬운 시기이기도 하며 일상생활에서 심리적, 사회적, 신체적 부적응을 많이 경험하는 시기이다. 이 시기에 대하여 이소 아홀라(Iso-Ahola, 1980)는 사춘기나 성인기 초기에 생활 속에서 긍정적인 태도를 습득하지 못하면, 이후의 삶에서도 이러한 생활이 연장된다고 하였다. 또한 대디스(Daddys, 1987)도 청소년 개인의 부적응 행동이 가족 구성원 간의 상호작용 형태의 영향을 받아 나타나는 양상일 수 있으며, 가족의 상호작용 형태에 따라 부적응 행동을 예방할 수 있다고 하였다. 이러한 연구들은 가족의 기능이 청소년의 성장과 밀접한 관계가 있음을 설명하고 있는 것이다.

따라서 가족기능 중 어떠한 부분이 청소년의 행동에 영향을 미칠 것인지, 혹은 성장을 어떻게 촉진시킬 것인지에 관한 문제들에 대한 성찰이 필요하다. 최근 발생하는 가족 및 청소년과 관련하여 분노조절의 문제나 다양한 폭력과 같은 문제점은 현대사회의 가족이 지닌 이러한 정서적, 심리적, 문화적 경험과 공감의 결핍과 연관이 있다. 청소년기는 신체적 변화와 정신적 성장이 이루어지는 시기로, 다양한 변화와 발달이 일어나는 시기이므로 올바른 의사소통 방식과 상호성에 전제한 관계는 비단 가족 결속성에 국한하지 않으며 한 인간의 성장에 있어서 매우 중요하다. 청소년의 자기통제력 부족은 부모와의 관계에서 학습하지 못한 부분의 영향일 수 있다. 성장과정에서의 부모와의 다양한 상호작용은 청소년의 자아존중감을 형성하고 인내심을 가지고 책임감 있게 성장하는 기틀이 된다. 다음은 청소년기에 확립해야 할 가족과의 관계이다. 첫째, 부모-자녀 간의 올바른 방식의 개방적 의사소통 방식은 자녀가 민주적 의사소통 방식을 배우며 성장하게 된다. 둘째, 교사나 친구를 통한 신뢰와 사회지지는 자기정체성 함양에 긍정적인 영향을 준다. 한편 현대사회에서 적절한 가족문화의 확립은 자녀양육에 있어서 순기능을 담당할 수 있다.

6) 생애주기의 보편성과 개별화

시대와 문화를 초월해서 아동·청년기의 성장과정을 통해 성인기를 거쳐 노년으로 향하는 인생주기는 보편성을 지닌다. 이러한 보편성을 바탕으로 다양성 역시 존재하며, 시대의 흐름과 문화·사회, 개인에 따라 인생의 각 시기가 시작되고 끝나는 시점이 조금씩 다르며 생애주기를 채우는 삶의 내용인 생애과정은 개인에 따라 매우 다양하다(김애순, 2006). 특히, 최근에는 노동 시장의 유연화에 따라 여성의 노동시장 진입, 인구의 고령화, 이혼율의 증가 및 늦은 결혼 연령으로 인한 출산율의 하락은 다양한 인구사회학적 환경변화에 따라 생애주기가 개인에 따라 개별화되고 있음을 보여 준다. 이러한 생애주기의 개별화 현상은 더 많은 문화향유의 기회가 된다.

7) 생활모델

생활모델은 기터맨과 저매인(Gitterman & Germain, 1996)에 의하여 언급되었다. 가족상담 관련자들이 노숙자, 약물중독, 만성 인격장애, 아동학대 및 가정폭력 등에 직면하였을 무렵, 생활모델은 중요한 역할을 하였다. 생활모델이라는 용어는 실천은 생활 자체를 토대로 하여 그 모델이 이루어져야 한다고 제시한 밴들러(Bandler)로부터 영감을 얻은 것이다(Bandler, 1936).

이를 위하여 사회 및 정서적 발달 과정이 순차적이며 공통적인 단계로서 전통적

생활주기의 모델과 함께 '생활과정'의 모델이 제시되고 있다. 이와 같은 모델의 특징은 생태체계적 관점에서 개발한 실천 모델로 다양한 수준에서의 연구와 개입을 활용하므로 각 수준에서의 전문화된 사정과 개입방법들이 생활모델의 범주에 통합되고 있는 추세이다.

생활모델의 목적은 인간에게 주어진 적응 능력을 향상시키고 환경 내에서 기능하고 있는 모든 인간들을 위해서 환경을 개선하고 인간과 환경 간의 상호성을 증진시키는 것을 지향하고 있다. 즉, 사람과 환경을 통합적으로 보는 가운데 인간이 가지고 있는 성장 가능성과 창조적 적응 능력을 개발하고 이에 대한 환경적 장애요인을 제거하여 개인과 환경의 두 가지를 모두 변화시키는 것을 지향한다.

8) 가족과의 여가활동의 중요성

가족과의 여가활동은 일생의 과정을 통해 경험되는 사회화의 과정이다. 인격을 형성하는 유·청년기 동안 습득된 여가에 대한 좋은 태도들은 이후 생애주기의 노년기 단계에서의 만족스러운 여가활동을 위한 기초가 될 수 있고, 유년기나 성인기에 있어 사회화의 방향과 정도는 다르더라도 모든 개인은 생애주기를 통해 성장하게 되면서 여가사회화(leisure socialization)에 대하여 논의할 필요가 생기게 되었다.

이에 대하여 이소 아홀라(1980)는 여가사회화를 여가 지식, 태도, 가치, 기술, 동기들이 학습되고 내면화되는 과정이라고 언급하였다. 클라이버와 켈리(Kleiber & Kelly, 1980)는 여가를 기초로 한 활동들이 인간의 발달에 있어서 사회화에 기여하는 반면, 사회화는 다시 여가행동과 태도에 영향을 미치게 된다고 하였다.

고동우(2007)의 여가활동을 통한 사회화(socialization through leisure)와 여가활동에 대한 사회화(socialization into leisure)의 개념에서, 여가활동을 통한 사회화는 여가활동의 경험을 통해 사회인으로 살아가는 데 필요한 다양한 기술과 능력과 성향을 획득하는 과정이므로 여가활동에 대한 사회화는 인생의 중요한 영역으로 의미를 가질 수 있다.

또한 가족과의 경험은 다양한 영역에 대한 사전 경험으로서의 가치를 가진다. 여가활동을 통한 사회화는 인간발달 측면에서 중요하며 삶의 각 단계에 연계된다고 가정될 수 있다. 어린 시절의 가족과의 여가활동은 인생의 다음 단계에서 추구하는 삶의 가치나 삶의 질에 영향을 미칠 수 있다.

따라서 가족과의 건강한 여가의 활동은 개인의 발달 측면에서 개인이 각 생애단계에서 그다음 단계로 전환될 때 건강한 사회인으로서의 역할, 능력, 태도, 기초 관계를 형성하는 데 의미가 있다. 즉, 여가는 여러 사회적 기능을 이행하고 있다.

(1) 초기 여가사회화와 가족관계

가족관계는 생애주기에 따라 축적되고, 개인의 삶 속에서 어렸을 때 경험한 여가활동은 성인이 되고 노년에 이르러서도 지속적으로 유지되고 활성화될 수 있는 반면 생소한 여가활동을 노년기에 처음으로 시작하기는 쉽지 않다. 이러한 측면은 가족관계에도 적용되며 인간의 관계는 이와 같이 누적되는 특징을 가지고 있다.

최소한 유년기 및 청소년기에 경험한 여가활동이나 신뢰 있는 혹은 활동적이고 의미 있는 경험은 이후의 생애과정에 많은 영향을 미친다는 것은 중요한 개념이다. 즉, 여가의 사회화나 인간관계 특히 가족관계는 갑작스럽게 이루어지기보다는 장기간에 걸쳐 이루어지게 된다.

이와 관련하여 이소 아홀라(1980)는 유년기의 활동적인 놀이 경험에 있어서 유년기에서 놀이의 기회가 제한되면 성인기에 여가를 추구하는 데 있어 인식 및 행동의 적응성이 떨어질 수 있다고 하였다. 이것은 유년기의 놀이에서 활동적인 사람은 성인기에서도 여가를 적절히 활용할 수 있으며 활동적일 경향이 있으며, 유년기의 비활동성은 성인기 비활동성의 전조가 될 수 있다고 보아 가족관계에 함의하는 바가 크다.

로버츠(Roberts, 2006)는 어렸을 때 정기적으로 연주회를 관람했거나 미술관을 방문했던 사람들은 그들의 일생 동안 지속적으로 수준 높은 활동을 할 경향이 높다는 것을 언급하였다.

(2) 여가경력 개발의 중요성

디칼로(DeCarlo, 1974)는 여가활동과 성공적 노화와의 관계에 대하여 전 생애 동안 여가 활동에 정기적으로 참여하게 되면 단발적으로 여가에 참여하는 것보다 성공적인 노화가 더욱 가능하다고 하였다. 이처럼 여가와 삶의 질의 관련성은 여가활동의 중요성을 함의하고 있다.

이와 같이 생애주기에 걸친 여가행동의 의미는 중요하며 따라서 전 생애에 걸친 변화와 지속성을 검토해야 한다. 가족과의 여가활동은 다른 인간행동과 마찬가지로 전 생애 기간 동안 이루어지면서 지속(continuity)과 변화(change)라는 두 가지 패턴으로 발달한다.

지속이론(Continuity Theory)에 따르면 노인은 과거에 자신이 했던 역할과 비슷한 형태의 역할을 노령의 시기에 지속적으로 활동할 수 있을 확률이 높다고 하여, 자신의 과거의 경험과 연관시켜 인지하는 경향이 있다고 하였다.

로버츠(2006)는 노년기에 사회봉사 조직에 가입된 사람이나 사람들과의 교제 범위가 넓은 사람, 지적·예술적 흥미를 가지고 있는 사람들은 대부분 그들이 젊었을 때 그러한 활동들을 해 왔었던 사람들이며, 이와는 반대로 은퇴 이후 여가활동이 감소되는 사람들은 대부분 젊었을 때 여가 관심의 범위가 한정되었던 경우가 많다고 하였다.

현재의 생활환경의 변화에도 불구하고 여가행동의 지속성은 존재하며 어렸을 때의 여가경험들은 성인의 여가행동 패턴에 지속적으로 영향을 미치게 된다(Scott & Willits, 1998). 이는 문화활동에도 동일하게 적용될 수 있다.

(3) 새로운 문화, 가족과의 자원봉사활동의 경험

사회참여란 깨어 있는 시민이 자신과 공동체 간의 질적인 발전을 목표로 하여 전 사회과정에 대하여 지속적인 관심을 가지고 개인적 또는 집단적으로 연대하여 자발적으로 필요한 자원을 투여하고 다양한 영향력을 발휘하는 것이다(Richardson, 1983). 그런데 가족과의 자원봉사활동의 경험은 협동심, 정직함, 성실함 등 인성개발은 물론 학습내용의 정확한 이해라는 점에서 중요하다(한국청소년개발원, 1998). 자원봉사활동의 현장 참여를 통해 삶에 대하여 이성적으로 통찰하게 되며 향후 시민으로서 바람직한 자세와 태도를 함양하는 효과가 있다. 특히 최근 가족과의 자원봉사활동 경험은 향후 민주시민으로서 자질형성에 도움이 되며 건강성, 협동심, 책임감 등을 배우게 되는 유익한 활동이며, 또한 가정 밖에서 자신과 타인을 바라보고 존중하는 사회성을 배우는 데 유익하다는 견해가 제시되고 있다.

예를 들어, 자발적 참여는 자유의사 또는 선택에 의한 자율성이 구현될 수 있는 개념이라 생각될 수 있다. 그 이유는 자원봉사자는(volunteer)는 라틴어의 'voluntus'라는 단어에서 유래했으며 자발적인 것, 자주적, 임의적 자유의지를 의미하기 때문이다. '자원봉사'란 '특정한 요구의 인식하에 사회적 책임감을 가지고 금전적 이득에 관심 없이 자발적으로 선택되어 이루어지는 활동'이다. 한국사회복지협의회의 좀 더 구체적인 정의에 의하면 '자원봉사란 사회문제의 예방 및 해결 또는 국가 공익사업 수행에 자발적으로 참여하여, 인간존중 정신과 민주주의 원칙에 입각하여 필요한 서비스를 제공하고 이타심의 실현과 자아실현을 성취하는 활동'이라고 하였다.

그런데 현대인들은 육체적, 인지적, 사회적 변화들이 급속하므로 스스로 정체성을 확인하기가 쉽지 않다. 성장을 통해 인간은 자신과 타인의 역할 인식과 타인의 입장에서 이해하려는 노력을 거쳐 사회의 관습적 체계역할 인식을 하게 된다. 특히 청소년기의 다양한 경험들은 점진적으로 책임감 있는 사회인으로서의 인생관을 형성하게 한다(김남순, 1997).

우리는 이러한 활동을 개인체계와 사회체계 차원의 상호작용이라는 시각에서 바라볼 수 있다. 왜냐하면 개인체계란 시간의 흐름에 따라 성장, 성숙, 변화 과정을 겪고 다른 체계와의 상호작용을 통해 변화하며 전체로서의 체계에도 영향을 미치는 체계이기 때문이다. 개인체계의 성장과 발전은 사회체계를 통해 구현되며 다양한 사회조직의 모형과도 연관이 된다(Buckley, 1967). 이렇게 볼 때, 가족과의 자원봉사활동은 가족 내 구성원과의 의사소통과 건전한 인격형성에 도움을 주며 공동체 의식을 함양하고 성숙하게 성장할 수 있도록 도움을 준다. 자원봉사활동은 '통합성 원리'를 교육 이념으로 하고 있기 때문이다. 자원봉사활동은 그들이 봉사활동을 통해 사회에 얼마나 실제적 도움을 제공하고 공헌했는가의 평가보다는 봉사활동을 통해 얼마나 즐겁고 보람 있는 경험을 했으며, '민주적이고 협동적인 인간성을 함양하였는가'가 중요시된다(조휘일, 2009). 따라서 이러한 가족과 함께하는 자원봉사활동은 하나의 새로운 건강한 문화 트렌드로 자리 잡아야 한다.

2 가족의사소통 이론과 실제

1) 가족의사소통 이론과 가족 응집력

의사소통 이론은 가족관계에 있어서 매우 중요한 영역이다. 의사소통은 가족의 응집력을 구성하는 것에 있어 매우 중요한 영역이며 가족 간의 건강한 경계선의 확립에 있어서도 중요하다. 예를 들면, 병리적 가족의 이중구속(double-bind)의 의사소통은 정신분열뿐 아니라 각종 임상적인 병리현상에 좋지 않은 영향을 미치는 것으로 알려져 있다. 따라서 가족 구성원 간의 건강한 관계를 지향하기 위해서는 가족 간의 반복적이며 역기능적인 의사소통 패턴을 기술적 개입으로 중단시킬 수 있는 방법을 적절히 활용할 수 있어야 한다.

즉, 가족 구성원 간의 의사소통 이론에 있어서는 다양한 기법과 기술이 활용되는데 전문적인 훈련을 요하게 된다. 즉, 긍정적 재정의를 하며 변화의 규제, 전략적 기법의 증상에 대한 처방 등은 각종 임상적 치료에 적용된다. 그에 대한 실천적 기법으로 사용되는 기술과 전략의 단계는 다음과 같다.

첫째, 문제의 재정의의 단계를 통하여 가족 구성원이 제시하는 문제의 상황이나 사실에 대해 대안적 의미를 부여하여 인식의 긍정성을 회복하는 단계를 거친다. 이러한 단계는 성찰의 단계로, 재명명은 문제를 다양한 각도에서 볼 수 있으며 관계의 재정립에 영향을 줄 수 있다.

둘째, 변화에 대한 규제의 단계로 이는 가족 구성원 자신이 스스로에게나 타인의 변화에 높은 기대를 가지고 있을 때 이에 대하여 일정 정도의 전문적 통제와 개입을 하게 된다.

셋째, 입장취하기의 단계에서는 보다 전략적인 입장을 통하여 가족 구성원이 문제의 해결에 도전하도록 하여 가족 구성원의 문제를 스스로 해결해 나가는 실마리를 터득해 나가도록 유도하기도 한다.

2) 건강가정을 위한 가족상담의 적용

가족 간의 건강한 의사소통을 위하여 개입하는 상담으로는 가족 간의 병리적인 의사소통에 있어서 '구두점 찍기'와 같은 중요한 개입을 통하여 가족의 의사소통의 체계에 관여하게 된다. 가족 구성원에 있어서 상호 비난적인 관계의 본질은 의사소통 진행과정의 끝없는 순환고리와 함께 이어지는 경우가 많다. 즉, 촉발요인에 의한 비난의 끊임없는 순환고리는 매우 반복적이며 상대방에 대한 지속적이며 단정적인 비난의 메시지를 담고 있다.

따라서 적절한 지점에서 순환 고리를 끊어 주는 역할이 중요하다. 이러한 원리는 가족관계 내에서 발생하는 원인과 문제의 진행 및 비난의 이슈에 대한 것들을 바라보는 관점의 전환에 그 목적이 있다. 의사소통 이론은 직선이 아니라 순환적 인과관계를 통하여 끊임없이 지속되는 연속선상에 있으므로 순환성에 기초하게 된다.

◈ 의사소통의 연속성의 패턴을 보이는 일반적 현상

친구들과의 모임에서 술을 먹은 뒤에 늘 늦게 귀가하는 청소년은 부모가 잔소리를 많이 해서 더 술을 마신다고 주장하고, 부모는 자식인 청소년이 술을 마시니까 잔소리를 계속하게 된다고 반박하는데 이는 원인의 구두점을 서로 다른 곳에 찍고 있는 것을 알 수 있다.

즉, 자식인 청소년은 '잔소리를 하니까 술을 마시고'에 구두점을 찍었으며, 부모는 '술을 마시니까 잔소리를 하게 되고'에 구두점을 찍고 있는 것을 알 수 있다. 이와 같이 연속적인 흐름인 대화는 부분으로 연결되고 각각 자신에게 유리한 방향으로 주장하게 된다. 이것을 의사소통에 있어서 구두점의 원리(Principle of punctuation)라고 한다.

(1) 아날로그와 디지털 방식의 의사소통

가족 상담가는 가족 구성원 간의 의사소통이 디지털 형식인지 아날로그 형식인지 구분하는 것이 필요하다. 디지털 방식의 의사소통은 언어의 논리성에 의하여 조절되는 의사소통의 구성인 '단어'를 기초단위로 이루어지게 된다. 반면, 아날로그 의사소통 방식은 비언어적인 의사소통의 방식을 많이 사용하게 되는데 이것은 의사소통의 언어적 전달뿐 아니라 '자세, 표정, 제스처, 목소리의 톤, 억양, 리듬'과 같은 다양한 심리 및 정서적 양식이 포함되어 정황까지 함께 전달되는 것이다.

그런데 이러한 아날로그식 의사소통 방식에 있어서 상황의 불유쾌함의 문제를 가진 사람은 그 문제를 해결하거나 증상을 없애기 위해 분노 등의 촉발을 매개로 하여 사회적으로 용인이 되지 않는 부분까지 이르며 자신의 의사를 관철하고자 하는 경우가 종종 있다. 이러한 경우에는 표면적으로는 단순한 의사의 전달이나 자기주장의 형식으로 보여질지라도 그 이면에는 그 사람이 가지고 있는 성장과정에서의 처리되지 못한 감정이 내재되어 있는 경우도 많다는 것이다.

따라서 가족 상담사는 의사소통 방식에 대한 주의 깊은 탐색을 요하며 그에 따른 최면요법 등을 통한 무의식의 탐색도 경우에 따라 실시할 수 있다. 이러한 경향은 내재적인 경향으로 인하여 일시적인 상담만으로는 나타나지 않는 경우도 많으므로 의사소통 이면의 면까지 관찰하는 것이 가족관계의 회복에 있어서 중요하다.

(2) 강점과 장점의 발견

가족관계의 회복을 위하여 가족 상담을 찾는 사람들은 가족 구성원으로부터의 적절한 지원을 받기보다 섬과 같이 고립되어 자신의 입장만을 항변하는 경우도 많다. 이러한 경우에는 각각의 구성원을 하나의 이해단위의 조직으로 묶어 주기 위해서 다양한 각도에서의 은유적인 활동도 상담에 활용하게 된다.

예를 들면, 부부간에 서로가 느끼는 짐을 여러 장의 스카프에 비유하며 상대방에게 걸어 주고 그 상대방을 바라보는 느낌을 이야기하며 다시 미안하다는 사과와 함께 한 장 씩 풀어 주거나 하는 은유적인 활동 등이 활용될 수 있다. 전략적 접근으로는 상대방이 가진 장점 50가지를 이야기하게 하다 보면 인지하지 못하던 많은 장점을 보게 되기도 한다. 가족의 문제는 자원이 없어서라기보다, 자원보다 상대방에게서 바라는 점에 대한 서운함에 대해 포커스가 맞추어져 있는 경우가 많기 때문에 바라보는 관점의 전환으로부터 접근하는 것이 필요하다.

따라서 건강한 가족관계의 회복을 위하여 상담가는 가족 내에서 바람직한 변화를 위한 노력이 일정 기간 지속되면 행동치료에서 적용되는 바와 같이 바람직한 모델링을 내면화할 수 있다. 이러한 과정은 혹시 항상성의 원리에 의해 다시 일시적으로 과거의 현상으로 돌아가더라도 그에 대한 잘못된 상황을 적어도 인지하게 되는 성과를 가지게 된다. 이러한 경우에 갈등이 있었던 과거로 돌아가지 않도록 지지하는 의지와 새롭게 형성되는 가족규칙이 중요한데, 새롭게 형성된 가족규칙에 성공적으로 동화된 이후에는 가족이 새롭게 적응하며 변화하고 발전하는 계기가 될 수 있다.

(3) 이중구속

가족관계에 있어서 주의할 부분이 이중구속 메시지이다. 이중구속이란 두 가지 메시지를 함께 주는 것이다. 예를 들면, 사랑한다고 하면서 보이는 표정이나 행동은 그렇지 않은 경우 혹은 상대방에 대하여 간섭하는 방향이 두 가지 방향인 경우, 이러한 의사소통에 노출되어 있는 대상자는 무기력을 느끼며 현실에 적응 장애현상을 보이게 된다. 대표적인 예로, 자녀양육에 있어서 성적이 다가 아니라고 하면서 성적을 가지고 자녀를 야단치거나 하는 등의 이중구속의 예는 무수히 많으며 성장과정에서 정신분열의 요인으로 보기도 한다.

이중구속이나 이중메시지를 자주 보이는 상대방과의 진정한 관계는 성립되기 어려우며 의사에 있어서 감정의 반영이나 변동 혹은 철회가 빈번한 경우에는 특히 관계의 형성이 어렵게 되므로 상대방의 정신건강에 악영향을 미치게 된다.

특히 이중구속의 효과는 관계에 있어서 지위가 다른 경우 낮은 지위에 있는 사람이 메시지의 해석에서 혼란을 느끼는 경우, 동시에 수신되는 메시지의 상충되는 내용 속에서 어느 한 부분을 취하여 행동해야 하기 때문에 대상자가 어린 자녀인 경우에는 정신적으로 매우 심각한 결과를 초래할 수 있다.

이중구속의 상황은 언어적 메시지와 표정이나 태도 등의 비언어적인 메시지와 함께 전달되는 경우도 많으므로 매우 혼란스럽고 불안이나 분노 등을 경험하게 될 수 있으므로 신뢰 관계를 기반으로 하는 의사소통이 이루어지기 어렵다. 따라서 동등한 관계에서 이러한 상황이 일어나는 경우는 상대방에 대한 불신이 오가며 의사의 송수신에 있어서 감정처리의 문제가 발생할 수 있으며 이에 대한 진지한 대화가 필요하다.

대화를 풀어 갈 때는 상대방이 비난으로 인식하여 방어하기 쉬운 너 전달법이 아닌 나의 입장과 바람을 전달하는 **나 전달법**을 통하여 정확하고 일치되며 일관적인 메시지를 전달하는 방식이 권장되고 있다. 건강한 가족문화의 확립은 가족 간의 바람직한 상호작용에 더 없이 중요한 매개 역할을 담당할 수 있을 것이다.

Chapter 05

가족에 대한 고찰

CHAPTER

05 가족에 대한 고찰

가족이란 개인 간의 심리, 정서적 문제를 함께 나누는 공동체로 인간의 생활과 성장과 관련하여 맺는 총체적 관계를 의미한다. 즉, 가족생활의 총체이기도 하며 가족 상호작용의 역동 과정이라 할 수 있다. 인간은 가족 내에서 사회성을 배우며 성장하고 부모와 자녀 및 형제간의 관계를 통하여 상호 이해와 신뢰를 관계를 통하여 배우게 된다. 가족 구성원과 함께 생활하며 심리와 정서의 상태가 영향을 받으며 교육과 사회화와 역할 모델링 등이 모두 일어나므로 가족과 함께하는 문화의 경험은 매우 중요하다.

가정으로부터의 경험은 청소년기의 성장과정 내에서 중요한 영향을 미치게 되며 현대사회에서 각종 심리 및 사회문제가 난무하는 가운데 오히려 가족학의 함의는 더욱 높게 평가되고 있다. 그 이유로 배우자의 선택이나, 스스로 좋은 부모가 되기 위한 준비는 다른 어떤 과제보다 중요하며 가족 구성원 상호 간의 관심과 돌봄은 성장과정에 있어서 매우 중요하기 때문이다. 올바른 가족관계는 개인과 개인의 사이에 대한 개념으로 자신을 포함하여 공동 생활하는 구성원의 삶의 질에 있어서도 중요하며 가족 구성원과의 시간공유의 경험의 질은 그 어떤 경험보다 많은 심리적, 정서적 영향력이 있다.

인간은 태어나서 일련의 발달과정을 거치며 궁극적으로 이루어야 하는 자아통합감은 만남과 관계 속에서 이루어지는 상호작용의 결과이기도 할 것이다. 그러므로 가족과의 문화생활을 통하여 이루어 내는 신체적 · 정서적 건강 유지, 능력 개발, 자아실현 등 특유의 기능은 가족의 의사소통, 단합, 건강한 정서함양에 도움이 되며 타인에 대한 배려심을 배우고 책임감 있는 성장이 가능하게 한다. 이것은 가족의 심리적 만족, 정서의 안정성과도 깊은 관련이 있다.

이러한 가족 간의 이해는 신뢰감의 배경이 되고, 개인적으로 추구하는 자아실현을 촉진하게 된다. 또한 가족관계가 건전한 방향으로 선순환하는 것은 가족 간의 친밀감 제고, 자녀의 교육 강화, 가정생활의 활력소, 휴식, 가족원의 건강 및 체력증진 등에 있어서 긍정적인 영향을 미치게 되므로 문화적 경험 등이 매우 중요한 것이다.

1 문화의 기능과 역할

가족은 사회조직의 가장 기본적인 집단인 동시에 한 인간이 사회의 구성원으로서 살아가기 위한 사회화 과정의 기초 조건이 된다. 가족을 통한 기능은 자녀의 양육과 가족 구성원 각각의 정신적, 정서적, 신체적 건강을 유지하고 능력을 개발시키며, 자아실현을 도모하는 본질적 기능을 수행하는 동시에 사회적 책임을 다하고 인격 형성을 완성한다.

이상적인 가정은 각종 사회문제를 예방할 수 있고 문제를 치유받는 곳이 될 것이다. 인간의 기본적 인성은 가족관계를 통하여 형성되고 발달하므로 가족과 가족관계가 사회의 상호작용의 기초를 형성하는 것임에 틀림없다. 가족은 사회의 가장 작은 단위이기도 하므로 가족이 그 기능을 다하고 올바른 가족관계가 형성될 때 이러한 선순환은 사회적으로도 커다란 에너지가 되지 않을 수 없으며, 올바른 문화생활의 향유는 이와 같은 가족을 형성하는 데 직접 및 간접적으로 도움이 된다.

1) 가족문화와 인간의 성장

인간에게 있어서 가정은 성장 장소이자 인간과의 기본적인 관계, 애정, 신뢰와 정서를 배우고 느끼고 학습하는 곳이며, 가족 구성원 간의 관계 및 의사소통 방식은 사회에서의 소통과도 밀접한 관계가 있다. 이것은 가족 간의 상호작용에 가족 구성원과의 관계의 중요성과 함의를 가지고 있으며, 상호작용의 관계를 통하여 개인은 성장하고 가정은 사회 안에서의 기본 단위인 공동체 차원에서 가족 구성원과의 관계를 중요시하게 되었다.

가족 구성원 간의 역동성은 경제, 환경과의 관계를 통하여 다양한 사회·문화와의 역동적 체계들을 형성시키며 성장 및 재생산을 가능하게 한다. 가족 구성원 간의 갈등이나 사회적 관계, 경제 관계, 심리적 상황은 다른 구성원에게도 매우 밀접한 영향을 미치게 되며 따라서 가족 간의 관계는 중요하며 문화가 미치는 영향은 크다.

2) 다양한 인간에 대한 이해

현대사회에서 도시화, 핵가족화에 따른 가족 구조의 변화는 산업화에 따른 인간 소외 현상을 가져왔으며 이러한 시기일수록 가족의 건강성은 더욱 중요한 개념으로 평가받고 있다. 가족이 건강함을 유지하지 못했을 경우에는 각종 사회 문제가 발생하게 된다.

첫째, 인구사회학적인 문제로 가족의 구성원 관계의 문제가 발생하는 경우에는 상호 영향을 주고받으므로 가족의 심리적 혹은 경제적인 갈등의 문제가 발생할 수 있다. 둘째, 심리적 문제로는 부부 체계, 부모자녀 관계, 형제 관계 등의 상호작용이나 의사소통으로 인하여 가족의 문제가 발생할 수 있다. 셋째, 환경의 구조적인 요인으로 인하여 가족의 문제로 발생하는 문제는 다양한 공유활동으로부터 축적되는 건강한 관계를 통하여 예방하는 것이 바람직하다.

3) 가정의 순기능

가정은 가족의 구성원들에게 성장을 위한 터전이 되어야 하며 관계 속에서 신뢰감을 배우고 자율성과 균형을 배우는 곳이어야 한다. 이것은 사회적인 상호 관계성도 크다. 현대사회에서의 각종 가족 문제는 개인의 가족 내에서의 문제뿐 아니라 사회적인 차원에서도 중요하게 인식되어야 한다. 인간은 태어나서 1차적으로는 가족과 2차적으로는 사회와 밀접한 영향을 받으며 성장하게 된다. 따라서 가족의 창조적이고 생산적인 활동을 가능하게 하는 순환의 메커니즘과 올바른 상호작용 방식을 이해하는 것이 중요하다.

2 가족과 인간의 성장 및 생태적 관점(Ecological Perspective)의 적용

생태학(Ecology)적 관점은 인간도 결국 생물 혹은 유기체로 보는 것이며 가족도 마찬가지로 환경과 어떻게 조화를 가지는지를 중요하게 보는 관점이다. 즉, 환경 속의 인간을 강조하는 관점으로 진화론적인 관점을 견지하고 있다. 그동안 사회과학에서 인간과 사회는 뗄 수 없는 관계성을 가진다는 견해를 가지고 있는 것과 같은 맥락에서 인간은 환경 속에 존재하고 발전한다.

현대사회에서 이와 같은 측면은 더욱 그 중요성이 높아지고 있는 것이 사실이며 인간의 성장과 적응은 가족관계의 차원에서도 중요한 관건이 되어 왔다. 다양한 자원과 인간의 심리 내적 및 사회와 문화적인 요인이 포함되어 나타나는 것이며 누적적인 것이다. 결국 인간은 생태학적으로 환경 안에서 영향을 주고받는 존재로서 개인과 환경 간의 상호작용은 결국 환경 속의 인간의 총체적 인간관의 지평을 열게 되었다.

생태체계적 관점이란 생태학 이론에 체계이론이 더하여져서 인간과 환경과의 상호성에 체계적 관점이 도입된 개념으로 상호 교류하는 측면을 강조하고 있다. 즉, 체계이론에서는 체계를 구성하는 하위 체계가 존재하며 상호 에너지의 교환이 일어나고 있음을 인정하는 것이다. 따라서 각 체계들의 조직화와 에너지의 교류 및 상호 연관성 등의 중요성에 있어서 문화의 기능은 중요하다. 그 이유는 가족 구성원과 자원 간의 상호 연관성을 가지고 소통하며 성장하므로, 즉 인간의 생활주기 및 다양한 자원과의 교류를 고려하는 순환적 인과론(circular causality)의 관점이 가지는 함의는 크다.

3 현대 가족 문제에 대한 이해

현대사회는 도시화 및 산업화 그리고 정보화로 인하여 사회의 문제들이 더욱 복잡한 양상을 가지며 급변하고 있다. 특히, 핵가족화의 경향은 가족 기능에 대하여 소외와 무관심과 같은 현상을 초래하기도 한다. 그런데 한국사회는 전통적으로 가부장 중심의 위계적인 구조를 가지고 구조 및 전통적인 역할이 엄격하며 성역할 등이 비교적 분명하다. 그러므로 자칫 변화하는 시대에서 적절하지 못한 모델링의 학습으로 인하여 새로운 시대 변화에 적응하지 못하는 가족관계는 탄력적이고 유연한 관계를 추구하는 현대사회의 가정상과 마찰이 있을 수 있으며 구성원 간의 원활한 의사소통을 저해할 수 있다.

가정이란 결국 한 개인이 성장과정을 보내는 곳이고, 일생을 통하여 가족이라는 관계를 맺게 되는 생활의 장이며 인간성장을 통하여 심리 및 정서적 영향을 받는 곳이다.

특히 청소년들에게 가정은 최초의 성장 장소이자 인간과의 기본적인 관계, 애정, 신뢰와 정서를 배우고 느끼고 학습하는 곳이다. 이것은 가족의 관계나 체계의 영향을 민감하게 반영할 수 있다. 가정은 구성원 간의 역동성을 전제로 하며 가정 외에도 경제, 환경, 원가족과의 관계 및 양육에 따른 심리요인 등 다양한 역동적 체계들이 함께하는 것으로 성장하고 휴식하고 재생산하는 공간이기도 하므로 건강한 에너지를 필요로 한다.

이에 건강하며, 행복하고, 서로 신뢰하는 가족관계를 만들어 나가는 노력이 중요시되고 있다. 반면, 역기능 발생 시에 대한 대처와 회복탄력 및 기능회복은 중요한 가족 관계의 상담 영역이 되기도 한다. 가족이 역기능적일수록 가족의 구성원은 그에 따른 정서 및 심리적 영향을 많이 받게 되며 역기능적인 영향이 마치 모빌이나 부메랑과 같이 구성원에게 다시 영향을 주게 된다. 가족 역동적 관점에서 본다면 모든 인간의 성장과정에서 가족이 주는 영향은 매우 크다.

4 가족이 가족 구성원과 자아 성찰에 주는 영향: 20대의 가족경험을 중심으로

가족은 체계론적 관점에서 볼 때, 개인의 부분적인 합보다 큰 어떤 집단적인 성격을 갖는다. 이를 형성하는 것에는 가족신화를 비롯하여 가족문화, 가족의 가치관 등이 있다.

가족의 문제는 구성원과 가족이라는 기본조직 간의 상호 밀접한 영향을 미치는 체계적 관점에서 이해되어야 함과 동시에 이에 대한 세심한 관심이 요구되고 있음을 알 수 있다.

1) 청소년의 가족경험 중요성의 성찰

가정은 개인생활의 기초로 인생과 사회생활이 출발되는 곳이다. 김경아(2002)는 가족이란 공동의 주거, 경제적인 협력의 특성을 갖는 사회조직이면서, 초기 사회화의 바탕이 이루어지고 정서적 안정과 인격의 기초가 형성되는 기초단위라고 하였다(김경아, 2002). 또한 가족의 건강은 개인의 심리적 안녕감과도 밀접하게 연관이 된다는 연구도 보고된 바 있는데(Adelmann, 1994), 이와 같은 결과는 환경적인 요인, 즉 가정의 요인들이 개인에게도 영향을 미친다는 것을 의미한다.

특히 청소년의 발달과정에서는 다양한 환경요인들이 서로 상호작용하며 동시에 복잡한 맥락을 형성하면서 영향을 미치게 된다(최성학, 2012). 가족이라는 인간관계에 관련된 사람들의 의미를 해석하기 위해서는 가족에 대한 다양한 목소리에 주의를 기울여야 한다(이길자, 2007). 생활세계는 주관성의 경험이나 형식에 대한 하나의 태도이자 지향이기 때문이다(최연실, 2003).

따라서 가족이 지니는 의미에 대하여 탐색하면서 가족의 의미에 대하여 살펴보는 것은 중요하다. 특히 20대의 남녀는 청소년에서 이제 막 성인으로 발돋움하여 장차 새로운 가족단위를 이루며 사회의 건강한 기본단위를 이루어야 하는 막중한 책임을 가지고 있다. 그런데 버처(Butcher, 2000)는 가족의 행동과 태도, 부족한 감독 혹은 일시적 반응이나 불안정 등은 문제행동을 유발하는 가족의 요인으로 작용할 수 있다고 하였다. 즉, 가족 구성원의 행동은 가족체계적 차원에서 상호 중대한 영향을 미칠 수 있다.

청소년은 성인으로 이행하는 과도기에 있으며 인생의 문턱에서 그 어느 때보다 역동적인 시기라 할 수 있다. 그러므로 이러한 시기에 처해 있는 20대 성인 남녀들을 통하여 그들에게 가족의 의미란 무엇인가에 관한 부분을 가족경험을 통해 탐색해 그에 자리하고 있는 인과적 조건과 맥락 등을 분석해 봄으로써 건강한 가족과 가족의 회복에 관하여 논해 보고자 한다.

2) 청소년의 가족인터뷰가 가지는 함의

1926년 어니스트 버지스(Ernest Burgess)는 ASA(American Sociology Association)에서 가족을 개인들이 상호작용하는 단위로 언급했다(Smith, 2009). 이는 일반체계 이론의 근본적인 가정이 부분보다는 전체로 이해되어야 한다는 것으로, 가족의 체계는 가족원 간의 교류[1])를 통해 이해되는 것이다.

이 이론의 핵심은 가족의 교류패턴이나 행동의 순환절차에 있어 단선적 인과관계보다 전체 체계적인 산물로 이해되어야 한다는 것이다. 이것은 인과적 순환이 행동으로, 피드백의 순환이 인간의 행동에 영향을 준다는 것을 전제로 한다. 이 이론에 의하면 건강하거나 병리적인 관계는 의사소통의 관계에 기인한다.

체계이론은 1979년 브로더릭과 스미스(Broderick & Smith)가 이 이론의 주요 개념을 설명하였고, 2002년 화이트와 클라인(White & Klein)이 체계이론의 개념을 체계나 경계, 앤트로피, 가족유연성, 상호성, 피드백과 같은 용어로 발전시켰으며 이 후 올슨(Olson, 2000)은 이를 더욱 발전시켜서 가족체계의 상호성에 대한 순환모델의 치료법을 활용하였다(Smith, 2009).

다음은 과연 가족이 우리 주위에 있는 20대 성인 남녀에게 어떠한 의미로 존재하는가 하는 부분에 관해 이러한 이론이 실제 삶에 있어서 어떻게 적용되는지에 대한 답을 얻기 위하여 접근해 본 것이다. 이를 통하여 체계이론에서 언급하고 있는 관계성이라든가 경험 및 의사소통 등의 요인을 탐색하여 가족경험의 의미에 관해 생각해 보기로 하겠다.

---

1) 가족 내 과정, 즉 기능, 의사소통과 교류패턴, 가족갈등, 가족원과의 분리와 연계, 응집, 통합, 그리고 변화에 대한 적응 등의 예를 들 수 있다.

3) 청소년 인터뷰 방법

(1) 연구참여자들의 사회인구학적 특성

표 5-1 20대 연구참여자들의 사회 · 인구학적 특성 (N=8)

사례	연령	성별	나이	가족 구성원	동거가족	직업	종교
참여자1	20대	여	23	부모, 1남 2녀	2명 (할머니/삼촌)	그래픽 디자이너	무교
참여자2	20대	여	25	부모, 1녀	2명/(부모님)	학생	천주교
참여자3	20대	여	25	부모 1남 1녀	없음	학생	무교
참여자4	20대	여	29	모, 3녀	없음	기자	없음
참여자5	20대	남	24	부모 2남	없음	공중 보건의	기독교
참여자6	20대	남	26	부모, 3남 1녀	없음	취업 준비생	기독교
참여자7	20대	남	27	부모 1남 1녀	없음	대학원생	무교
참여자8	20대	남	28	모, 1남	없음	출판사 직원	무교

(2) 생각해 볼 문제

① 가족의 경험을 통하여 청소년들이 가족이라는 기본조직에 긍정적 가족인식을 갖게 하는 것은 어떤 것인가?

② 가족의 경험을 통하여 청소년들이 가족이라는 기본조직에 부정적 가족인식을 갖게 하는 것은 어떤 것인가?

(3) 분석과정

① 코딩(coding)

본 연구는 심층면담을 통하여 얻은 자료를 개념화하고 이를 범주화 등의 비교방법을 통하여 코딩을 실시하였다.

② 가족의 범주

본 연구를 위한 인터뷰를 통하여, 가족의 정의는 혈연을 비롯하여 친척, 한 공간에서 오래 생활해 온 사람, 오랜 직장동료나 이웃, 애완동물 등으로 연령과 관계없이 비교적 다양하게 지각되고 있는 것으로 나타나, 개인에 따른 가치관에 따라 그 하위 범주가 상이하게 구성될 수 있음을 알 수 있었다.

표 5-2 연구참여자들의 응답범주

연구 질문	사례	응답 내용
가족의 범주	전체	① 혈연 ② 사촌 등(가문) ③ 함께 지내는 사람 ④ 직장 사람들 ⑤ 심리 · 경제적으로 함께하는 사람 ⑥ 애완동물들
가족의 조건		① 책임감 ② 심리적 공유 ③ 공동생활 ④ 경제
가족의 요건	20여	'혈연이면서 마음으로 받아들일 수 있는 대상', 같이 살았거나, 직계가족, 혹은 마음을 나눌 수 있는 친구도 포함 가능
	20남	혈연, 직계가족, 심리 · 경제 · 애정 · 입양 · 애완동물 · 후견인 등의 다양한 조건이 가능하며 특히 '심리적 요인'이 중요하다.
	소결	특별한 세대 간의 차이는 발견되지 않았으며, 혈연을 기본으로 하여 애완동물은 물론 친한 친구나 이웃, 직장동료까지 범주에 넣는 것으로 보아 가족에 대한 정의는 개인의 가치관에 따라 다를 수 있음을 알 수 있었다.

③ 가족에 관한 기억

다음은 가족에 관한 기억에 관해 질문한 것으로, 질문은 가족을 떠올리는 경우, 기억에 남는 일, 좋았던 기억, 좋지 않은 기억 등에 관한 인터뷰로, 가족을 떠올리는 경우는 심리적으로 힘들 때, 아플 때, 경제적으로 어려울 때, 좋은 것을 보았을 때

등으로 나타났다.

기억에 남는 일로는 가족 구성원의 큰 변화나 체벌 등이 있었고, 좋았던 기억은 가족과의 여행, 식사를 통한 시간의 공유, 특히 부모님의 정다운 모습이나 병고의 회복 등이 있었으며, 좋지 않은 기억으로는 부모님의 불화나 병고, 이탈, 은퇴, 상실 등으로 경우에 따라 응답자들에게 트라우마로 작용하고 있기도 했다. 일상이나 인생을 통해 겪을 수 있는 기억이 연구 참여자의 기억 속에 자리하면서 가족에 대한 이미지에 지울 수 없는 기억으로 자리함을 알 수 있었다.

표 5-3 가족을 떠올리는 경우, 기억에 남는 일, 좋았던 기억, 좋지 않은 기억

사례 (성/연령)	가족을 떠올리는 경우	기억에 남는 일	좋았던 기억	좋지 않은 기억
전 체	① 심리: 불안/외로움/힘듦 ② 물리: 아플 때 ③ 경제: 경제의존 기타: 좋은것을 볼 때	• 가족 건강에 문제가 생겼을 때 • 구성원의 변화 • 체벌받았을 때 • 기타: 이벤트나 감정적인 상처 혹은 그리움 등	• 시간의 공유-동물원이나 가족여행 등 • 관심과 배려-아플 때 태워다 주거나 주물러 준 기억 등 • 부모님의 정다운 모습	• 부모의 불화 • 가족원 간의 불화 • 구성원의 이탈 • 구성원의 병고 • 부모님의 은퇴 • 구성원을 잃은 기억 • (트라우마 되기도 함)

다음은 가족 구성원 중에서 의지가 되는 사람과 그 이유, 그리고 가족 중 가장 소원한 사람과 이유에 관해 질문한 것이다. 가족에서 의지가 되는 사람은 직계가족이나 사촌 등 다양하게 응답하였는데 그 이유로는 위안과 존경 혹은 가치관이 같거나 의사소통 측면에서 이해와 솔직함 등을 기반으로 한 원활함 등을 꼽았다. 이를 다음과 같이 제시할 수 있다.

표 5-4 가족 구성원 중 의지가 되는 사람과 그 이유

사례 (성/연령)	가족에서 의지가 되는 사람	그 이유
전체	엄마, 아빠, 사촌, 언니 등 다양함	심리적 위안, 정신적 지주, 인생 선배, 지혜가 되며 가치관이 같거나 이해와 믿음이 있어 편하고 솔직할 수 있다는 것 등이다. 따라서 청소년들에게 정신적인 측면이 가족으로서 의지가 되고 있음을 짐작할 수 있었다.

다음은 가족 구성원에게서 가장 소원한 사람에 대한 이유에 대해 조사한 결과 일방적인 의사소통과 물리적 거리, 가치관의 상이함, 간섭이나 독단적 성격 등을 그 주된 이유로 호소하고 있었다. 반면, 긍정적인 애착의 경우 미래를 함께할 동반자이며 영원히 사랑할 존재로 내면의 안식처가 된다는 내면의 이야기를 하고 있다. 이를 보면 다음과 같이 제시할 수 있다. 이것은 가족에게 이해와 솔직한 의사소통이 관계성을 결정짓는 중요한 기본구성요인이 될 수 있다는 것으로 인터뷰를 통해 알 수 있었다.

표 5-5 가족 구성원 중 소원한 사람과 그 이유

사례 (성/연령)	가족에서 가장 소원한 사람	그 이유
전체	엄마, 아버지, 누나, 남동생, 사촌 등 다양함	이해보다는 일방적인 의사소통, 자주 만나지 못함, 가치관 등이 다름 등 이를 통하여 정신적인 면이 청소년들에게 정서적인 소원함을 구성하도록 의식의 범주를 구성하고 있음을 알 수 있다.

④ 가족의 의미

기타 인터뷰를 통하여 추가적으로 나타난 것은 가족의 경험을 통하여 시간과 경험을 함께하는 공유의식 및 가족을 통한 공동체 의식이나 가족의 일원으로서의 책임감 등이 의미 있는 가족의 긍정 및 부정적 인식에 중요한 작용을 하는 것으로 나타났다.

김경신(1993)은 개인의 주관적 경험에 의하여 어떠한 의미를 부여하는가에 따라 행위과정의 차이가 발생한다고 하였다. 이를 토대로 '가족에 대한 재정의'에 영향을 미치는 요인을 청소년에 대한 인터뷰를 통해 다음과 같은 요인으로 분류하였다.

표 5-6 가족의 재정의(의미찾기)에서 나타난 개념, 하위범주, 범주분류(1)

범주	하위범주	개념
가족의 조건	혈연	혈연과 직계가족의 개념은 내외적으로 영속적인 결속을 맺어 줌
	공동생활	오랜 시간을 같이 지냄으로써 동거동락하면 심리적 결속이 가능함
	친구나 이웃	상호 솔직히 마음을 터놓고 의논 · 의지하는 대상으로써 가능함
	애완동물	현대인에게 애완동물은 생활을 함께함으로써 동거가족으로 인식됨
구성원 간 맥락적 관계	의지함	마음의 안식이나 정신적 지주 혹은 솔직한 의논의 대상으로 형성
	친밀함	과거 · 현재 공동경험으로 생성되며 의지의 대상으로 발전 가능함
	소원함	물리적 거리감, 책임 불이행, 의사소통 단절, 가치관 상이 등이 작용
(관계의 질)	좋음	상호 간에 이해하고 배려하며 관심을 갖는 관계로 설명할 수 있음
	무관심	물리적 거리와 가치관의 상이로 가족과 나를 별개의 존재로 인식
	나쁨	가족의 방임이나 이탈로 불신과 적개심을 느끼며 단절감을 경험함
시간적 공유	많음	긍정적 시간공유를 많이 함으로써 관계성과 관계의 질에 영향 미침
	적음	부정적 경험의 기억은 현재 관계에까지 지속적인 영향을 미치게 됨

표 5-7 가족의 재정의(의미찾기)에서 나타난 개념, 하위범주, 범주분류(2)

범주	하위범주	개념
공동체 자각정도	상	책임감이 극도로 지나칠 때는 부담과 소외와 짐으로 인식되기도 함
	적절함	유연하고 적절하게 심적 경제적 책임을 인식하고 배려하는 정도임
	하	방임이나 무책임, 이탈 등으로 나타남으로써 불안과 분노를 야기
가족의 소중함을 절감함(긍정성)	긍정적 존재	항상 느끼지는 않지만 기본적으로 자신의 뿌리임은 인식하고 있음
	소중한 존재	자신에게 없어서는 안 될 귀중한 존재로 인식하며 보답하는 마음
가족에게 분노하고 상처 입음(부정성)	무관심 존재	가족개념은 있으나 개인적 사고로 자신을 다소 별개의 존재로 인식
	부정과 대처	가족을 부정하지만 달리보거나 극복하거나 하는 대처방식을 모색
가족인식의 긍정적 재인식과정	긍정적 인식	가족에게 물리적 도움이 되지는 않더라도 긍정적인 부분으로 인식
	내 삶과 생활	내 삶이나 생활의 일부로써 인식되어 나의 일상이 곧 가족의 일상
	나의 존재 인식	가족의 의지를 넘어 자신이 그들에게 도움이 되는 존재가 되고자 함
수동적 피해의식 형성과정	무관심 경향	일부 가족과 상호 능동적인 교류관계를 형성하지 못하고 무관심함
	분노 잠재	가족에게서 피해의식을 느끼며 내면에서 분노를 경험하고 있음
가족의 의미부여 의식	가족에게 나	대상과 정도 차이는 있으나 소중하고 귀중한 존재라고 할 수 있음
	나에게 가족	가족은 삶이며 뿌리임. 혹은 회복되어야 할 가치가 있는 존재임

본 인터뷰를 근거로 살펴보면 가족의 긍정적 재정의를 위한 인과적인 조건은 조직의 특성을 반영하는 구성원 간의 관계성으로 나타났으며 그 중심 현상은 '가족에 대한 재정의' 즉 '가족에 대한 의미부여'라는 것으로 분석되었다.

그리고 중심현상의 맥락적인 조건은 가족경험이었다고 할 수 있었데, 크게 긍정적 경험과 부정적 경험으로 가족 구성원의 내면적인 심리 정서에 중요한 영향을 주고 있는 것으로 조사되었다.

그 밖에 긍정적으로 가족의미를 새기고 개인이나 구성원적 차원의 다짐이나 혹은 바람을 갖는 계기가 되거나, 반대의 경우에는 수동적인 피해의식으로 내재하여, 노력과 대처에도 불구하고 개인의 내면에서 지울 수 없는 트라우마로 자리하게 되는 경우가 있는 것으로 나타났다.

(4) 가족의 조건

먼저 가족 구성원들에게 가족의 정의나 조건을 질문한 결과, 응답의 범주로 개인의 가치관에 따라 다양하게 나타남을 알 수 있었다. 가족의 범주는 경우에 따라 직계가족이나 친척, 이웃, 오랜 직장동료, 애완동물 등 비교적 폭 넓은 범주가 포함됨을 알 수 있었다. 이것은 레빈과 트로스트(Levin & Trost, 1992)의 가족개념에 의하여 가족의 범주는 개개인마다 구성원이 다르며 기준도 다양하다는 견해와 일치하였다.

> 가족이라고 하는 건 기본적으로 혈연관계라고 할 수 있는 것이고 경제적으로 서로 도움을 주고받는 관계도 가족이라고 볼 수 있겠고, 그 외에 심리적으로 어떻게 얽혀 있는가도 가족으로 볼 수 있고, 애정이라든지 이런 것도 가족의 범주로 포함시킬 수 있다고 봅니다(20대 남).
>
> 부부애를 가진 부모님을 보면서 자라서 그런지 가족의 구성원이 되기 위한 조건이나 기준은 서로 생각해 주며 어려움을 공유하는 기본 바탕 위에 생기는 거라는 생각이 들어요. 혈연이라는 어쩔 수 없는 연결로 이어지는 필요 불가항력의 관계라 생각이 들구요(20대 남).
>
> 가족이 되기 위한 조건은 여러 가지가 있다고 얘기했지만, 그래도 제일 가까운 가족은 함께 시간을 보내는 사람이라고 생각합니다(20대 남).

(5) 구성원의 관계성

구성원의 관계성은 가족이라는 기본조직의 구성원으로서의 배려와 관심이라든지,

어려운 일의 공유, 가족유대 등을 통해 형성된다. 즉, 인터뷰를 통하여 이러한 관계성은 가족 구성원으로 하여금 가족을 인식하고 지각하는 중요한 역할을 하고 있음이 조사되었다.

> 저는 고등학교 때 부모님 몰래 귀를 뚫었는데요. 아빠가 그걸 언제 봤는지 귀걸이를 갖다가 저 자는 데 놓고 갔어요. 그래서 그 일이 요즘 들어 생각이 나는데 아빠 생각만 나고 그래요(20대 여).
>
> 음 기쁜 일일 때도 뭐… 먼저 가족한테 알리지만, 힘든 일이 있을 때 엄마 아빠가 가장 많이 생각나는 것 같아요. 가령 밖에 나와 있을 때 문제가 생기거나 다른 사람들과의 갈등이 있을 때 마음을 터놓고 말할 수 있는 사람 중 가장 가까운 사람이 가족이기 때문에 의식적으로나 무의식적으로나 힘들 때 가족이 가장 먼저 생각나요(20대 여).
>
> 아프고 힘들 때… 기쁠 때는 다 나눌 수 있는데 아픈 거는 나누려고 하는 사람이 별로 없잖아… 근데 나눌 수 있는 건 가족이지…(20대 여).

(6) 시간의 공유

가족에 대한 기억은 가족 구성원으로서 시간의 공유를 통하여 가족의 의미를 되새기게 하고 그들의 심리와 정서의 한 부분으로 각인될 수 있다. 다음 인터뷰를 통해 그에 대한 긍정적 정서와 부정적 정서에 대한 중재적 조건을 충족해 감을 알 수 있다. 반면, 이러한 것이 형성되지 않았을 경우 가족에 대한 긍정성이나 유대감 형성이 어려움을 짐작할 수 있었다.

가장 좋았던 일은 되게 어렸을 때 부모님과 동물원 갔던 거? 지금 딱 들으니까 그게 생각이 나요. 4살 때인데. 아빠 쓰러지고 나서 다시 회복하고 나서는 항상 일상에 감사하고 좋았던 일인 거 같아요. 그 후에도 나이가 들면서 가족여행도 가고 가족끼리 추억도 있고 많은 일들이 있었지만 늘 항상 이렇게 가족을 볼 수 있다는 것만으로도 항상 감사하고 좋은 일인 거 같아요(20대 여).

나 대학 가기 전에 19살 겨울방학이었는데 그때 엄마가 연탄불에다가 돼지갈비 구워서 다 같이, 동생이랑 엄마랑 다 같이 웃으면서 저녁 먹었던거…가 기억에 많이 남아…(20대 여).

저는… 말씀드렸다시피 자주 만나지 않아서 그런 거 같아요. 안 만나니깐… 경험의 공유? 뭐 그런 것도 없고요. 그러다 보니 막상 만나도 크게 할 얘기가 없어요… (20대 남).

(7) 관계의 질

시간의 공유와 함께 중요한 것은 관계의 질이다. 만일 많은 시간을 공유했더라도 그에 대한 질적인 부분이 충족되지 않는다면, 가족의 의미를 되새기는 긍정적 의미의 지각은 어렵다는 것을 분석결과 알 수 있었다. 다음은 그러한 예를 보여 주고 있는데, 이 경우 내재화된 부정적 경험은 구성원의 심리적 차원과 신체화 증상까지 보일 수 있는 가능성이 있는 것으로 조사되었다. 또한 관계의 질에는 의사소통의 질도 중요하게 고려될 수 있음을 알 수 있었다.

뭔가 가족한테 이해를 받는 애들이 많은데 저희 가족들은 이해해 주는 사람이 없는데 남동생까지 저를 무시하는 느낌을 받으니까 그 후로부터는 아예 이야기를 안 하려고 했어요. 그래서 마음의 문을 그냥 닫은 거 같아요 지금까지...(20대 여).

엄마, 아빠한테 있어서... 제가 어떤 존재인지... 음... 그냥 서로 대화가 없어서 그런지 제가 어떤 존재로 느껴지는지... 모르겠어요(20대 여).

가장 안 좋은 거는... 그거 밖에 없는 것 같아요. 엄마랑 저의 불화? 엄마, 아빠보다 나랑 엄마가 사이 안 좋아지게 된 계기? 그런 거 있어요. 그러니까 엄마가요. 제가 고등학교 때인가? 저희 엄마가 나이가 젊으셔서 그랬는지 밖에 자주 나가셨어요. 예전에 하던 치킨 집을 그만두고 둘이 따로 일을 했는데요. 그때부터 엄마가 밖에서 다른 일을 하는 게 다른 사람들 만나는 게 저는 싫어서 중학교, 고등학교 때부터 되게 싫다가 엄마가 다른 사람이랑 연락하는 걸 봤나? 그때 심하게 다투고 그게 아직까지 안 풀리고 있어요. 계속...(20대 여).

맨날... 우리엄마가 술이랑 이런 거 하나도 못하는데, 그때 그런 거, 그때는 그거 아니면 잠을 못 자기 때문에 그거 마시고 잠을 자고... 뭐 그랬지... 그래서 그때, 나는 엄마가 되게 강한지 알았는데 그, 엄마가 그렇게 무너지는 걸 보고 많이 충격받았어(20대 여).

(8) 배려

가족에게 관심과 배려는 관계의 질 형성과 밀접한 관련이 있다. 배려에 관한 부분이 부족할 때 야기될 수 있는 것으로는, 가족 간의 갈등상황이 전개되는데 여기에서 간과하지 못할 것은 이러한 기억이 성인이 되었을 때까지 지속적인 영향을 줄 수 있다는 것이다. 다음에서 20대들이 생각하는 배려의 의미를 생각해 보고 그렇지 않은 경우를 맥락을 통해 살펴보았다. 또한 대화를 통하여 배려의 의미나 그렇지 않을 경우 겪을 수 있는 가족 구성원의 내면의 상처 등을 인터뷰 곳곳에서 살펴볼 수 있었다.

음... 서로 한 번 더 생각하고 말하고, 가슴에 상처 주는 말 같은 거 안하고 걱정 안 시키는 거...(20대 여)

제가 큰 선택을 하든 작은 선택을 하든... 의식적으로 하지 않으려고 해도 부모님이 아쉬워하지 않을까, 작은 것을 예로 들면 아이스크림, 빵을 살 때도 가족들의 취향을 고려하게 되고, 제가 또 외동딸이기 때문에 가족이 많지 않기 때문에 어떤 딱 하나에 영향을 미치는 것이 아니라 작고 크고 부분 부분마다 부모님이 의식적으로나 영향을 미치는 것 같아요(20대 여).

장녀라고 늘 잘난 척하지만 동생이 어려운 상황에서는 따뜻한 말이라도 해 주는 게 아니라 오히려 차갑게 보는 것 같아서 저도 외면하고 제 일에 몰두하게 되요(20대 남).

아빠하면 생각나는 건 그거밖에 없어. 나 초등학교 2학년 때 그때 시계 보는 법 배우는 단계였어. 수학시간에, 근데 내가 그때 시계를 볼 줄 몰라서 아빠한테 되게 혼났던거? ... 혼내기만 하고 잘 설명을 하지 못했어(20대 여).

솔직히 그때 울 뻔 했어요... 나름 생각해 드린답시고 준비했는데 엄청 신경질 내고 그러시니깐... 뭐... 그렇게 기분 안 좋게 있었는데... 뭐... 알고 보니 그날 하필 제가 오기 직전에 형이랑 엄마랑 막 싸웠던 거였어요... 그때 저희 형이 고3이였거든요. 진학문제로 형이랑 싸웠더라구요. 흠... 사실 머리로는 이해가 되는데 아직도 감정적으로는 약간의 상처로 남아 있어요(20대 남).

나랑 아버지랑 정은 많이 없었는데 그래도 나를 낳아 주신 분인데. 그래도 좋았던 게 뭐냐면 과 생활이랑 동아리 생활을 많이 해 가지고 시험기간인데 다 와서 다 도와주고. 아버지한테는 미안하지만 근데 오히려 나를 다시 확인할 수 있는 계기가 되지 않았나. 왜냐면 주변에서 가장 힘들 때 나를 도와주는 사람이... 많이 확인할 수 있는 계기가 된 것 같고...(20대 남).

상기 내용을 통하여 배려는 사람 간의 관계와 가족에 대한 정서에도 많은 영향을 줄 수 있는 맥락이 될 수 있다는 것을 살펴볼 수 있었다. 아울러 그러한 행위의 역동성에 대해 짐작해 볼 수 있었으며 이는 성인이 되어서도 그에 대한 기억은 마음의 내면에 자리하며 가족을 떠올릴 때 역동적으로 작용하고 있음을 인터뷰를 통하여 알 수 있었다.

(9) 공동체 자각정도(책임감)

그다음으로 가족 내에서 인터뷰를 통하여 조사된 중재적 요소는 공동체의 지각정도 혹은 책임감으로 나타났다. 공동체의 지각정도와 책임감은 가족이라는 공동체 생활에서 중요한 요인이 되는 것으로 조사되었다. 그러나 지나친 염려는 오히려 바람직하지 않을 수도 있는 것으로 나타났다. 즉, 상호 상대방의 입장에서 생각해 보는 것, 새로운 가족 구성원 간의 관계 정립(구축)과 의사소통 등에 대한 부분이 중요하게 나타났다. 그 밖에는 다른 구성원과의 생활에 대한 관심과 그들의 입장에 관하여 생각해 볼 수 있었다.

가족에게 바라는 점... 생각해 보면 저희 부모님이 일찍 주무시는데 제가 안 들어오면 안 주무시니까 귀가시간을 당기라고 하시는데 친구들이랑 놀거나 학교에 있다 보면 늦게 갈 수도 있는데, 그것에 대해서 불만을 표하시거나 섭섭해 하시거든요. 제가 안 들어가도 편하게 생각하시고 주무시면 안 될까? 되게 사소한 것일 수도 있는데 가장 또 많이 부모님이랑 부딪히는 부분인거 같아요(20대 여).

유대감 정도는 같되 그 독립성을 인정해 줘야 되는데 가족이란 틀에 너무 묶어 버리니깐...(20대 여).

그냥 뭐가 됐든 간에 엄마, 아빠 각자 행복하면서 그 대신에 저 좀 챙겨 줬으면? 약간 그런 거? 그냥 서로 행복을 찾으면서도 저를 버리지 않아 줬으면 그런 거예요. 만약에 지금 상황에서 엄마, 아빠 각자의 인생을 지금이라도 찾겠다 했으면 뭔가 이렇게 가족이 해체될 거 같은데 그렇더라도 그냥 저는 엄마, 아빠는 이렇게 한 분밖에 없으니까... 지금은 조금 커서 엄마, 아빠가 자기 인생 찾겠다고 해도 그냥 그러려니 하겠는데 그래도 아직 저는 엄마, 아빠의 도움이 필요하고 일단은 경제적으로도 그렇고 그냥 바라는 점은 엄마, 아빠 행복하면서 저를 그냥 데리고 같이 가줬으면 좋겠다는 그런 생각이예요(20대 여).

예를 들면, 저녁시간 멍청히 있다가도 부모님 생각에 책을 더 봐야 한다는 그런 생각이 들 때! 이건 내 삶이 내 것만은 아니구나... 가족과의 공유된 삶이구나, 그런 복잡한 생각에 빠져들죠(20대 남).

소위 가족의 역할이라는 게 있잖아요. 아빠의 역할, 엄마의 역할, 자녀의 역할, 전체적인 조화가 잘 맞는 가족이 좀 화목하고 이상적인 가족이 아닐까 하는 생각이 들어요... 제가 아직 좀 가부장적인 것이 남아 있는 것인지는 모르겠는데 아빠가 끌고 가면 엄마가 옆에서 보조해 주고 자녀들은 따라가는? 그러면서도 다 같이 의견이 존중되는 제가 그런 가정에서 자랐기 때문에 그런 모습이 가족의 모습이라고 생각이 드는 것 같아요... 제가 자녀가 혼자고 딸이어서 그런지 모르겠지만 제 의견을 반영해주고 들어주시려고 많이 노력해 주세요. 약간 평등한 부분이 있거든요. 가족이 무조건 수평적인 관계만 있는 것이라고 생각하지는 않거든요. 이상적인 가족의 모습이 수직적인 것과 수평적인 것이 잘 어울러져야 된다고 생각해요(20대 여).

(10) 가족에 대한 의미의 부여(지각)

다음은 가족에 대한 의미 부여가 개인마다 가족에 대한 성찰에 직접적 영향을 주고 있음을 나타낸다.

아빠가 쓰러지시기 전까지는 그런 생각을 해 본 적이 없는데 그 후부터는 그럴 수도 있겠구나 하는 생각이 들기 시작하더라구요. 저한테는 그게 굉장히 큰 일이더라구요. 없으면 어떡하지? 막막하고, 상상만으로도 힘들더라구요. 저에게 가족은 없어서는 안될 존재인 것 같아요. 부모님이 나이가 드시고, 언젠가는 돌아가실 거고, 저도 가정을 꾸리면 제 가정을 중요시하게 되고, 지금의 가족이 조금 작아지고 소원해지겠지만 없어진다는 상상은 못하겠고, 항상 함께하고 싶은 존재인 것 같아요(20대 여).

가족이란 단어가 참 좋은 것 같아요. 가족은 왠지 떠올리면 편안한 뭐 이런 느낌. 가족이란 뭐 자식으로도 남은 미래를 함께할 행복한 동반자 이런 게 아닐까 하는 생각이 들어요. 영원히 사랑해야 하고 사랑할 의무가 있는 것이 가족이겠죠? 저도 제 가족에게 힘이 될 거라고 생각해요(20대 남).

엄마가 없으면 내가 어떻게 살아나갈 수 있을까 하는… 없으면 정말 안 되지(20대 남).

(11) 경험을 통한 인식

① 긍정적 인식

가족의 경험은 가족의 인식에 긍정성이나 부정성이라는 흔적을 남기는데 이것은 가족 구성원에게 오랜 기간 동안 기억에 남아 좋은 영향 혹은 트라우마로 작용될 가능성으로 자리하고 있음을 알 수 있었다. 다음은 부부체계가 자녀에게 미치는 영향을 20대 자녀의 입장에서 언급한 것으로, 부부체계가 건강하며 솔직하고 공유시간이 많고 친밀할 때 자녀와의 관계도 좋고 이상적일 수 있음이 조사되었다.

> 그냥 일단 다들 정말 마음속에 있는 말을 다 할 만큼 솔직하고... 이상적인 게 잘 모르겠는데요. 그 가족에 있어서 부부만 사는 게 아니고 자식들까지도 생각하면 부부 사이가 제일 좋아야 할 것 같아요. 엄마, 아빠, 아내, 남편 사이가 진짜 둘이 사랑해야 같이 낳은 자식들도 행복한 거 같고 ... 근데 진짜 제 주변에는 많아요. 뭐 각자 다들 스트레스 받고 안 좋은 것도 있겠지만 엄마, 아빠 두 분이서 나이 있으셔도 같이하는 거 많고 부부동반 이런 모임도 자주 가고, 같이 여행도 잘 가고... 그러다 보니까 자연스럽게 딸하고 아들하고도 사이가 좋은 거 같고 우리 집이 그래서 그런지 몰라도 엄마, 아빠 사이가 좋은 그런 가족이 행복한 거 같아요. 그게 이상적인 거 같아요(20대 여).

② 부정적 인식

다음은 타인이 자신의 가족을 돌아보는 입장에 대하여 20대 자녀로서, 가족의 거리감이 남들에게도 좋지 않게 보일 것이라고 느끼는 부정적 인식에 관한 내용이다. 가족 간의 의사소통 체계에서의 부정적 경험은 가족인식에 관하여 훗날까지 부정적인 영향을 미칠 수 있음을 보여 주고 있다.

> 누가 봐도 우리 집 상황은 가족끼리 전혀 친밀하지가 않으니까 어떤 이야기를 들어도 그러니까... 제가 막 애교 있는 딸은 아니고 어디 가서 남들은 우리 엄마, 아빠가 어제는 어쨌고 저쨌고 이런 말을 많이 하는데 저는 그래 본 적이 없으니까 또 대학교 가서는 계속 떨어져 살아서 더 이제 거의 좀 진짜 밖에서 봐도 딸인지 알아볼까 모를까 그렇게 우스게 소리로 그런 소리하기도 하는데 아무래도 좀 거리가 먼 저희 가족 상황을 봐서... 안타깝게 보는 것 같아요(20대 여).

> 아직은 저도 아예 독립적으로 자리 잡고 그런 상황이 아니라 더 이렇게 생각하는 게 심한데, 뭔가 보면 짐처럼 느껴질 때가 있고요. 왜냐면 정말 스트레스는 누구나 가족한테 받는데 그거를 가족한테서 풀어야 하는데, 저는 스트레스는 있는 대로 받

기는 받고 그걸 또 푸는 거는 가족한테서 풀 수가 없어서 일단 저희가 그런 교류가 안 일어나기 때문에 풀 수가 없어서 스트레스는 계속 받다 보니까 짐으로만 생각하고 바꿀 수 있으면 바꾸고 싶다, 이런 생각이 많이 드는 존재예요(20대 여).

③ 가족의 소중함을 절감

아빠 쓰러지셨던 일이죠. 정식 명칭은 뇌출혈이었어요. 그 전에 약간 일도 많으셨고 제가 고3이 되니까 스트레스를 많이 받으신 거 같아요. 쓰러지시기 전에 살도 10키로 정도 빠지시고 근무 중에 쓰러지셨거든요 제가 고3 때라서 많이 찾아뵙지는 못했어요. 병원에 자주 가지는 못했고 수술 끝나고 아빠를 뵈러 간 적이 있는데 되게 핼쑥해 계시더라구요. 지금도 그때 모습이 되게 생생해요. 그때는 진짜 안 좋았었고, 제가 가족과 같이 살면서 가장 힘들고 안 좋았던 순간이었던 거 같아요(20대 여).

아직까지는 마음속 영웅은 나의 아버지이세요. 하지만 늙어 가시는 모습에 이젠 내가 아버지가 의지할 수 있는 1인으로 남고 싶어요... 지금은 이제 누군가를 의지하기보다는 누군가에게 의지될 수 있는 사람이 되고 싶은 것이 저의 간절한 맘이예요(20대 남).

④ 가족에게 상처 입음

제가 만약 다른 부모를 만났어도 똑같을지도 모르겠지만... 지금 드는 생각은 뭔가 친구들한테 되게 의지하게 만들고 가족보다 가족을 떠나 다른 사람들을 더 믿고 도움이 필요할 때 힘들 때는 다른 사람들이 더 먼저 생각이 나고 가족보다는 친구들이 더 도움을 준 적이 많으니까 현실적으로... 그러니까 가족이 미친 영향이 부정적인거 같아요. 남들에 비해서 못 가졌다고 자책할 때가 많았는데 그게 다 가족들 하고의 별로 좋지 않을 관계가 만든 거 같아요(20대 여).

기타로는 가족에게 상처를 입었지만 조금 다른 각도에서 보고자 한다는 내용이 있었다. 이를 통한 결과로는 구성원 모두 평범하지만 중요성을 인식하고 있다는 자각과 함께 스스로 가족에 대한 재인식을 내면적으로 구성하고 있음을 알 수 있었다.

(12) 결과

결과란 일련의 과정들을 통해 어떤 현상에 대처하려고 취해진 행동 등을 의미한다. 따라서 본 인터뷰 조사를 통해서 가족 구성원들은 결국 자신의 가족에 대하여 새로운 인식으로, 긍정적으로 재인식하게 되거나, 내면적으로 자신의 환경에 대한 수동적으로 피해의식을 갖는 현상을 보이고 있는 것으로 조사되었다.

① 가족에 대한 긍정적 재인식

> 가족이란 뭐 자식으로도 남은 미래를 함께할 행복한 동반자 이런 게 아닐까 하는 생각이 들어요. 영원히 사랑해야 하고 사랑할 의무가 있는 것이 가족이겠죠? 저도 제 가족에게 힘이 될 거라고 생각해요(20대 남).

> 사랑이죠. 사랑과 관심이고... 정다운 말 한마디고 그런 거죠. 모든 걸 주신 분들(20대 남).

> 한마디로 가족은... 절대적으로 필요한 존재죠. 가족이 없으면 내가 없는 거자나요(20대 남).

② 가족환경의 수동적 피해의식

> 어렸을 적에 부모님이 부부싸움을 많이 하셨어요. 저에게 뭐랄까 트라우마처럼 남아 있는 부분이고(20대 남).

친척들한테 서운하고... 그냥 좀 왠지 모르게 남남인 것 같은 느낌. 친한 친구보다 못한 느낌이 많이 들어(20대 남).

다음 〈표 5-8〉은 상기내용에 따라 주요현상의 속성과 차원을 분류하여 정리한 것이다. 이를 다음과 같이 제시할 수 있다.

표 5-8 주요현상의 속성과 차원

	범주	속성	차원
주요 현상	가족-마음속의 인식	인식의 정도	중함-미약함
		(가치관에 영향을 줌)	(깊음)-(얕음)
인과 조건	구성원 간의 관계성	친밀의 정도	강함-약함
맥락 조건	경험을 통한 가족 긍정성 형성	정서적인 영향	큼-적음
		(정도)	강함-약함
	경험을 통한 가족 부정성 형성	정서적 영향	큼-적음
		(정도)	강함-약함
중재 조건	경험을 통한 시간 공유	정도(질)	깊음(좋음)-얕음(나쁨)
	관계의 질-배려의 정도	정도(질)	깊음(좋음)-얕음(나쁨)
	공동체 자각 및 의무감	정도(질)	깊음(좋음)-얕음(나쁨)
작용 및 상호작용 전략	가족의 소중함을 절감	정도(이에 대한 다짐)	큼-작음
	가족에게 분노나 상처 입음	정도(이에 대한 의식적 회피나 다른 각도에서 보고자 함)	큼-작음
결과 (가족의미 내면화)	가족 인식의 긍정적 재정의	정도	큼-작음
	수동적 피해의식	정도	큼-작음

5 패러다임 모형

다음은 상기의 근거이론으로 분석한 가족의 고찰에 대한 패러다임 모형이다. 패러다임 모형은 범주들이 어떻게 교차되고 연결되는지를 보여 주게 된다(Strauss & Corbin, 1998). 이를 통한 각 범주 간의 관련성을 정리하여 다음의 [그림 5-1]로 제시할 수 있다.

그림 5-1 패러다임 모형

이와 같은 결과를 토대로 하여 가족의 몇 가지 유형분석이 도출되었는데, 이를 토대로 각각 케이스에 대한 가설적 질문으로 시간의 공유 경험이 많고 관계(배려)의 질이 높으며 또한 가족 공동체의 자각이 큰 경우가 가장 긍정적인 의식을 형성하여 구성원 모두가 가족의 소중함을 절감하고 자신도 그 모델에 따라 살고자 하는 희망을 갖을 수 있는 것으로 조사되었다.

그 결과 가족에 대한 긍정적인 인식을 재정의할 가능성이 있는 것으로 추론할 수 있었다. 반면, 시간공유의 경험이 많더라도 반면에 관계, 즉 상호 배려의 질이 낮다면 가족의 소중함을 절감하고도 긍정적으로 가족을 인식하는 데에 어려움이 있을 수 있고 공동체 의식 가령 책임감이나 의무감 등이 낮은 경우는 개인주의적인 생각을 갖을 가능성도 나타났다.

한편 시간의 공유경험과 관계로, 즉 배려의 질이 모두 낮으며 반면 공동체 자각으로 책임이나 의무감만이 높은 경우라면, 가족이라는 존재는 스트레스와 부담, 즉 짐이 될 수도 있음을 알 수 있었다. 그리고 시간공유의 경험과 관계(배려)의 질이 낮으며 공동체 자각(책임감이나 의무감)마저 없다면 구성원의 이탈을 초래할 수 있으며, 체계적 입장에서 볼 때 이는 여타 가족들에게 분노와 좌절감을 안겨 줄 수 있는 상황이 될 수 있는 것으로 조사되었다.

표 5-9 가족의 지각에 대한 유형의 분류

패러다임 \ 유형	가족 긍정성향 형성	가족 부정성향 형성	조직보다 개인형
현상	가족의 소중함 인식	가족존재의 부정	개인주의 의식
인과조건	구성원 간의 관계-친밀도 높음	구성원 간의 관계-친밀성 낮음(구성원 각각에 대해 상이함)	구성원 간의 관계-별개적인 삶의 의식 형성
맥락조건	가족을 통한 긍정적 경험	가족을 통한 부정적 경험	가족의 불인정, 개인주의

패러다임 \ 유형	가족 긍정성향 형성	가족 부정성향 형성	조직보다 개인형
중재조건	시간의 공유 (많거나 적음) 관계의 질(좋음) 공동체 자각(높음)	시간의 공유 (많거나 적음) 관계의 질(나쁨) 공동체 자각 (비교적 낮음)	시간의 공유(주로 적음) 관계의 질(좋거나 나쁨) 공동체 자각 (비교적 낮은편)
전략	가족의 소중함을 절감함	가족에 대한 상처와 분노	마이웨이 개척형
결과	긍정적인 가족의 인식	부정적인 가족의 인식	개인주의
핵심범주	가족의미 찾기 (긍정성)	가족의미 찾기 (부정성)	가족보다는 스스로의 삶에서 의미를 찾음

이와 같이 가족이란 각각의 구성원에게 갖는 의미 그리고 심리적 영향과 관계적 영향 및 경제적 영향들이 총체적으로 개인의 내면에 영향을 미치고 있음을 알 수 있었다. 이러한 모든 부분은 상호 긴밀히 연계되어 가족을 재정의하는 데 연속적으로 영향을 미치고 있음을 알 수 있다.

1) 가족경험의 중요성

본 연구의 인터뷰를 통해 알 수 있었던 것을 보다 상세하게 기술하면 다음과 같다. 즉, 20대의 청소년들은 성장과정에서 '가족이 경험한 것'들이 지속적으로 개인의 내면에서 가족에 대한 이미지로 남을 수 있다는 것이다. 특히 어릴 때의 부모의 불화나 가족 구성원의 부정적 변화(죽음이나 병고, 이탈 등)는 개인의 일생에 트라우마가 될 수 있음을 알 수 있다. 또한 가족 구성원과의 소원함은 시간공유 차원에서 잘 놀아 주지 않거나 의사소통의 부재와 물리적인 거리 등으로 이러한 것이 가족관계에도 영향을 주고 있는 것으로 분석되었다. 이는 가족복지학적 측면에서 볼 때 탄력성(레질리언스)이나 회복에 관해 논의할 필요성이 있음을 생각해 볼 수 있다.

2) 내면적 가족의 인식에 시간공유가 가지는 중요성

가족에 대한 개념은 생활을 통해서 형성되는 경우가 많으므로, 이에 대한 가족차원에서 가족복지나 심리적 차원에서 볼 때 가치관의 정립이나 일상생활 패턴의 변화를 통한 개입에 관해서도 고려가 필요하다. 가족의 경험은 개인에게 가정에 대한 깊은 이미지를 개인의 심상에 깊이 남긴다. 또한 가족과의 생활적 경험이 가족의 긍정이나 부정적 인식을 형성하는 요인이 될 수 있으며 지속적으로 내재되어 영향을 주고 있음을 간과할 수 없다. 특히 가족 간의 시간공유 경험은 관계의 질을 형성할 수 있고, 공동체의 자각정도 역시 의미부여에 영향을 미칠 수 있다.

따라서 이것은 개인의 가치관과 심리 및 정서적 영역에서 개인에게 무형의 힘으로 작용하여, 부정적인 경우 개인의 의식 속에서 트라우마나 부정적인 영향을 훗날 지속적으로 줄 수 있기 때문에, 이에 관한 점검이 매우 중요한 부분으로 접근되어야 할 필요가 있음을 알 수 있다.

즉, 가족의 의미에 관해 일부 인터뷰 참여자가 가족을 '가족이 삶의 전부이다, 가족이 있어 고맙다, 생명과 같은 존재이다' 등으로 표현하는 것을 통하여 개인에게 있어 가정이 얼마나 중요한 영역인가 하는 것을 여실히 보여 주고 있었다. 이처럼 가족은 서로의 상호 관계형성에 있어 매우 중요한 존재이기도 하며 동시에 가족의 체계와 나아가 사회의 체계에 밀접한 영향을 줄 수 있는 중요한 단위로 평가되어야 할 것이다.

이러한 차원에서 보다 건강한 체계와 관계를 유지하기 위해서는 결국 가족 구성원 간의 건강한 관계형성을 위한 가족의식의 형성과 이를 위한 관심의 노력이 필요하다는 것을 알 수 있었다. 한 사회의 기본 구성요소가 가정이라는 조직인 만큼 개인이 속한 가족의 건강은 결국 사회의 가치관과 체계에 영향을 줄 수 있는 귀중한 기본단위이다.

그러므로 이러한 차원에서 사회는, 사회의 기본 구성요인인 가족을 위해서 지역사회를 통한 가족단위의 정책 프로그램이나 해체의 위험에 직면한 가족을 대상으로 하는, 심리차원의 상담 혹은 예방 프로그램과 가족결속을 도모하는 활동에 지식과 정보를 제공해야 할 의무가 있다고 보여진다. 또한 교육적 과정을 통해 가족이라는 기본조직에 대한 가치관을 새로이 정립하고, 가족문제가 더 이상 가족 내부의 문제에 국한되지 않는 문제로 인식되어 근본적 출발이 어디로부터 시작되어 내재되게 되었는가 등에 대하여 자문하고 되돌아보아 사회적으로 다양한 지지체계들이 개발될 수 있도록 하는 방안이 모색될 필요가 있을 것으로 사료된다. 아울러 가족경험에 있어서의 시간공유와 관계의 질은 가족의 의미형성에 있어서 중요하며 특히 문화생활의 경험은 성장과정에 중요한 활동임을 알 수 있었다.

Chapter

06

가족여가와 여가의 기능

CHAPTER 06

가족여가와 여가의 기능

1 가족과의 여가활동의 방향과 성공적 노화의 방향

인격을 형성하는 유·청년기 동안 학습된 여가활용의 좋은 습관과 태도는 이후 생애주기의 모든 단계에서의 만족스러운 삶과 여가활동의 기초가 될 수 있으며, 이러한 여가의 사회화(leisure socialization)는 성공적 노년기에도 도움이 된다. 일생 동안 가족과의 여가활동은 소통방식을 학습하며 일과 취미활동의 조화를 이루는 방법을 체득하게 하는 등 인간이 성장과정을 통해 경험되는 일종의 사회화 과정이다.

여가의 중요성에 대하여 이소 아홀라(1980)는 여가사회화의 개념이 여가 지식, 태도, 가치, 기술, 동기들의 학습이 내면화되는 과정이라고 하였다. 이에 대한 순환적 관점을 살펴보면 클라이버와 켈리(1980)는 여가를 기초로 하는 활동들이 인간의 발달에 있어서 사회화에 기여하면 이러한 사회화는 다시 여가행위와 태도에 영향을 미친다고 하였다.

특히 가족과의 여가 경험은 다양한 영역에 대한 탐색적 기능을 하며 인간이 성장함에 있어 각 단계별 과제를 성취하며 다음 단계에서 성취할 역할, 능력, 태도, 기초관계의 형성을 도우며 삶의 가치나 목표에도 영향을 주며 각 구성원의 심리적 안녕감에 영향을 미친다. 따라서 건강한 사회인으로서의 여가활동이 가능하도록 건강한 문화정착이 필요하다.

1) 초기 여가사회화가 가족관계에 가지는 함의

가족관계를 통하여 생애주기에 따라 축적되고 개인의 삶 속에서 경험한 여가활동은 성인이 되고 노년에 이르러서도 지속적으로 유지되고 활성화될 수 있는 반면 생소한 여가활동을 노년기에 처음으로 시작하기는 쉽지 않다는 보고가 있다.

어린 시절에 경험한 여가활동이나 신뢰 있는 혹은 활동적이고 의미 있는 경험은 이후의 생애과정에 많은 영향을 미친다는 것은 중요한 함의가 있다. 즉, 여가의 사회화나 인간관계 특히 가족관계는 갑작스럽게 이루어지기보다는 장기간에 걸쳐 축적되어 이루어지게 되기 때문이다.

이와 관련하여 이소 아홀라(1980)는 활동적인 놀이 경험에 있어서 놀이의 기회가 제한되면 성인기에 여가를 추구하는 데 있어 행동의 적응성이 떨어질 수 있다고 하였다. 어릴 때부터 활동적인 사람은 성인기에서도 여가생활에 활동적일 경향이 있으며, 과거의 비활동성은 성인기의 비활동성의 전조가 될 수 있다. 또한 로버츠(2006)는 어렸을 때 정기적으로 연주회를 관람했거나 미술관을 방문했던 사람들은 그들의 일생 동안 지속적으로 수준 높은 활동을 할 경향이 높다는 것을 언급하였다.

2) 여가경력 개발

생애주기에서의 여가의 사회화 측면에서 볼 때 디칼로(1974)는 여가활동과 성공적 노화와의 관계에 대하여 전 생애 동안 여가 활동에 정기적으로 참여하게 되면 단발적으로 여가에 참여하는 것보다 성공적인 노화가 더욱 가능하다고 하였다. 이것은 여가와 삶의 질의 관련성에 있어서 여가활동의 중요성을 함의하는 것이다.

이와 같이 생애주기에 걸친 여가행동의 의미는 매우 중요하며 따라서 전 생애 걸친 변화와 지속성을 검토해야 한다. 가족과의 여가활동은 다른 인간행동과 마찬가지로 전 생애 기간 동안 이루어지면서 지속(continuity)과 변화(change)라는 두 가지 패턴으로 발달한다. 즉, 현재의 생활환경의 변화에도 불구하고 여가행동의 지속성은 존재하며 어렸을 때의 여가경험들은 성인의 여가행동 패턴에 지속적으로 영향을 미치게 된다(Scott & Willits, 1998).

2 여가활동에 대한 가족정책

1) 가족여가 정책의 기본방향

가족단위의 건강과 여가의 활성화는 국가에도 중요한 함의가 있다. 국가입장에서 국민의 건강은 사회적 비용절감으로 질병의 예방적 기능을 하며 여가의 활성화는 여가산업의 활성화와 직결된다. 또한 가족의 구성원이 건강해야 그 구성원들이 역할을 담당하고 있는 사회가 건강할 수 있다. 따라서 국가의 정책 목표는 점차 계층적 접근보다 가족단위의 방향으로 접근되고 있다.

따라서 가족여가 활성화를 위한 국가적인 차원에서 정책 목표는 가족의 행복 창조이며, 이를 통한 가족 구성원의 자아실현, 창의적 가치개발을 통한 사회의 기여이다. 그러므로 가족여가의 정책 대상은 가족 단위로 이루어지는데 최근에는 독거가족, 소년소녀가족, 조손가족, 다문화가족 등 다양한 형태의 가족이 포함된다.

2) 가족여가 정책의 내용

가족여가 정책은 기업 대상으로는 가족친화정책을 구현하도록 하고 가족 대상으로는 위기의 가족을 지원하며 다양한 형태의 가족 특성별 혹은 생애주기 차원으로 접근하게 된다. 그 밖에 가족 구성원이 함께 참여하는 프로그램의 제공이나 부모교육 및 상담의 제공 등은 가족여가 정책의 범위에 포함된다.

가족여가 정책의 내용을 살펴보면 다음과 같다. 첫째, 가족의 긍정적인 역할과 기능의 발달을 위해 가족의 상호성과 각자의 적응적 적합성을 함양할 수 있는 제도적 기틀을 확립한다. 예를 들면, 가족친화정책, 가족화를 기반한 제도들로 아동수당이나 무상보육 등이 해당하며 부모휴가 등에 대한 안정적 지원이 이에 해당한다.

둘째, 가족생활주기를 고려하여 생애주기에 맞는 지원정책이다. 영유아지원, 청소년 학교복지의 지원, 대학교의 생활자금 등의 지원, 신혼부부의 난임지원, 보금자리 지원, 중년의 직업단절 여성지원, 남성의 직업재활, 노인의 노인일자리사업지원, 기초연금지원 등 생애주기에 맞도록 각 단계별로 가족의 기능안정화에 대한 문화지원이 있다. 즉, 생애주기별로 다른 욕구들이 존재함을 국가가 이해하고 영유아 시기에는 보육적 차원의 지원, 청소년기에는 그룹홈이나 상담 혹은 임파워먼트 활동지원, 진로상담 및 문화프로그램 지원, 청년기에는 부부상담 및 신혼주택 위주의 지원 등으로 각 생애주기를 고려하는 지원정책을 펼치고 있다. 영국의 경우 지자체 별로 여가지도사를 레저센터 별로 배치하여 가족의 주기에 알맞은 여가프로그램을 추천하고 다양한 정보를 제공하며 가족여가활동이 체계적으로 이루어지도록 한다.

3) 가족여가의 함의 및 기능

(1) 심리적 안녕의 기능

가족과 함께하는 여가활동은 사적인 취미와 휴양을 위한 시간으로 가족 구성원들의 심리적, 신체적 건강을 회복하는 기능이 있다. 이는 일상생활의 단조로움과 피곤함을 극복할 수 있게 하여 노동의 재생산 기능을 원활하게 한다. 가족 여가활동은 각종 생활 스트레스를 회복하고 가족 구성원 간의 역할갈등이나 가치관 대립의 문제들에 대하여 열린마음으로 자연스러운 의사소통의 기회를 갖게 한다.

(2) 생활의 질 개선

여가활동은 생활의 질을 개선하는 효과가 있다. 생활의 질에는 가족관계도 포함이 되며 이것은 정서적인 상호 역동성에 긍정적인 작용을 하며 가족관계의 질을 개선함으로써 궁극적으로 생활의 질에도 기여할 수 있다. 또한 노동이나 학업을 중심으로 한 일상에서 벗어나 가족 간의 유대를 다지게 하는 효과로 행복한 가정과 건강한 가정의 구심적 기능을 담당하는 것에 여가활동이 도움을 준다.

(3) 레저 문화의 기능

가족여가 활동 안에는 다양한 활동의 참여가 있음으로 해서 스포츠, 문화활동, 레크리에이션, 취미의 공유 등은 거시적으로 하나의 가족만의 독특한 레저 문화 형성을 도우며 이를 통하여 가족 구성원의 소속감과 이해와 행복을 추구할 수 있게 한다. 이것은 가족 구성원 간에 공통 관심을 공유할 수 있는 기쁨을 갖게 하며 가족 구성원으로서의 신뢰감, 소속감, 심리적 안정성을 바탕으로 공동의 주제를 형성해 나간다. 이로써 가족은 상호 존중하는 마음을 배우게 되고 공동체적인 경험을 통하여 가족 구성원 각자의 자기실현 경험에 도움을 준다.

(4) 일탈 방지의 기능

가족 구성원 간의 친밀감은 정서적 결속력뿐 아니라 가족 응집력을 돈독히 하게 되는데 이것은 가족 구성원의 일탈이나 방임을 예방하고 혹은 가족 구성원이 유리되지 않도록 하는 것에 많은 도움이 된다. 함께하는 활동은 작은 일상의 문화라고 하더라도 의미가 있다. 예를 들면, 함께하는 독서, TV 시청, 식사 후 산책, 도서관 방문, 영화 감상 등을 비롯하여 생일잔치, 명절, 경축일 등의 축하연은 사회생활의 토대가 되어 사회성 함양과 가족원으로서의 상호응집력에 도움을 주고 서로 건강한 영향을 주고받으며 성장할 수 있도록 돕는다.

(5) 자아실현의 기능

여가활동으로 인한 긍정적인 효과는 인간의 자기발전과 잠재력의 발견 및 성취감에 도움을 준다. 이와 같이 여가는 새로운 환경, 새로운 문화, 새로운 지적 호기심을 충족하는 다양한 활동으로 인하여 자신의 새로운 능력을 발견할 수 있는 기회를 제공한다. 이것은 자기 적성의 파악과 적응능력을 함양하는 것에 도움을 주고 궁극적으로는 자아실현에 도움을 준다.

(6) 교육적 기능

가족을 통한 교육적 기능은 이론으로만 배웠던 학습이 현장교육과 여가활동을 통해 달성된다. 부모와 함께하면서 아동과 청소년은 자연스럽게 지적인 욕구를 달성할 수 있고 또한 자연스러운 가정교육이 이루어지기도 한다. 이러한 과정은 인간의 성숙에 도움이 되며 모든 가족 구성원에게 전 생애주기 동안 평생교육의 장을 제공하게 되는 것이다.

(7) 가족 응집력의 기능

가족 건강성에 있어서 가장 중요한 것은 의사소통, 시간공유를 통한 가족의 응집력이다. 이것은 가족 간의 관계를 탄력적으로 하며, 가족과 함께 여행 계획을 짜고 즐기는 가운데 이루어지는 가족 간의 협동과 역할분담과 공감대 형성은 구성원 간의 친밀감을 형성하고 유대관계를 강화하여 궁극적으로 '건강한 가족 응집력'을 가지게 한다. 가족의 여가활동은 가족을 통한 삶의 만족도에 기여할 뿐 아니라 가족의 응집력 형성을 돕는다.

4) 가족여가 참여 동기

가족여가는 앞서 살펴본 바와 같이 생활의 질 개선, 레저 및 일탈방지, 자기개발과 자기실현을 위한 능력개발뿐 아니라 가족원을 위한 교육적 기능과 응집력 등 가족 구성원의 정신 및 신체적 피로를 풀어 주고 휴식을 제공하는 기능이 있다고 하였다. 반면, 사회적으로 가족이 즐길 수 있는 여가의 다양한 인프라의 구축과 선택의 폭이 넓어져야 하며 소비지향적이기보다 성장지향적인 가족문화의 정착이 필요하다. 그렇다면 이러한 가족여가에 대한 동기에는 어떤 것이 있을지 살펴보자.

여가의 동기에는 지적, 사회적, 친밀감, 휴식, 회복, 성취감, 도전 등이 있으며 가장 중요한 것은 개인의 만족과 행복 추구에 기여하는 것으로 욕구만족 과정이라는 것에는 공통점이 있다. 또한 자아실현과 같은 심리적 내적 동기가 있으며, 여가 활동에 참여함으로써 얻게 되는 외적 동기로는 친밀감과 사회성의 형성이 있다.

(1) 인간의 동기형성

① 매슬로우(Maslow)의 5단계 욕구 위계(needs hierarchy)

매슬로우의 욕구의 개념을 규정하는 전통적 분류법(1954)은 욕구라는 추상적 관념을 알기 쉽게 그림으로 표현하고 있다. 매슬로우는 인간이 일상 생활을 영위하는 데 있어서 필수적인 것과 선행되는 것이 결핍될 때 나타나는 공통적인 위계가 있다는 욕구의 위계설을 제시하였다.

이와 같은 5단계 욕구의 위계에서 제일 기초에는 생리적 욕구(생존욕구)가 있으며, 이러한 욕구가 충족되면 그에 대한 상위욕구로 안전 욕구, 사회적 욕구, 자아충족 욕구, 자아실현 욕구 순으로 단계적으로 욕구 충족이 일어난다고 하였다. 만약 하위욕구가 충족되지 않으면 상위욕구 충족을 위한 행위나 동기를 보이지 않기 때문에 하위욕구가 긴급하고 절실한 욕구라고 하였다.

정리하면 매슬로우는 욕구의 단계를 5계층으로 나누고 있으며, 의식주에 해당하는 생리적 욕구, 안전에 대한 욕구, 소속의 욕구, 존경의 욕구, 성취의 욕구인 자아실현의 욕구로 제시하고 있다. 이를 다음의 표로 이해할 수 있다.

일반적인 예	매슬로우의 욕구 5계층
성취	자아실현의 욕구
신분	존경에 대한 욕구
사랑 및 우정	소속의 욕구
안정성	안전에 대한 욕구
의식주	생리적 욕구

• 생리적 욕구(Physiological Needs)

생리적 욕구로 인간은 주로 생물체로 생존하기 위한 필수적인 충족을 위한 기본적인 욕구가 있다는 것이다. 예를 들면, 가정으로부터 의식주에 대한 기본적 욕구가 충족되어야 하며, 이와 같은 욕구는 인간이 생존하기 위해 필수적으로 충족되어야 하는 욕구이다.

• 안전에 대한 욕구(Safety Needs)

안전에 대한 욕구는 선행된 충족된 생리적 욕구를 바탕으로 인간의 신체적인 안정

상태의 유지 및 외부적 위험으로부터 자신을 보호받으려는 욕구다.

• 사회적(소속) 욕구(Belongingness Needs)

사회적 욕구는 1단계, 2단계 욕구를 충족한 이후, 타인과 친밀하고 정서적 만족을 얻을 수 있는 관계를 희망한다는 것이다. 인간은 일차적으로 가족과 같은 집단을 형성하고 그 이후에는 사회적 활동에 대한 소속을 희망한다는 것이다.

• 자아존중의 욕구(Self-esteem Needs)

자아존중의 욕구는 자신을 스스로 존중하고자 하는 욕구이며, 동시에 다른 사람으로부터 존경받으려는 욕구라고 정의할 수 있다. 이것은 자신의 힘, 능력, 지위 및 우월성을 인정받고 싶어 하는 욕구로 자아존중의 욕구가 충족되지 않을 시 열등감, 의기소침이 일어날 수 있고 달성될 시 성취감과 자신감이 증대될 수 있다. 이는 존경에 대한 욕구로 표현하기도 한다.

• 자아실현의 욕구(Self-Actualization Needs)

자아실현의 욕구는 선행된 4가지 욕구가 충족된 이후 인간의 잠재력을 최대한 발휘하고, 인간으로서의 이상이 실현되는 상태를 뜻한다. 즉, **자아발견, 탐구, 표현, 창의성** 등을 추구하는 인간으로서 가질 수 있는 최상의 고차원적 욕구로 간주되며 이를 자아실현의 욕구라고 하였다.

이와 같은 욕구의 도표는 피라미드형으로 구성된 5단계 모형의 형태로 욕구를 총체적으로 바라볼 수 있도록 하고, 각 단계별로 인간의 어떤 구체적인 욕구들이 충족되어야 할 것인지를 알 수 있도록 하고 있다. 이러한 개념은 인간의 성장에서도 적용될 수 있다.

② 글래서(Glasser)의 5가지 기본욕구

글래서의 이론에 의하면, 인간은 태어나면서부터 기본적인 5가지의 욕구를 선천적으로 가지고 태어나며 이 욕구에 의해 욕구가 동기화된다고 한다. 즉, 우리가 평소에 하는 행동은 이유나 목적이 있다는 것이다. 글래서 박사가 말하는 5가지 욕구는 생존의 욕구, 사랑과 소속감의 욕구, 힘의 욕구, 자유의 욕구, 즐거움의 욕구이다. 이러한 욕구는 가정이나 직장 혹은 사회에서 항상 경험하게 된다. 또한 이러한 욕구의 비중과 강도는 개인마다 다르며 결혼 후 가정생활에도 영향을 미치게 한다.

그림 6-1 글래서의 5가지 기본욕구

• 사랑과 소속의 욕구(Love and Belonging Need)

가장 상위의 욕구는 사랑하고, 나누고, 협력하고자 하는 인간의 속성을 의미한다. 이러한 일반적인 소속 욕구의 예는, 자기 자신의 가족을 형성하기를 바라며 결혼하고 싶어 하거나 친구를 사귀고 싶어 하는 것, 혹은 학생이나 청년의 경우는 또래 집단에 들고 싶어 하거나 주부들 역시 각종 모임에 가담하고 싶어 하는 것 등을 통하여 알 수 있다.

• 힘에 대한 욕구(Power Need)

인간은 사회적으로 경쟁하고 성취하고, 중요한 존재이고 싶어 하는 속성을 가지고 있다. 즉, 힘에 대한 욕구의 매력을 느끼게 되면 소속에 대한 욕구 등 다른 욕구와 직접적인 갈등을 경험하게 되기도 한다. 즉, 사랑과 소속에 대한 욕구를 만족하기 위해 결혼을 하지만, 부부 사이에서 힘이 대한 욕구를 채우고 싶어 하며 서로 통재하려 하다가 결과적으로 부부관계를 파괴시키는 원인이 되기도 하는 것은 힘에 대한 욕구가 있기 때문으로 해석할 수 있다.

• 자유에 대한 욕구(Freedom Need)

자유에 대한 욕구는 이동하고 선택하는 것을 마음대로 하고 싶어 하는 속성을 인간이 가지고 있다는 것이다. 즉, 자유의 욕구란, 인간 각자가 원하는 곳에서 살고 대인관계와 종교활동 등을 포함하여 모든 삶의 영역에서 독특한 방법으로 삶을 영위해 나갈 것을 선택하고 자신의 의사를 의지대로 표현하고 싶은 욕구를 말한다. 그러나 욕구충족을 하는 데 있어 다른 사람의 자유를 침범하지 않도록 타협하고 이웃과 함께 살 수 있는 절충안을 찾아야 하는 것이 자유에 대한 욕구에서 고려해야 하는 사항이다.

• 즐거움에 대한 욕구(Fun Need)

인간은 기본적으로 태어날 때부터 많은 새로운 것을 배우고, 다양한 놀이를 통해 즐기고자 하는 속성을 가지고 있다. 글래서는 인간의 즐거움에 대한 욕구는 기본적이고 유전적인 것이라고 언급한다. 가령, 성장하면서 즐거움의 욕구를 충족시키기 위해 생명의 위험을 감수하면서 자신의 생활방식을 바꾸는 경우를 들 수 있다. 즉, 암벽을 타거나 자동차 경주를 하려는 것과 같은 위험한 활동을 택하는 것이 그 예이다.

• 생존에 대한 욕구(Survival Need)

인간은 살고자 하고, 생식을 통한 자기 확장을 하고자 하는 속성을 가지고 있다는 것을 의미한다. 인간의 이 욕구는 척추 바로 위의 구뇌(old brain)로부터 생성된 것으로, 호흡, 소화, 땀, 혈압 조절 등 신체를 움직이고 건강하게 유지하도록 하는 과업을 수행하고 있다. 이러한 기능은 우리가 생존하는 데 없어서는 안 되는 요소이나, 우리가 일상생활을 영위하는 데 의식적인 힘을 발휘하지는 못하며 무의식적이나 위기 상황 등에서 반사적이며 순발적인 기능으로 표출된다.

이러한 상기와 같은 인간의 욕구(need)는 기본적으로 본질적인 것이지만, 욕구를 충족시켜 주는 구체적인 대상인 바람(needs)은 각 개인에 따라 독특한 특성을 지닌다. 이러한 바람들은 상황과 문화에 따라 변할 수도 있으며, 서로 갈등을 일으키기도 한다.

(2) 가족 자원봉사활동의 동기

동기는 한 개인의 행동을 설명할 수 있는 내적, 외적상황에서 얻게 되는 힘들의 총체라고 할 수 있다(조휘일, 2002). 자원봉사활동의 동기이론으로 이타주의적 행동은 동정심과 내재화된 가치들과 연관된 행동을 포함한다는 것으로 타인의 이익을 위한 자발적 행동 전체를 포함한다(Moore, 1985).

그 밖에 맥 클리랜드(Mc Clelland)의 성취동기이론에 비추어 보면 성취욕구, 친화욕구, 권력욕구에 의해 자원봉사활동이 이루어질 수 있으며 따라서 자원봉사의 행동의 동기는 이타주의의 행위 관점과 이기주의의 행위 관점으로 복합적인 검토가 바람직하다(윤기종, 2009).

이를 근거로 스트라이거스와 잭슨(Striggus & Jackson)은 자원봉사활동의 동기를 다음의 네 가지 요소로 정의하였다. 첫째, 자기개발적 동기이다. 이것은 자원봉사자들이 기술향상, 지식습득, 사회교류 및 네트워크를 형성하려는 동기를 말한다. 둘째, 대의적 동기이다. 이것은 지역사회의 발전을 도모하고자 하는 동기이다. 셋째, 외부적 동기이다. 이것은 가까운 사람들로부터 외부적인 영향에 의한 동기를 말한다. 마지막은 여가적 동기인데 이것은 자신의 내적인 흥미성에 의한 동기를 말한다. 이와 같은 가족과 함께하는 활동은 구성원들의 관계성을 함양하고 사회적으로도 유익한 활동이라 할 수 있다.

(3) 가족여가의 활용 형태

현대사회에서 가족여가 활동의 적극적인 동기 유발의 배경을 다음과 같이 측면에서 살펴볼 수 있을 것이다.

첫째, 긍정적인 측면으로 우리나라의 IT산업의 발달로 인한 산업구조의 변화와 주5일제 도입 및 핵가족화에 따른 생애주기 및 라이프 스타일의 변화는 노동시간의 감소, 가치관의 변화를 가져왔으며 직장보다는 개인중심의 여가문화가 가족문화를 아우르면서 힐링과 휴양의 효과가 있는 자연친화 혹은 스포츠 위주의 활동적인 여가활동이 활성화되었다. 여가생활의 세분화, 다양화, 고급화 및 생활화를 배경으로 여가산업은 가족단위의 여가 및 레저 스타일도 적극적이고 모험적인 체험, 자아실현, 자기개발, 창조성, 가치지향과 같이 소비문화에서 성장문화로 바뀌게 되는 전환을 가능하게 하였다.

둘째, 부정적인 측면으로서 바쁜 현대인의 생활과 스트레스는 오락이나, 게임과 같은 소비적인 문화를 급성장시켰다. 물론 오락이나 게임의 순기능도 여러 가지를 들 수 있겠으나 아직 가치관 정립이 되지 않은 청소년들에게 무분별하게 노출되는 각종 게임 등은 좋은 여가, 건강한 여가의 기회를 제한하게 되었으며 정서적인 영향에 있어서 검증되지 못한 부분이 여전히 많이 남아 있다.

그럼에도 불구하고 사회적으로 우리나라의 여가수준과 관심은 높아지고 있으며 생활 가운데 차지하는 여가의 비중 또한 증가하고 있다. 그리고 보다 성숙한 여가에 대한 인식으로 다양한 문화 콘텐츠가 개발되고 보급되고 있다. 또한 많은 사람들이 여가를 삶의 중심으로 인식하면서 여가 자체를 즐기고자 하는 인구도 많이 늘어나면서 여가를 통한 삶의 만족도 함양이 가족을 중심으로 이루어지는 배경이 되었다.

(4) 가족과의 여가활동을 통한 시간공유의 의의

가족과의 여가활동을 통한 시간공유의 의의는 다음과 같다.

첫째, 우리나라 가정의 가족여가 활동 참여 정도는 특별한 계획을 요구하지 않으면서도 다소 쉽게 참여할 수 있는 부담 없는 여가활동에 참여하는 정도가 높게 나타났다. 다음으로는 계획성을 바탕으로 하는 여가활동으로 가족 구성원의 취미와 연계된 욕구 관련 가족여가 활동에 참여하는 빈도가 높았다. 가족여가 활동은 보편화되어 특별히 다른 활동을 계획하거나 시간적, 금전적인 자원을 많이 투자하지 않고도 일상생활에서 쉽게 할 수 있으며 자연스럽게 이루어지는 활동 중심의 여가활동의 비중이 높아졌다는 것은 그만큼 여가가 생활화되었음을 의미한다.

둘째, 가족 구성원의 교육수준과 소득수준, 가족생활 주기에 따라 가족여가 참여 정도에 차이가 있는 것으로 나타났다. 즉, 교육수준이 높고 소득수준이 높을수록, 그리고 자녀가 어릴수록 가족여가 활동이 더 빈번하다는 결과는 저소득층이나 청소년

이후의 연결되는 여가활동에 대한 제고가 필요함을 함의한다.

셋째, 가족 구성원 간의 의사소통이 활발하고 정서적인 유대감이 강할수록 가족여가 참여 정도가 전반적으로 높았다. 가족여가 활동 참여가 높을수록 가족 구성원의 의사소통과 정서적 유대감이 높다고 하여도 무방할 수 있는데, 그 만큼 가족체계에서는 많은 영향요인의 상호성이 있기 때문이다.

넷째, 가족여가가 스트레스 해소에 도움이 되며 생활의 활력소가 된다는 것에는 전반적으로 동의하는 추세이다. 이러한 부분은 가족 구성원의 교육수준과 소득수준이 높을수록 만족의 정도가 높아서 저소득층의 불만족 요인에 문화 향유의 질이나 경제적 부담 등에 대하여 보다 세밀한 숙고가 필요함을 알 수 있다.

3 생활권 여가프로그램

1) 자연공원

자연공원의 가치는 현대사회에서의 조경이나 공원 만들기와 같은 활동과도 연계되어 있다. 아름다운 자연을 통한 휴양과 산림욕에 대한 욕구는 더욱 높아졌으며 아름다운 자연의 풍경, 야생상태의 동 · 식물 등을 포함한 광대한 자연 유산의 가치가 더욱 현대사회에 중요하게 되었다. 국가나 시 · 도 · 군이 지정 · 관리하는 국립 · 도립 · 군립공원은 전국 산악지역을 중심으로 20개소 총 면적 6,579.850㎢이 국립공원으로 지정되어 있다. 이 외에도 전국에 23개소의 도립공원과 33개소의 군립공원이 지정되어 운영되고 있다. 이러한 자연공원은 여가 시설의 수도권 편중의 한계를 보완하며 자연을 통한 휴양으로 아웃도어 여가활동에 관심이 높아지면서 가족단위 관광객과 젊은 야영객들이 도심과는 다른 잘 보전된 자연환경에서 보다 자연친화적 여가생활을 선호하도록 하는 요인이 되었다.

국민의 문화생활 제공 및 휴식의 여가공간 확보의 활성화는 자연학습 시설, 오토 캠핑장, 통나무집 등의 기반 시설을 갖추도록 하여 가족이 함께 체류하면서 자연을 배울 수 있는 기회를 제공하고 있다. 또한 잘 보전된 자연환경에서 친환경적으로 향유할 수 있는 다양한 생태관광 프로그램을 제공하는 '생태관광사업'은 자연 속에서 자연 휴양 및 체험을 통해 즐거움을 향유하게 하고 자연의 소중함을 배우도록 한다.

생태관광 시범운영은 국 · 도립공원, 갯벌 · 철새 도래지 등 생태보호지역 및 역사문화시설과 연계된 전국적인 생태관광망을 통해 1박 2일 코스의 체류형과 당일형으로 나뉘어져 지리산국립공원, 태안 해안국립공원, 오대산국립공원 등에서 프로그램이 제공되고 있다.

2) 유원 및 휴양수련시설

자연휴양림은 산림이 가지고 있는 좋은 것들로, 울창한 숲, 맑은 공기, 깨끗한 물, 아름다운 경관 등의 자연적 기능을 살리며, 가족 구성원이 자연 속에서 심신을 편하게 쉴 수 있는 여가 공간으로, 건전한 휴식공간의 제공과 함께 자연학습 교육장으로도 자연휴양림의 인기는 크다. 자연휴양림에 대한 인식과 이용자 수가 늘어나면서 문화활동의 형태도 단순 휴양관광으로부터 가족중심의 체재가 가능한 산림 휴양, 동호회 위주의 모험 및 체험형으로 세분화되어 산악 스포츠 및 생태관광 수요가 변화하고 있다. 또한 전국 환경 관련 시민단체의 주도로 배출한 숲 해설가를 통한 전국의 숲과 사유 자연휴양림 등의 안내는 숲에 대한 바른 이해와 함께 바람직한 휴양문화 형성에 도움을 주고 있다.

3) 농촌체험 학습

농촌체험을 통한 주말농장 등의 방문 수요는 주로 가족 동반형이 많으며 도시생활 중에 교육적 목적으로 찾는 경우가 많다. 각종 농촌체험 마을은 농촌 지역의 활력 증진을 도모하는 사업으로 주말농장 운영으로 인한 농가 부업 소득증대, 그리고 도심형 인구유입으로 관광경영의 활성화를 도모한다. 농촌 및 주말체험 학습은 도시민에게 건전한 여가 문화를 제공하며 마을을 통하여 농촌체험을 하는 가운데 자연스럽게 도심과 농촌의 정서가 통합되고, 문화향유를 통하여 농촌 도심과의 소통 및 관광경영 수입이 증가하는 효과를 가져왔다. 또한 무엇보다 농촌을 체험하는 문화활동은 가족에게 좋은 경험이 되며 귀농을 꿈꾸는 가족들에게도 좋은 모델링이 되어 건강한 가족문화활동으로 자리 잡고 있다.

4) 지역축제

우리나라에는 지역 특산품을 중심으로 하여 다양한 지역축제 행사들이 행해지고 있어 농가의 수입을 올리고 관광문화상품으로 도시민의 유입과 경제의 활성화 측면에 도움이 되고 있다. 특히 주 5일 근무제 및 주 5일 수업 도입은 가족과 함께 여가와 체험교육의 기회를 제공하고 있어 점차 지역축제에 참여하는 가정이 늘어나고 있다. 이를 통하여 지역축제를 통하여 특산품을 접하면서 한국 고유의 자연과 접할 수 있으며, 대표적 축제로는 금산 인삼축제, 김제 지평선축제, 강진 청자문화제, 춘천 국제마임축제, 양양 송이축제, 함평 나비축제, 진주 남강유등축제 등이 있다.

5) 전시 및 관람 문화활동

전시 및 관람 문화활동은 도심 곳곳에서 예술의 문화를 일반인들도 느낄 수 있으며 가족이나 연인, 친구 단위로도 쉽게 접할 수 있어 엑스포와 같은 수준의 국제적 규모의 전시회는 과학적 기술의 진보, 홍보와 문화체험 등이 동시에 이루어지므로 오락과 교육과 지식정보의 획득 효과가 크다. 그 밖에도 영화·드라마 촬영지들은 테마관광지로 활용하기 위해 촬영 세트로 제작되어 촬영이 끝난 이후 가족 단위 관광객들에게 역사나 문화를 체험을 할 수 있는 기회를 제공하게 된다. 이러한 활동은 예술인, 방송인들이 일반인과 간접적으로 창작물을 통해 소통하는 기회를 마련하여 지적인 문화적 욕구를 충족시켜 줄 수 있는 콘텐츠로 자리 잡고 있다.

6) 스포츠 체육

스포츠 체육은 생활공간의 곳곳에 자리 잡고 있다. 주로 지역의 여가공간인 생활권의 접근성을 고려한 스포츠센터를 중심으로 이루어지는 신체 단련활동이며 현재 다양한 '레포츠(leisure sports) 활동'이 가능하도록 세분화되고 있으며 전문강사의 배치로 보다 전문적인 레포츠의 문화로 자리 잡고 있다.

7) 오토캠핑장

오토캠핑장은 최근 가족단위로 많이 활용되는 문화활동으로 자연과 스포츠를 함께 즐긴다는 장점이 있으며 동적인 활동과 정적인 자연체험이 동시에 가능하다. 모터캐라반 혹은 트레일러형 캐라반은 차량을 이용한 캠핑문화를 형성해 가고 있다. 캐라반이 있으면 숙박 걱정 없이 원하는 장소 어디에서든 캠핑이 가능하므로 이동이 편리하여 가족을 동반한 편리한 문화로 자리 잡고 있다. 캐라반이 없더라도 일반 자동차를 이용하여 캠핑활동을 할 수 있는 오토캠핑장에서는 가족들과 함께 자연 속에서 여가생활을 보낼 수 있는 장점이 있다.

한편 근방에 각종 레저시설이 갖추어져 있다면 레저용 차량에 텐트 등을 싣고 떠나 차 옆에서 야영하는 것도 가능할 것이다. 우리나라에서는 '망상 오토캠핑 리조트'의 오토캠핑장이 있으며 신레저문화로 자리하면서 젊은 층을 중심으로 가족 및 동호인 캠퍼의 문화활동이 가능하게 되었다.

오토캠핑장은 젊은 커플이나 가족 및 양육을 마친 고령층 부부, 퇴직한 시니어 사이에서 인기가 높은 편이고, 순수통나무집 형태와 황토방 형식의 캐빈 하우스는 어린 자녀양육 세대에 있는 가족단위에게 인기 있다.

Chapter

07

가족과 삶의 질

CHAPTER 07

가족과 삶의 질

1 가족과 삶의 질

1) 가족과 자기실현의 과제

모든 인간은 생물학적 잠재증력을 성취하는 것뿐만 아니라 심리적인 잠재능력도 실현해야 하는 존재로 기본적으로 강점과 긍정성을 가지고 창조를 실현해 나갈 수 있는 전인적이며 완전한 존재라는 기본 개념을 지향한다. 또한 이것은 가족으로부터 형성되고 영향을 받는데, 로저스(Rogers)에 의하면 '바람직한'이란 '충분히 기능하는 사람'이다.

(1) 충분히 기능하는 사람(fully functioning person)

충분히 기능하는 사람의 특성은 다음과 같다. 즉, 인간은 현재 진행되는 자신의 자아를 완전히 자각할 수 있는 사람이다. 로저스는 "충분히 기능하는 사람은 심리적 적응, 심리적 성숙, 완전한 일치, 경험에 개방되어 있는 사람"이라고 보았다. 이러한 사람의 특성은 과정지향적이며 성취지향적이나 실패로 인하여 성장이 단절되지 않는다. 즉, 충분히 기능하는 사람은 계속적으로 변화하는 사람으로 과정 중에 있는 사람이"라고 언급하였다. 인간은 성장하기 위하여 끊임없이 노력하는 존재이다.

(2) 충분히 기능하는 사람의 특성

충분히 기능하는 사람의 특성을 정리하면 다음과 같다. 즉, 삶을 통한 경험을 개방하는 사람으로 그 자신의 목소리에 귀를 기울이며 내면의 목소리를 들을 수 있으며, 자신의 내부에서 무엇이 일어나고 있는가를 경험할 수 있다. 또한 감정에 민감하지만 충분하게 합리적으로 자신의 감정을 인식하며 상황에 적절하게 반응한다. 이러한 사람은 실존적이며 유기체적인 경험을 통하여 선택하며 창조적인 삶을 살게 된다.

2) 삶의 질의 논의

(1) 삶의 질이란

삶이란 안화선(2008)에 의하면 살아 있는 존재, 살아가는 방식, 살아 있는 현상, 생명, 목숨을 의미하며, 질은 어떠한 것이 소유한 우월성의 정도, 어떤 대상의 특성을 일컫는 추상적인 복합어라고 하였다. WHO(세계보건기구)에서 삶의 질이란, 한 개인이 살고 있는 문화권 및 가치체계 안에서 자신의 목표, 관심, 기대, 사회규범과 관련하여, 삶에서 자신이 차지하는 상태에 관한 개인적 지각이라고 하였다.

우리나라의 경우, 삶의 질의 개념에 대해 박대식 등(2007)은 1980년 이후부터 이에 대한 연구가 본격적으로 착수되었다고 하였다. 그 이후 삶의 질에 관하여 박대식 등(2011)은 2000년대 초 여성가족부가 외국인 여성인권 위협에 대한 사업을 추진한 것을 기점으로 하여, 가족의 안정적인 가족생활 영위와 삶의 질 향상 그리고 사회통합을 위한 정책으로 추진되어 오고 있다고 하였다. 이에 대하여 송건섭(2007)은 삶의 질의 개념이 '인간의 안녕과 복지의 정도를 표현하는 포괄적이며, 다차원적 개념'이라고 하면서, 삶의 질을 신체적, 정신적 및 사회 경제영역에서 각 개인이 지각하는 주관적 만족감과 행복감으로 정의하였다.

이러한 삶의 질에 관한 본격적인 연구에서, 김봉선(2007)은 1960년대 지속되는 경제성장에도 불구하고 사회 구성원들의 행복이 증가하지 않았다는 자성의 목소리로부터 시작하였다고 하였다. 즉, 사회가 지속적인 경제성장을 통하여 경제자원이 풍족해졌음에도 불구하고 빈곤, 양극화, 자살 증가와 같은 사회문제가 높아짐에 따라 경제성장과 삶의 질과의 상관관계에 관하여 학문 및 정책적인 측면의 본격적인 논의가 시작된 것이다. 이에 대하여 관점에 따라서는, 삶의 질의 개인적인 요인, 경제적 요인, 정치적 요인이 행복도에 미치는 영향에서 소득은 행복도에 영향을 미치는 정도가 다른 요인에 비해 미미했다고 분석되었다(Frey & Stutzer, 2000). 이후 삶의 질은 다양한 사회적 취약계층에 대한 개입과 사회복지정책과 서비스의 목적이 되기 시작하였다(김봉선, 2007).

삶의 질과 유사하게 인간의 행복을 설명할 수 있는 이론으로는 욕구이론, 비교이론, 문화이론이 있다. 먼저 욕구이론(need theory)에서는 대다수의 사람들이 보편적인 욕구, 즉 성취욕구, 명예욕구, 생리욕구 등이 있으며 욕구의 충족여부에 의하여 행복이 결정된다고 보았다. 그리고 비교이론(Michalos, 1985)은 비교대상과의 차이에 대한 지각을 전제로 출발하는 이론이다. 이 이론은 사람들이 어떤 기준과 스스로를 비교하며 특정 기준과의 괴리를 긍정적으로 인식할 때 행복감을 느끼게 된다고 하였다. 그러므로 이것은 객관적 사실 혹은 상태 자체보다는 특정 대상과의 비교기준에 의한 기대수준이 스스로 지각하는 행복에 영향을 주게 된다는 이론이다. 그 밖에 문화이론은 우리 자신이 누구이며, 무엇을 생각하고 느끼며, 어떻게 행동하는가에 관한 것이 결국 문화에 의해 결정된다고 보는 관점도 있다(Diener & Oishi, 2000). 따라서 문화에 대한 경험과 강화를 중점적으로 실시하여 가족의 삶의 질을 높이는 프로그램도 그 효과성을 검증할 필요가 있다.

그 밖에도 삶의 질이란 복합적인 개념으로 개인적인 특성에 따라 다르게 형성되며 인적자본으로 교육, 취업 등도 포함된다(Schulz, 1961). 또한 외부환경이나 내부환경의 영향을 받는데, 외부환경 요인은 자연환경과 정치환경, 사회환경이 해당되며, 내부환경요인은 신체건강, 개인역량, 사회활동, 물질적 풍요가 해당된다(Lindstrom & Ericsson, 1993; Pukeline & Starkaukiene, 2011; Veenhoven, 2000). 그리고 교육수준이 높을수록 안정적인 직업과 사회관계를 가질 확률이 높으므로 개인으로 하여금 심리적 안정감을 갖게 할 수 있다(Ross et al., 1997).

그러나 이에 대하여 글래처(Glatzer, 2006)는 생활환경 등의 객관적인 차원이 향상되었음에도 사람들이 느끼는 만족도는 저하되는 객관적인 차원과 주관적인 차원이 반드시 비례하는 것은 아니라고 주장하였다. 따라서 삶의 질은 객관적 영역과 주관적 영역으로 구분할 수 있는데, 객관적인 영역은 소득, 주거형태 등이 포함되며 주관적 영역은 개인의 주관적 감정을 통해 측정되는 소득의 만족도, 직업의 만족도 등이 포함된다(Delhey, Bohnke, Habich& Zapf, 2002).

그 밖에 삶의 질과 관련하여 임진택(2003)은 일정한 범위 내에서 지역주민들이 보다 만족하며 안락한 삶의 물리적인 상태나 조건을 영위하는 것이 삶의 질(행복)이라고 하였다. 이에 이원일 등(2000)은 인간의 만족스러운 생활에 영향을 주는 객관적인 삶의 조건에 관하여 분석하였으며, 김구(2003)는 삶의 질 평가 및 측정대상자가 거주하고 있는 환경적 요소와 물리적 요소를 포괄하는 삶의 종합적인 상태가 삶의 질이라고 정의하였다.

구체적인 삶의 질의 측정방식으로 펠스와 페리(Felce & Perry, 1995)는 삶의 질의 평가영역이 5가지 영역, 즉 신체, 물질, 사회, 정서, 생산적 안녕으로 구성되며, 신체적 안녕은 건강과 연관이 있고 물질적 안녕은 수입과 관련되며 사회적 안녕은 대인관계, 사회참여, 그리고 정서적 안녕은 정서 상태나 스트레스와, 생산적 안녕은 발전적 성장이 하위요인이라고 하였다.

또한 에스테스(Estes, 2004)는 교육, 건강, 경제, 환경, 여성지위, 문화다양성, 인구학적 특성, 사회적 혼돈, 복지노력을 통해서 삶의 질이 측정된다고 하였다. 이에 대하여 우리나라의 김태룡 등(2000)은 지방정부차원의 삶의 질 수준과 그 결정요인을 분석하기 위하여 의 · 식 · 주, 가치관, 사회관계, 교육, 안전 · 보건 · 복지, 경제 · 노동, 여가, 행정과 참여, 사회제반시설, 환경의 10개 영역에 대하여 33개 하위변수를 사용하여 삶의 질을 분석하였다.

한편 최준호 등(2003)은 재난관리, 치안 관리, 교통, 주거생활, 자연 환경, 환경관리, 교육, 복지, 문화, 주민참여를 통하여 삶의 질을 측정하였다. 그 밖에 송인성(2004)은 캐나다에서 평가하고 있는 삶의 질 지표를 우리나라의 삶의 질 평가지표와 비교하여 평가영역을 인구, 주거, 소득 및 고용, 건강, 교육, 교통안전, 주민참여, 자연환경 및 여가활동, 인공 환경, 토지시장 등의 10가지 항목으로 제시하였다. 한편 송건섭(2007)은 건강한 생활여건, 편리한 생활여건, 공공안전 생활여건, 자연환경여건, 여가활용 및 문화생활, 교육여건, 경제 생활여건, 기타 생활여건의 지표를 적용하였다. 그 외에

권용현(2009)은 건강한 생활여건, 가족 및 주거여건, 환경여건, 공공안전여건, 복지여건, 교육문화·관광여건, 경제여건, 참여여건을 통하여 삶의 질을 측정하였다.

삶의 질은 크게 두 가지 방식으로 정리될 수 있다. 첫째, 김영란 등(2005)은 삶의 질을 객관적인 자료(지표)를 통하여 측정하는 방식으로 각종 사회지표나 인구사회학적 요인을 통한 측정방식이 있다고 하였다. 둘째, 개인의 주관적인 차원에 의하여 삶의 질을 측정할 수 있다고 하였다.

즉, 삶의 질을 주관적인 차원에서 보았던 대표적인 학자인 캠벨(Campbell, 1976)은 삶의 질이란 결국 개인이 삶에 대하여 느끼는 만족감이나 행복감이라고 정의하였다. 따라서 이정규(2009)는 객관적으로만 삶의 질을 측정하는 측정지표는 인간의 삶의 내면적 수준을 고려하지 못하므로 사람들의 삶에 있어서 주관적인 만족을 반영하지 못한다고 하였다. 또한 강점숙(1997)도 삶의 질이란 개인 스스로 자신의 가족관계, 결혼생활 등에 대해 어느 정도 만족하는가를 측정하는 주관적 방법으로 정의하였다. 그 밖에는 이 두 가지 방식 모두를 적용하여 삶의 질을 측정하는 방식이 있다(김미령, 2006; 박희봉, 이희창, 2007; 안화선, 2008). 이와 같이 삶의 질에 대한 측정방식은 다양함을 알 수 있다.

(2) 삶의 질의 측정[1)]

삶의 질의 측정연구는 OECD의 삶의 질 지표가 대표적이라고 할 수 있다. 1970년 OECD는 회원국의 삶의 질을 알아보기 위해 미국의 사회학자들이 연구한 사회지표와 비슷한 지표를 만들었고, 이에 관한 1차적인 연구를 통해 1976년 공통의 삶의 질 지표를 확정하였다. 그 후 2차적인 검토를 거쳐 1982년에 사회지표 항목을 개정하였는데 OECD가 작성한 삶의 질의 지표는 인간의 삶의 질을 대표할 수 있는 모든 항목

1) 최창현, 김명하(2017).

을 포함하지는 않는다. 그러나 OECD의 삶의 질 지표는 조사가 가능하고 회원국들이 앞으로 달성할 수 있을 것으로 추정된 지표들이며, 이러한 지표들은 우리가 앞으로 추구해야 할 삶의 내용이 무엇인가를 제시해 주기 때문에 측정할 필요가 있다.

삶의 질에 미치는 요소들을 종합적으로 정리하면 삶의 질에 영향을 주는 6가지 요소는 소득, 주택 등의 '경제적 요소'(economic factors), 친구 및 이웃 관계 등의 '사회관계적 요소'(social relational factors), 성격, 문화 등의 '사회심리적 요소'(social psychological factors), 재난, 치안 등의 '환경적 요소'(environmental factors), '민주주의, 사회보장 등의 제도적 요소'(institutional factors), 건강, 연령 등의 '신체적 또는 인구학적 요소'(physical or demographic factors) 등이 있다.

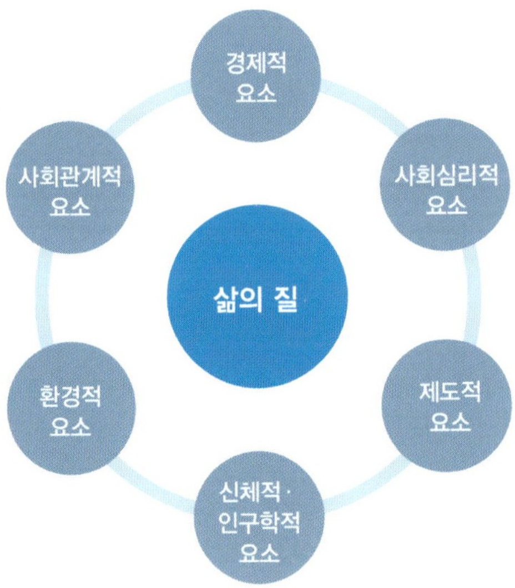

그림 7-1 삶의 질 구성요소

표 7-1 한국의 더 나은 삶의 질(Better Life Index) 국가별 비교

영역	지표명	정의
주거조건 (Housing)	주거 관련 지출	주거 관련 가계의 최종소비지출
	기본시설 충족	실내 수세식 화장실 보유 주택의 비율
	개인당 방수	주택 방수를 거주 인원으로 나눈 수
소득 (Income)	가계 금융자산	금융부채를 제외한 순수 가계 보유 금융자산
	가계 순가처분소득	가계의 임금, 재산 및 임대소득 등 순가처분소득
직업 (Jobs)	직업안정성	전년도에 고용된 사람 중 다음 연도에 실업자가 된 사람의 전년도 고용자 수 대비 비율
	개인소득	정규 노동자의 연평균 소득
	고용률	생산가능인구 중 일자리 고용 인구 비율
	장기실업률	1년 이상 실업상태에 있는 사람의 비율
공동체 (Community)	지원관계망의 질	어려움에 처했을 때 도움을 요청할 수 있는 타인이 있다고 응답한 사람의 비율
교육 (Education)	기대교육기간	5살 아동이 39세까지 공식 교육을 받을 것으로 기대되는 평균 기간
	학생 역량	PISA(국제 학업성취도평가) 점수
	교육 성취	고등학교 졸업 이상의 학력을 보유한 성인 비율
환경 (Environment)	수질	거주 지역의 수질 만족도
	대기오염	인구 10만 명 이상 대도시의 미세먼지 농도
시민참여 (Civic Engagement)	규칙 제정에 참여	법과 하위 규정 도입 시 이해당사자의 공식적 참여 수준
	투표 참여율	선거에 참여한 인구 비율
건강 (Health)	건강 자신감	본인의 건강상태에 대한 자신감 또는 만족도
	기대수명	현재 사망률에 근거한 평균적인 기대 수명
삶의 만족도 (Life Satisfaction)	삶에 대한 만족	전반적인 삶에 대한 만족도
안전 (Safety)	살인율	인구 10만 명당 경찰에 신고된 피살자 수
	야간보행 안전	밤거리를 혼자 걸을 때 안전하다고 응답한 비율
일과 여가 균형 (Work-Life Balance)	여가/휴식 시간	여가 및 개인 돌봄에 사용한 시간
	장시간 근로자	주 50시간 이상 근무한 임금근로자의 비율

출처: OECD(2017).

이와 같이 삶의 질에 대한 논의는 결국 다양한 영역을 통해서 측정되지만 객관적인 영역보다는 주관적 영역이 관여하고 있음을 알 수 있다. 따라서 우리나라의 가족의 삶의 질의 함양을 위한 문화활동이 논의되어야 할 것이다.

2 '영성' 문화와 행복

기존의 문화활동 영위에 있어서 웰빙의 개념과 행복의 개념에는 영성이 중요한 역할을 하기도 한다. 이를 살펴보면 다음과 같다.

1) 영성

웰빙과 영성은 관계가 깊다. '영성'은 현재의 객관적인 상황을 초월해서 새로운 차원으로 볼 수 있는 능력(Zohar & Marshall, 2000)으로 정의되는데, 스트레스를 감소시키며(Sheehan, 1979), 성공적인 대처 및 적응과 관련된다(Emmons, 1999). 또한 긍정적 성격 특성들이 보다 나은 삶의 질과 관련된다는 연구 결과들이 보고됨에 따라, 긍정심리학 분야에서는 인간의 강점 및 미덕에 대한 체계를 수립하게 되었다.

그 대표적인 예가 피터슨과 셀리그먼(Peterson & Seligman, 2004)에 의해 개발된 강점과 미덕에 관한 강점 분류 체계(Values in Action)로, 크게 6가지의 미덕(지혜와 지식, 용기, 인간성, 정의, 절제 및 초월성)과 24개의 강점(창의성, 호기심, 열린 마음, 학습에 대한 애정, 타인에게 현명한 조망의 제공, 진실성, 용감함, 인내심, 열의, 친절, 사랑, 사회적 지능, 공정함, 리더십, 협동심, 용서, 겸손, 신중함, 자기조절, 아름다움과 뛰어남에 대한 이해, 감사, 희망, 유머, 종교적인 신념)이 있다.

이를 바탕으로 인간의 긍정성을 연구한 긍정심리학에서는 긍정심리학 이론에 바탕을 둔 훈련 및 개입 기법들이 개발되었다. 몇 가지 영성을 활용한 긍정적 기법의 예를 들면, 은총 헤아리기, 희망 상자 만들기 등이 있다. 셀리그먼과 동료들(Seligman, Park & Peterson, 2005)은 영성 훈련이 실제적으로 인간의 삶의 질을 향상시키는지에 대한 효과성을 검증하여 긍정적인 결과를 얻었다. 즉, 몸과 영혼의 건강을 돌보기 위해 종교생활과 영성훈련, 명상 등을 활용할 수 있다고 제시하고 있다(Lyubomirsky, 2007). 이러한 활동 중 영성에 대한 함의는 사람마다 각기 다른 형태를 취하는 개인화된 현상이고 위대한 잠재력 확증의 과정(Snyder & Lopez 2002)이므로 사람들에게 유익한 활동으로 활용될 수 있다는 것을 들 수 있다.

행복은 먼 곳에 있는 추상적인 것이 아니다. 물론 외형적인 생애사가 자신에게 영향을 미치기도 했을 것이다. 하지만 가장 자신을 움직이게 하는 메커니즘은 때로 한 구절의 문구일 수도 있고 그것이 자신의 삶에 있어서 좌표와 원동력이 되고 있다는 것을 느낄 수 있을 것이다. 그것은 긍정심리와 행복을 느낄 때 더 커다랗게 자신을 움직이는 힘을 발휘할 수 있다. 긍정심리란 그리고 행복이란 현재 주어진 삶을 내가 느끼는 만큼으로 환경까지 변화시키는 놀라운 힘을 가지고 있다. 그것은 아무리 복잡한 상황이어도 긍정성으로 인하여 오히려 삶의 여러 사건들을 필터링하고 삶이 늘 새로운 여정이 되도록 하며 개인으로 하여금 행복[2)]을 느끼게 한다.

2) UN의 세계행복보고서(World Happiness Report)는 미국의 컬럼비아 대학교 지구연구소(Earth Institute)의 헬리웰, 레이어드와 삭스(John Helliwell, Richard Layard and Jeffrey Sachs)가 연구하여 발표한 보고서이다. 세계행복보고서가 발표된 이후, 큰 반향이 일어나자 UN에서 이 연구를 정식으로 지원하게 되었고, 더욱 보강되어 2013년 UN의 지속가능발전네트워크(Sustainable Dvelopment Solutions Network: SDSN)에 의해 세계행복보고서(World Happiness Report)가 정식으로 발표가 되었다. 특히 경제학자인 레이어드와 삭스가 연구에 참여하여 더욱 유명해진 세계행복보고서는 과연 행복을 측정할 수 있는 것인가에 대한 의문을 가지고 시작한 연구이다. 이들은 얼마나 정확하게 어떤 사회 구성원들의 행복을 측정할 수 있으며, 각기 다른 사회의 행복지수를 서로 비교해 볼 수 있는가에 대하여 연구의 초점을 맞추고 각각의

2) 행복[3)]

UN의 세계행복보고서는 각국별로 매년 1,000명의 15세 이상 인구를 표본조사 하고 있으며, 각국의 국민들이 자신의 삶에 대하여 스스로 인식하는 만족도를 10점 척도 또는 2점 척도를 통해 평가한 후 국가별 평균치를 산정하고 있다. 2012년 첫 보고서 발간을 시작으로 현재까지 2013년, 2015년, 2016년 4개의 보고서가 발간되었다.

보고서에서는 GDP, 기대수명, 사회적 지지, 선택의 자유, 관대함, 부패에 관한 인식 6가지 지표를 중심으로 행복도를 산출하고 있다. 또한 6가지 지표와 별개로 긍정적, 부정적 영향에 대한 Dystopia 조사(행복도가 가장 낮은 국가를 기준으로 지표값을 비교함) 등을 진행하고 있다.

세계 각국의 행복도는 지역에 따라 차이를 보이고 있지만, 대체적으로 경제 발전 수준을 반영하고 있다. 2016년 보고서에 의하면, 1위는 덴마크로 나타났으며 2위 스위스, 3위는 아이슬란드가 차지하였다. 지역별로는 북아메리카 및 호주, 뉴질랜드 지역이 7.251점으로 행복도가 가장 높았으며, 사하라 이남 아프리카 지역이 4.186점으로 가장 낮게 나타났다. 한국이 포함된 동아시아 5개국(한국, 대만, 일본, 홍콩, 중국)은 5.774점으로 보통수준의 행복도로 나타났다. 특히 주요 선진국의 행복도는 2011년을 정점으로 하락하고 있으며, 한국 또한 하락의 추세에 있다.

한국은 사회적 지지, 선택의 자유, 관대함, 부패에 관한 지표가 OECD 평균은 물론 세계 평균에도 못 미치는 것으로 나타났다. 특히 GDP나 기대수명과 같은 객관적 지표보다 주관적 지표가 매우 낮게 나타나, 세계행복보고서의 이러한 결과는 양적 발전이 아닌 질적 발전을 도모하여 행복도를 높여야 한다는 시사점을 제시하고 있다.

유명기관들의 행복 측정방법들을 연구하였다.

3) 최창현, 김명하(2017).

표 7-2 2016 세계행복보고서 지표 평균값 비교

	GDP	기대수명	사회적 지지	선택의 자유	관대함	부패
한국	10.368	73.148	0.788	0.637	−0.063	0.817
OECD 평균	10.436	70.395	0.905	0.799	0.041	0.648
남유럽	10.301	71.623	0.878	0.651	−0.137	0.909
세계평균	9.220	62.313	0.810	0.723	−0.005	0.753

출처: World Happiness Report(2016).

한편 미국 미시간대 사회연구소가 1981년부터 발표해 오고 있는 '행복지수'인 세계 각국의 국민 1000~2000명을 대상으로 한 실태조사를 보자. '세계가치조사(World Values Survey)'의 자료를 기초자료로 확보하여 조사하고 있다. '행복지수'는 유럽인 가치조사(European Value Study)를 확대 발전시킨 것으로써, 미국 사회학자이자 정치학자인 미시건 대학의 로널드 잉글하트(Ronald Inglehart) 교수가 연구를 주도하고 있다. '행복지수'는 가장 공신력 있게 인용되는 데이터베이스 중 하나이며 사회문화, 도덕, 종교, 정치에 관한 가치조사로 삶의 만족도, 행복감 등의 조사항목이 포함되어 있다.

이것은 개별 응답자가 느끼는 '행복도'와 '생활만족도' 점수를 매긴 다음 평균을 내서 '주관적 웰빙 순위(Subjective Well-being Rankings)'를 산출하였는데, 이를 '행복지수'라고 한다. 국민의 '주관적 웰빙 순위'가 행복지수를 의미하며 행복지수의 측정결과는 다음과 같다. 즉, 30년간 이루어져 온 행복지수의 측정결과로 1999~2001년 조사에서는 아프리카 나이지리아 국민의 행복지수가 세계 1위로 나와 화제가 된 바 있다. 이어서 1999~2001 조사를 업데이트한 새 자료에서는 1위 푸에르토리코, 2위 멕시코, 3위 덴마크, 4위 아일랜드 등의 순이었다.

주요 국가를 보면, 스위스 6위, 오스트리아 11위, 미국 15위, 스웨덴 18위, 싱가포르 24위, 대만 32위, 일본 42위 등이었으며, 한국은 49위를 차지하여 낮은 위치에 있음을 알 수 있었다. 심지어 우리나라보다 훨씬 개발수준이 낮은 국가들이 높은 행복지수를 보였는데, 엘살바도르 12위, 나이지리아 19위, 베트남 29위, 필리핀 31위, 중국 48위로 나타났다. 우리나라보다 낮은 행복지수를 보인 국가는 대부분 구동구권이나 구소련 국가들인 탄자니아, 인도, 파키스탄, 인도네시아 정도였다. 행복지수와 일인당 국민 총생산 간의 관계를 나타낸 그래프는 의미 있는 결과를 보여 주었다. 빈곤선에 근접할수록 소득과 행복지수가 긴밀한 관계를 나타내며 가난한 나라일수록 소득이 행복에 비교적 확실한 영향을 미치지만, 일단 1인당 국민소득이 $15,000을 넘어서면 소득과 행복지수가 별 상관이 없다는 결과가 나타났다.

1950년대부터 2000년대까지 55년 동안 미국 국민 1인당 소득은 3배나 늘었지만, 행복지수는 제자리를 맴돌고 있었다. 이것은 물질적 풍요와 행복은 비례하지 않는다는 해석이 가능하도록 하고 있다.

또한 한국과 중국, 일본 등의 동아시아 행복지수가 중하위권으로 나타난 결과에 대하여 네덜란드의 사회학자 루트 벤호벤(Ruut Veenhoven)은 "아시아 국가에서 생산방식은 변했지만 개인보다 집단을 중시하는 가치가 그대로인 문화지체 현상을 보이고 있다."고 분석했다. 개인의 행복을 우선시할 수 있는 사회적 환경에 놓여 있지 못하기 때문에 상대적으로 덜 행복해하는 것이라는 의견이다.

현장연구를 토대로 '행복으로 가는 길' 10가지를 다음과 같이 제시하고 있다. ① 쉽게 행복을 느끼는 유전적 성향, ② 결혼, ③ 친구를 사귀고 존중하기, ④ 욕심을 줄이기, ⑤ 좋은 일 하기, ⑥ 신념 갖기(종교적이든 아니든), ⑦ 남과 비교하지 않기, ⑧ 돈을 더 많이 벌기, ⑨ 우아하게 늙기, ⑩ 천재가 아니라고 비관 하지 않기 등이다.

행복지수가 낮다는 것은 이 10가지를 제대로 행하지 않거나 아예 반대쪽으로 가는 경우가 많음을 의미한다. 따라서 이 중에서 가급적 많은 항목을 찾아 실천하면 행복해질 수 있다.

그 밖에 영국의 심리학자 로스웰(Rothwell)과 인생상담사 코언(Cohen)이 만들어 2002

년 발표한 행복공식은 대표적인 행복지수이다. 이들은 18년 동안 1,000명의 남 · 여를 대상으로 80가지 상황 속에서 자신들을 더 행복하게 만드는 5가지 상황을 선택하는 실험을 하였다. 그 결과 행복은 '인생관 · 적응력 · 유연성 등 개인적 특성을 나타내는 P(personal), 건강 · 돈 · 인간관계 등 생존조건을 가리키는 E(existence), 야망 · 자존심 · 기대 · 유머 등 고차원 상태를 의미하는 H(higher order) 등 3가지 요소에 의해 결정'된다는 사실을 발견했다.

로스웰과 코언은 3요소 중에서도 생존조건인 E(existence)가 개인적 특성인 P(personal)보다 5배 더 중요하고, 고차원 상태인 H(higher order)는 P(personal)보다 3배 더 중요한 것으로 판단하여 다음과 같이 행복지수를 공식화하였다.

◈ 로스웰과 코언의 행복방정식

행복방정식 = P + (5 * E) + (3 * H)

- P(Personal characteristics): 인생관, 적응력, 탄력성 등 개인적 특성
- E(Existence): 건강, 돈, 인간관계 등 생존의 조건
- H(Higher order needs): 자존심, 기대, 유머 감각 등 더 높은 수준의 조건

로스웰과 코언은 행복을 측정하기 위한 3가지 요소의 측정문항으로 다음의 4가지 문항을 제시하고 있다. 이들의 행복지수는 100점을 만점으로 하며, 다음의 질문에 대한 각자의 만족 정도에 따라 1에서부터 10점까지 점수를 매겨 위의 행복방정식에 대입하여 계산하게 된다.

◈ Personal, Existence, Higher order의 측정문항

- P1: 당신은 사교적이고 원기 왕성하며 변화를 잘 받아들입니까?
- P2: 당신은 긍정적인 인생관을 가지고 있습니까, 실패해도 빨리 일어섭니까, 또 삶을 스스로 잘 통제하고 있습니까?
- E: 건강과 돈, 안전, 선택의 자유, 공동체 의식 등 삶의 기본적인 욕구가 잘 충족되는 편입니까?
- H: 필요할 때 도와달라고 부탁할 사람이 주위에 많습니까, 지금하고 있는 일을 열심히 하는 편입니까, 목표를 달성하기 위해 애쓰고 있습니까?

로스웰과 코언은 인간이 행복하기 위해서는 건강 · 돈 · 인간관계 등이 다른 어떤 요소들보다 중요한데, 인간이 스스로 행복해지기 위해서는 다음과 같은 내용에 힘을 쏟아야 한다고 강조하였다.

◈ 로스웰과 코언의 행복도를 높이기 위한 8가지 조언

첫째, 가족과 친구 그리고 자신에게 시간을 쏟아라
둘째, 흥미와 취미를 추구하라
셋째, 밀접한 대인관계를 맺어라
넷째, 새로운 사람들을 만나라
다섯째, 기존의 틀에서 벗어나라
여섯째, 현재에 몰두하고 과거나 미래에 집착하지 말라
일곱째, 운동하고 휴식하라
여덟째, 항상 최선을 다하되 가능한 목표를 가져라

또한 영국 BBC TV의 다큐멘터리 〈슬라우 행복하게 만들기(Making Slough Happy)〉는 심리학, 의학, 사회학 분야의 최근 조사를 통해 얻어진 새로운 행복학 이론이 효과가 있는지 알아보기 위해 2005년 5월부터 영국의 작은 도시 슬라우에서 3개월에 걸쳐 실시한 사회실험이다. 그리고 이 실험의 과정을 담은 것이 BBC TV 에서 4부작으로 방영되었다.

심리학자, 경영 컨설턴트, 사회사업가 등 다양한 전문가로 이루어진 행복위원회가 행복의 근원을 찾기 위해 영국의 작은 도시 '슬라우'에서 계획한 이 실험은 큰 반향을 일으켰다. 행복위원회는 '행복학'이라는 현대 학문이 어떻게 하면 현실적으로 현대인에게 도움을 줄 수 있을지 고민하며, 이 실험을 계획하였다. 우리나라에서도 『행복(영국 BBC 다큐멘터리)』이라는 저서로 출판되었다. 이 책은 슬라우에서 행해진 프로그램에서 얻은 성과들, 즉 실험 결과 변화된 슬라우 사람들의 생생한 증언과 함께 행복학에 대한 전반적인 내용들을 풍부하게 담고 있다. 각 분야에서 전문성을 인정받은 행복전문가들이 실험 결과로 입증된, 누구나 할 수 있는 행복의 실천적 방법들을 심리학적 근거와 함께 구체적으로 소개하고 있다.

책의 1부에서는 최신연구 분야인 '행복학'에 숨겨져 있는 놀라운 사실과 이론을 논의하였고, 2부에서는 우리 삶에서 찾을 수 있는 다양한 행복의 모습들을 조망하면서 우리의 삶을 변화시킬 수 있는 현실적인 내용을 다루고 있다.

행복위원회가 제시한 10가지 행복수칙을 따르는 행복 프로젝트 이후에 슬라우 주민들의 행복지수는 상승했다. 슬라우 주민들의 10대 행복수칙에는 친구, 돈, 일, 사랑, 성생활, 가정, 음식, 긍정적 마음, 운동, 공동체, 반려동물, 영성 등의 행복조건이 내포되어 있었다. 행복위원회가 제시한 슬라우 주민들의 행복수칙 10가지는 다음과 같다.

◈ 행복수칙 10가지

1. 운동을 하라. 일주일에 3회, 30분씩이면 충분하다.
2. 좋았던 일을 떠올려 보라.
3. 하루를 마무리할 때마다 당신이 감사해야 할 일 다섯 가지를 생각하라.
4. 대화를 나누라.
5. 매주 한 시간은 온전히 배우자나 가장 친한 친구들과 대화를 나누라.
6. 식물을 가꾸라.
7. 아주 작은 화분도 좋다. 죽이지만 말라!
8. TV 시청 시간을 반으로 줄여라.
9. 미소를 짓자.
10. 적어도 하루에 한 번은 낯선 사람에게 미소를 짓거나 인사를 하라.
11. 친구에게 전화하라.
12. 오랫동안 소원했던 친구나 지인들에게 연락해서 만날 약속을 하라.
13. 하루에 한 번 유쾌하게 웃으라.
14. 매일 자신에게 작은 선물을 하라. 그리고 그 선물을 즐기는 시간을 가져라.
15. 매일 누군가에게 친절을 베풀라.

근년에 들어서 행복연구의 계기를 제공한 사람은 히말라야 산간의 조그만 왕국 부탄(Bhutan)의 5대 왕 왕처크(Jigme Singye Wangchuk)이다. 국왕은 취임 2년만인 1974년 GDP가 아닌 국민 총행복지수(Gross National Happiness, GNH)를 기준으로 나라를 통치하겠다고 발표했다(DEREK BOK. 2011: 1).

그는 "만약 정부가 그들 국민의 행복을 창출해 낼 수 없다면, 그 정부는 존재의 가치가 없다(If the government cannot create happiness for its people, then there is no purpose for government to exist(Legal Code of 1629).)"는 철학에 입각해 좋은 거버넌스(Good Governance), 안정적이고 공평한 경제사회발전(Stable and equitable socioeconomic development), 환경보호(Environmental protection), 문화보호(Preservation of culture) 등의 4대

정책방향을 제시하고 추진했다. 이에 따라 부탄은 국민 총행복(GNH)를 핵심지표로 채택하여 국민들의 행복증가를 위한 정책 및 개발계획을 수행하고 있다.

국민 총행복지수는 식량 · 거주지 · 의료 등 생존을 위한 몇 가지 요건이 충족되면 소득 증가가 개인의 행복에 큰 영향을 끼치지 못한다는 전제에서 시작되었다. 물론 정책추진과정에서 부작용이 없었던 것은 아니다. 다른 목적으로 정책충돌을 빚기도 하고 건강, 환경, 평등을 증진시키기 위해 개인의 자유를 제한하기도 했다. 그러나 부탄은 현재까지 정부의 공식목표로 국민 행복을 최우선으로 하는 유일한 나라이다. 부탄은 전반적으로 지식가치, 안전, 모국어, 가족, 정신건강, 도시화문제, 환경에 대한 책임감, 삶에 대한 만족도, 정부수행기능, 건강일수, 자산 등에서 행복하다고 조사되었다.

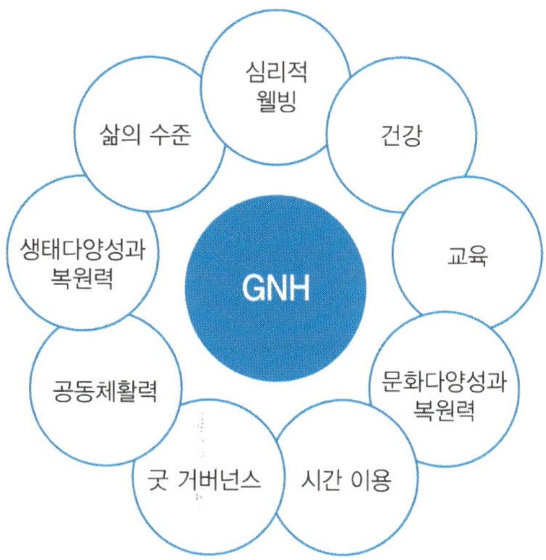

그림 7-2 국민 총행복지수(Gross National Happiness, GNH)

부탄의 행복추구 정책은 UN이나 OECD를 비롯하여 많은 나라에 영향을 미쳤다. 프랑스의 사르코지(Nicolas Sarkozy) 전 대통령은 국민의 일상생활에서의 웰빙을 측정코자 하였고, 영국 또한 공공정책을 국민의 행복과 관련시켜 연구하고자 했다. 이 영향으로 보수당의 캐머런(David Cameron) 총리는 사람들의 지갑에 돈을 넣어 주는 것이 아니라 마음속에 즐거움을 넣어 주는 것이 좋은 정책이고 정부의 역할이라고 하였다.

Chapter

08

지역사회개발 문화 재조명[1]

1) 곽미정(Kwak, Mi Jung)

CHAPTER 08

지역사회개발 문화 재조명

1 마을을 통해 문화활동을 창조하다

현대사회에서 자본주의의 성장과 함께 인류사회에 커다란 변화를 가져온 것은 도시의 발달이다. 그러나 도시의 발달은 긍정적인 변화뿐 아니라 전통적 지역사회의 커뮤니티로서의 기능상실이라는 부정적인 영향도 야기하였다. 특히 자본주의가 고도로 발달한 현대사회에서의 문제 중 대표적인 것이 지역사회를 통한 이웃 간 교류의 단절이기도 하다.

전통적 마을의 기능은 생태체계학 안에서 표현될 수 있으며 이는 자연스럽게 유기체와 환경 간의 관계를 통하여 환경과 유기체가 상호 균형을 이루며 성장하는 과정을 중요시하는 반면, 현대사회에서는 개개인의 기능이 자본주의와 상업화 혹은 인간

소외 현상 등으로 나타나고 있다. 즉, '개인과 지역사회 간의 상호 관계성'이 파괴되는 악순환적인 인과관계 속에 지역 구성원들의 역할이 제 기능을 수행하기 어렵고 상호 단절되어 인간성을 발휘되지 못하는 현상이 당연시되는 풍조가 마치 현대사회를 대표하는 하나의 현상으로 설명되기도 한다.

그렇다면 우리가 속한 지역사회에서 어떤 피드백의 순환 고리를 재발견할 수 있으며, 어떠한 의사소통이 새로이 구현될 수 있는가, 그리고 각각 구성원에 대한 생태체계 내에서의 역동성은 어떻게 발휘될 수 있을 것인가? 근본적으로 '체계'란 상호 새로운 개체를 형성하는 방식으로 상호 관련되어 전체를 구성하는 요인들의 집합체이므로 전체는 개인의 합보다 크다는 전제 조건하에 그 시너지 효과를 발휘하는 사회체계로 기능해야 할 것이다. 이에 지역사회의 한 부분의 변화가 다른 체계에 영향을 주는 방식으로 개방되고 투과성 있는 경계로, 체계의 건강한 에너지 흐름이 환경과의 상호교환으로 구현되어야 할 것이다.

이러한 문제에 대하여 짐 아이프(Jim Ife, 2005)[2]는 지역사회개발을 통한 사회의 활성화를 논하면서 "의사전달이 사회 활성화의 중요한 요인"이라고 언급하고 있다. 그는 "성공적인 사회 활성화를 가져오는 능력은 반성적이며 실천접근을 통하여, 지역사회활동가의 이해 및 분석을 통하여 가능"하다고 언급한 바 있다. 즉, **지역사회를 통한 구성원 간의 열정과 정보전달력, 민주성, 구성원의 지지, 장기간의 전념, 행동가의 관계망, 윤리적 측면, 전문적 실천, 미디어의 활용 및 지역주민과의 합의와 같은 것들이 고려될 필요가 있다**고 짐 아이프는 언급하고 있다.

그러나 일반적으로 많은 현대인들은 지역사회참가를 통한 개인의 의견 표현과 참여 및 활동의 기회가 적고 긍정적이고 발전적인 사회자본의 경험을 지역사회를 통하여 체감할 수 있는 지역사회 참여 경험의 시간이 너무나 적다.[3] 그렇다면 개인의 반

2) Jim Ife, 「지역사회개발」, 인간과 복지, 2005, p.52.

성의 촉구 차원을 넘어 과연 지역사회참여를 통한 행복증진과 같은 기회에 대한 고민은 어떻게 접근할 수 있을 것인가?

이에 대하여 생태학적 지역사회를 통한 실천활동을 중심하고 있는 지역주민들의 임파워먼트(empowerment)의 과정은 중요하다. 예를 들면, 서울 도봉구의 방아골의 지역복지운동은 지역의 조직화, 주민참여와 주체화, 다양한 연대 및 네트워크의 구축, 지역사회의 복지생산과 캠페인, 사회복지사와 종사자의 노동조건 개선 등을 통하여 지역사회복지의 장(場)을 성공적으로 넓혀 간 바 있다.

구체적으로 주민참여를 위한 활동으로 도봉 사랑거리 음악회와 지역주민결의 대회, 아이사랑 모임 등의 개최를 통하여 지역 안에서의 화합을 모색하며 실천한 바 있다. 이는 다양한 지역 주민의 특성을 파악하고 결속력을 통하여 자발적인 활동이 될 수 있도록 다양한 참여활동을 시도한 것에서 그 노력의 성과를 짐작하게 한다.

또한, 일본에서는 이와 유사한 성공사례로 마치즈쿠리(まちつくり)[4]의 주민참가형 지역사회실천을 들 수 있다. 이 경우는 종합형 지역 스포츠 클럽활동을 비롯하여 자원봉사활동 등의 자발적 지역활동 등을 이끌어 내는 것에 성공하였고 이러한 주민참여가 토대가 되어 또 하나의 경쟁력 있는 사회자본을 창출하였다. 일본 마치즈쿠리의 예에서 특이한 점은 관광사업으로 본고장 상품의 개발 등이 다이나믹한 지역시장을 통해 이루어졌다는 것이며, 마을 전체가 개방사회의 원리를 통하여 지역사회의 상품적 가치의 질을 높였다는 것이었다. 또한, 무엇보다 중요한 특징은 일본 마치즈쿠리의 방향이 주민뿐 아니라 방문자들의 삶의 욕구도 함께 중요시하였다는 것이다.

그렇다면 우리나라의 지역적인 마을의 특성 파악과 문화활동의 운영은 어떻게 발휘되고 적용되어 변화될 수 있을 것인가? 그 출발점은 항상 과거 및 현재의 실상을

---

3) 박희봉『사회자본』, 조명출판사, 2010, p.25.

4) 일본에서 펼쳐진 지역사회운동의 한 형태이며 본 서에서 논보고자 하는 지역사회문화 활동을 통한 지역사회개발의 잠재적 가능성을 살펴보고자 한다.

담은 지역사회의 특징을 파악하는 것에서부터 출발하여야 한다. 그리고 이러한 변화를 위해 가장 선행되어야 하는 것은 주민들의 각종 담론들이 가능한 의사소통의 장(場)에서 나타나야 한다는 것이다.

그동안 이에 대한 토론들은 주로 지역의 안위문제나 쾌적한 환경을 위한 공원조성 혹은 자동화 시스템과 같은 범주의 담론 정도에 그치고 있었던 것이 사실이다. 물론 그것은 스포츠센터나 각종 교육활동의 실시 그리고 마을회관이나 편의시설 확충 등을 통해서도 이루어질 수 있다. 하지만 멀리 떠나지 않고도 우리가 속해 있는 이 도시생활의 향유 가운데에서도 자연과 어우러져 생태체계 내에서 문화를 향유하고자 하는 욕구 혹은 좀 더 친밀한 커뮤니케이션의 욕구 등이 있을 것이고 혹은 이웃주민과의 소통의 욕구도 있을 것이다. 그렇다면 이러한 다양한 욕구들은 어떠한 방법을 통해서 좀 더 충족되고 실현될 수 있을 것인가 하는 것은 더 많은 숨겨진 고민과 노력의 실천 과정을 요하고 있다고 할 수 있다.

2 마포구 연남동 골목축제의 새로운 관점

본 장에서는 우리나라에서 진행된 마을 만들기의 노력의 사례로 마포구의 연남동 아트 페스티벌의 의의를 살펴보고, 이러한 활동이 지역사회의 활성화에 갖는 함의와 이를 통하여 건강한 가정에 기여할 수 있는 시너지 효과의 한 축으로서 지역사회 문화활동의 장이 가지는 함의를 알아보고자 한다.

1) 마포구 연남동 아트페스티벌

2016년 10월 14일과 15일 양일 동안 마포구 연남동 골목의 인근의 거리에서 경암 소극장, 경의선 숲길 공원과 연남동 커뮤니티센터 등을 포함하는 연남동 일대에서 '제1회 연남골목 아트페스티벌'이 개최된 바 있다. 이틀간 진행된 이번 지역문화행사의 취지는 '꿈이 있는 연남, 예술로 통하는 골목'을 지향하는 것으로, 유명 인사들이 지역을 방문하여 지역문화를 통한 통합을 지지하였으며, 지역문화를 통하여 연극, 영화, 무용 · 음악 · 전시 · 연주회, 거리 공연 등의 다양한 문화행사가 지역을 찾은 사람들과 어우러져 지역사회에서 펼쳐지는 마을 문화의 장(場)을 열었다.

연남골목 아트페스티벌의 가장 큰 특징은 '예술가와 지역민이 함께 어우러져 또 하나의 문화를 창출하고 문화를 향유하며 새로운 골목문화를 만들어 낸다'라는 문화활동의 목표였다. 즉, "골목은 상호 사람들의 만남을 이어 나감으로써 또 다른 삶을 창조할 수 있는 장"이 되어야 한다고 하였다. 한편으로는 "골목이 살아야 마을이 산다는 것"을 강조하였다. 또한, "지역주민들이 연남동 골목에서 만나 생태체계와 조화되어 스며드는 것에 예술가들의 열정과 문화의 공유가 지역주민을 함께 즐길 수 있도록 한다"는 것임에 주안점을 두었다.

이번 마포구의 연남골목 아트페스티벌은 다양한 행사가 지역사회를 통하여 지역주민이 함께하는 문화를 마을을 찾는 사람들이 접할 수 있는 기회를 제공하여 생활 속에 열리는 문화의 향연이 될 수 있도록 하였다. 이러한 지역사회의 행사가 가지는 함의는 예술인들이 일반인과 소통하는 기회를 통하여 재능을 기부하고 시너지 효과를 창출하여 일반인과의 문화적 간극을 좁히고 지역의 고유성을 살려 새로운 트렌드로 소통과 화합 그리고 마을의 가치를 부상하도록 하는 기능을 담당하였다는 것에 있다.

또한 예술인들과 일반인이 함께 아이디어를 확장해 건물의 옥상에서 펼쳐진 '옥상 영화제'를 통하여 만남을 가지고, 상업영화가 아닌 새로운 장르의 영화를 지역 사회인이 함께 접할 수 있는 기회를 마련하며, 차고를 통한 '창고 전시회'를 제공하여 편견을 깨고 창고가 재미있고 흥미로운 기능을 할 수 있다는 새로운 접근을 가능하게 하였다.

그 밖에도 거리의 퍼포먼스를 통하여 다양한 거리축제로서의 행위예술이 이루어졌으며, 렉처 콘서트는 새로운 각도로 햄릿을 일반인이 접할 수 있도록 하였다. 이러한 형식의 축제는 골목을 이용하여 골목을 걷는 색다른 맛을 통해 접근하여 골목에 대한 향수를 문화로 승화시킨 아이디어로 펼쳐졌다.

즉, 소박하지만 인간의 삶이 일상생활 속에 스며들어, 자연과 생태 속에 함께하는 인간에 대한 사랑과 꿈이 문화를 통하여 표현됨으로써 하나의 새로운 트렌드로서 지역사회의 문화로, 생태체계와 조화를 이루며 새로운 가족단위의 문화로 자리 잡을 가능성을 보여 주고 거리의 활성화가 골목의 활성화를 통하여 표현될 수 있음을 보여 주었다.

이것은 지역이 문화를 통하여 하나가 될 수 있는 가능성뿐 아니라 생태예술(Eco-Art)로 현장을 '골목'을 통해 재현하여 '골목'에 대하여 새로운 의미를 부여하고 아름다운 만남을 지역사회를 통해 구현한 좋은 지역사회의 활동으로 평가될 수 있으며 나아가 지역을 통한 소통과 만남과 활성화의 가능성을 보여 주고 있다.

공연을 이끈 주요한 테마는 "골목이란 마을과 마을의 사이의 기능뿐 아니라, 골목이 있어야 마을이 완성되며 이러한 골목을 통하여 사람과 사람, 사회, 자연이 함께 만나고 세상으로 향하는 Bottom-up 방식의 지역사회 활성화의 훌륭한 본보기"가 될 수 있다는 생각에서 비롯되었다. 이러한 문화활동은 가족과의 산책, 친구와의 산책, 혹은 혼자 거리를 걷더라도 이것이 문화로 승화되어 문화와 상권 형성 및 사람들이 모이고 소통하여 함께 어우러져 단절되고 상실된 현대사회에서 지역사회가 새로운 역할을 담당하고 조명될 수 있는 가능성을 보여 주고 있다.

2) 지역사회의 문화활성화의 논의

현대사회에서 지역사회의 문화활성화 사업은 아직도 미약한 상태를 벗어나지 못하고 있으며 그 방향에 대한 아이디어를 제시하지 못하고 있는 것이 사실이다. 또한 급격한 산업화와 도시화, 정치와 행정의 중앙집권으로 인하여 지역사회의 해체 및 시민의식의 약화, 지역 연대의식의 상실 등이 지역사회 활성화의 문제였던 것이 사실이다.

이에 현대사회에서 각종 마을활동 지원사업이 도입되고 운영 중에 있으나 그 운영현황은 지역적 특성을 반영하는 커뮤니티 활성화에 대한 기본적인 인식과 이해의 부족으로 지역사회인을 중심으로 한 민주적이고 자율적 활동의 문화의 장이 되지는 못하는 경향이 있었다. 그러나 지역사회 활성화를 위한 심도 있는 활동은 궁극적으로 건강한 지역사회의 형성에 도움을 주며 지역 내 다양한 주민들의 참여를 보장하는 움직임에 힘을 실어 지역주민들의 삶의 질을 제고해 줄 수 있는 기능이 있다.

즉, 마치즈쿠리에서 모색되고 있는 사업들은 마을주민들이 공동체를 통하여 개인과 집단의 생산적 논쟁을 존중하여 균형점을 찾고자 했던 노력이 실제로 바람직한 마을운동으로 이어졌다. 그 예로 마치즈쿠리[5]의 참가와 리더십 그리고 자립과 파트너십으로 이어지기도 하며 새로운 문화를 창출하였다.

지역사회 활성화의 구축은 궁극적으로 지역사회의 역량을 강화해 나가는 꼭 필요

5) 일본의 지역사회운동으로 주민의 민주적 참여와 의사의 결정이 반영된 대표적 지역사회운동의 성공사례로 꼽히고 있다.

한 작업이며 지역사회의 긍정적 변화를 위해서 무엇이 필요한가 어떠한 점검이 필요한가에 관한 논의를 반드시 필요로 하는데, 이를 위한 접근은 지역주민 스스로 인식을 변화시키고 지역사회에 대한 기대 및 인식의 변화를 통해 건강한 지역사회를 유지하는 능력을 함양하는 것에서부터 진정한 새 문화활동이 시작된다.

그러나 기존의 방식이 우선시된다면 제도권 내에서의 전통적 기반의 관점에서 벗어날 수 없을 것이다. 따라서 지역사회구축(community building)은 다양한 방식으로 실천되어야 하며 지역주민 스스로가 자부심을 가질 만한 지역사회의 유형 및 무형의 자산들을 찾아내고 육성하는 것을 강조하며 강점기반의 접근방법이 되어야 한다.[6)]

결국 마을활성화를 통한 문화산업의 목적은 전체론적 관점에서 건전하고 기능적인 지역사회를 이루기 위하여 논의되어야 하는데, 이를 위하여 고려되어야 할 것은 짐 아이프(2005)에 생태학적 관점, 사회 정의 관점, 지속가능성, 다양성, 다문화와 같은 다양한 이슈들에 대한 고려가 유용하게 활용될 수 있을 것이다.

즉, 통합적이고 균형 잡힌 연구의 접근 방법으로 짐 아이프(2005)가 제시한 지역사회 개발의 핵심은 아래로부터의 변화의 관념을 통한 문화의 접근으로 보았다. 그는 지역사회주민 스스로가 자신의 욕구를 알고 충족할 방법을 결정하며 자율적이고 독립적인 지역사회를 실천해 나가는 것이므로 이를 실천하기 위해서 지역사회와 지역의 문화존중이 필요하며 문화는 고정적인 것이 아니라는 인식으로 가치와 현실이 끊임없이 변화하고 있다는 것을 인정해야 할 필요가 있다고 하였다.

따라서 지역사회의 문화를 존중하고 외부의 자원에 의존하지 않는 지속성과 고유성을 실천하기 위해서는 지역의 특성을 발견하고 존중하고 지역주민의 기술을 활용하는 것이 강조되어야 한다는 것이다. 이를 위해서는 지역사회의 절차를 존중하며 주민이 연대적인 활동이 중요하고 지역사회를 통한 다원주의의 실천으로 아래로부터

6) Jim Ife, 2005, 전게서, p.45.

의 변화의 기초가 중요하다는 짐 아이프(2005)의 주장은 마을 문화활동의 역동성 분석에 앞서 먼저 다음과 같은 것들이 대표적으로 고려해 볼 사항들로 제시되고 있다.

(1) 사회계획의 차원

사회계획이란 지역사회 주민이 스스로의 욕구를 정의하고 그를 충족시키기 위해 구상하는 여러 가지 활동의 과정과 절차를 의미하고 있다. 그러므로 기존의 서비스와 자원과 문화를 최대한 효율적으로 조정하고 활용하는 방법의 모색을 의미하는 것으로 정의될 수 있다.

(2) 사회적 상호작용의 실제적 질

사회개발은 지역사회 내에서 이루어지는 사회적 상호작용의 실제적 질에 초점을 두고 진행될 수 있다. 실제로 지역사회생활의 경험을 통하여 다양한 인간 상호작용이 일어나며 지역사회를 통해 삶의 질 향상을 가져올 뿐 아니라 정치 · 경제 · 사회적인 성과를 도출할 수 있어야 건강한 문화가 창출될 수 있다.

(3) 참여문화의 차원

문화개발에 있어서의 측면은 문화적 전통의 유지에 그치지 않고 문화활동에 대한 참여에 중점을 둔다. 따라서 지역주민 스스로 혹은 방문자들과 함께 어우러져 참여하는 활동이 되도록 지역의 특색 있는 문화를 개발하고 이를 시간과 공간을 통하여 실현하여 건전한 지역사회를 육성하는 데 일조하는 것이 중요하다.

(4) 인격과 정신적 개발의 장

지역사회개발은 인격적 정체성의 개발과 밀접하게 연관되어 있으며, 이는 인격적 가치를 지향하여, 보다 풍요롭고 충만한 삶을 영위할 능력의 개발이 지역사회에 대한 소속감과 일체감을 통하여 기능할 수 있도록 하는 것이 중요하며 이러한 공간을 통하여 건전한 문화가 창출된다.

(5) 환경개발의 차원

지역사회는 환경 속의 인간이라는 개념을 토대로 하는 개념이다. 따라서 물리적 환경의 보호는 마을의 고유성을 살리는 훌륭한 자원이 될 수 있으며 문화활동의 토대가 된다.

(6) 마을주민의 역량강화

지역사회에서 생태학적 차원과 사회 정의적 입장을 적용하여 본다면, 지역주민의 평등과 능력고취, 구조적 불리의 극복, 욕구를 재정의하고 마을의 공동 활동을 통하여 이를 충족시킬 자유, 권리의 정의와 그의 보장 등에 기초한 사회에서 진정한 문화가 구현될 수 있다,

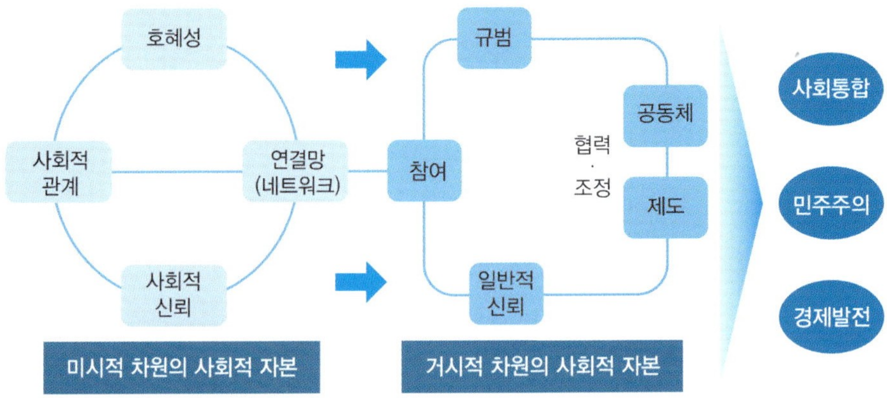

그림 8-1 지역사회의 성장을 통한 기대환류–사회적 자본의 기제 및 상호연계성

출처: 조권중(2010).

이에 대하여 창출될 수 있는 사회적 자본의 효과와 정책적 이슈에 대한 틀을 다음과 같이 제시할 수 있다.

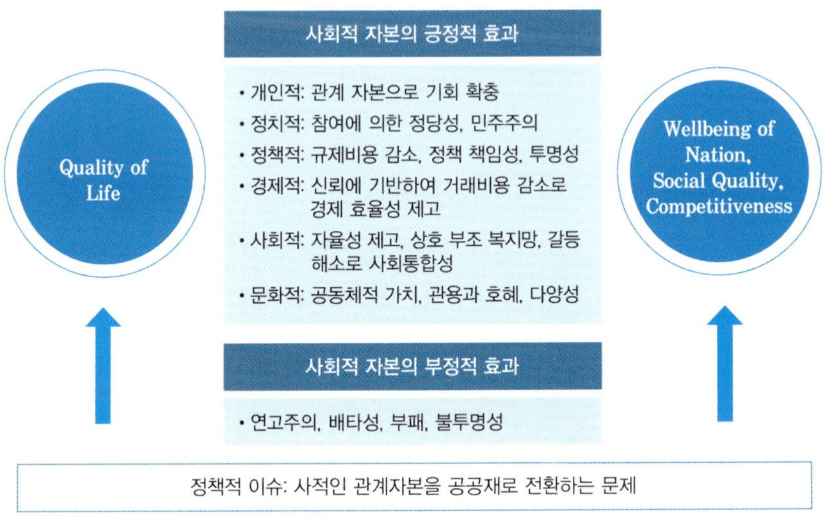

그림 8-2 사회적 자본의 효과와 정책적 이슈

출처: 조권중(2010).

3 사회적 자본과의 관계

문화의 발달은 지역사회로부터 시작된다. 지역사회는 건강성에 기여할 뿐 아니라 지역사회의 발전에 기여하며 집단의 결속력을 증대하고 개인의 발전을 도모한다. 사회적 자본은 사회자본(social capital)이란 뜻으로 인적 및 물적 자본과 같이 지역사회에서 일어나는 행위나 일의 효율성 증대를 통하여 생산성을 증진시키는 역할을 한다.[7)8)]

사회자본은 정부의 일방적인 또는 주도적인 사고방식에서 벗어나 지역이 지니는 사회적인 가치와 신뢰 그리고 네트워크 및 규범 등을 통칭하며 사회자본이라는 내재적 역량을 발현하고 시너지적인 발전을 예측하는 것으로, 지역 스스로 갖는 역량발현을 통하여 인프라 구축 위주의 정부의 한계를 극복하고 발전에 대한 효율성 및 정당성을 위한 핵심가치로 부상하고 있다.[9)]

사회적 자본이 가지는 장점으로, 지역사회(community) 발전은 사회적 자본의 형성을 효율적으로 이루어지게 한다. 사회자본이 충분한 지역사회에서는 목표달성을 위한 집단행동이 용이하고,[10)] 신뢰(trust), 정보(information), 그리고 결속(solidarity)과 지역민들의 상호연계를 견고하게 하는 역할을 한다.[11)]

따라서 사회적 자본은 지역사회의 건전한 문화력 향상을 위하므로 지역사회 주민

---

7) 허장 · 정기환, "농촌마을의 발전과 새로운 리더십". 「농촌사회」, 제13권 제1호, 한국농촌사회학회, 2003, pp.51-83.

8) 성도경 · 박희봉 · 장철영, "사회자본과 거버넌스 증진을 위한 정부와 시민사회의 역할", 「대한정치학회보」, 제12권 제1호, 대한정치학회, 2004, pp.419-437.

9) Narayan, D. & Pritchett L., Cents and Sociability: Household Income and Social Capital in Rural Tanzania. World Bank. Environment Department. Washington. D.C., 1996, pp.52-66.

10) Krishna, A. How Does Social Capital Grow? A Seven-Year Study of Villages in India. *The Journal of Politics, vol.69* no4, 2007, pp.941-956.

11) Petersen, Dana M., The Potential of Social Capital Measures in the Evaluation of Comprehensive Community-Based Health Initiatives. *American Journal of Evaluation, vol.23* no.1, 2002, pp.55-64.

간의 상호 신뢰와 협력을 고양하고 지역사회를 통한 문화활동 사업에서 사회 및 경제적 활성화에 중요한 역할을 담당하도록 하는 것이 바람직하다.

4 마포구 연남동 골목축제와 지역사회 활성화의 함의 진단

지역사회 문화활동의 거점의 역할로서 지역 축제에 대한 함의를 살펴보고자 한다. 이에 연남동 골목축제 '야프'에 대하여 살펴보고 이에 대하여 지역사회 문화의 활성화에 대한 의의를 진단하고자 한다. 즉, 각 지역사회의 다양한 문화활동은 마을의 고유성, 지속적 발전가능성, 민주성, 생태체계와의 조화, 주민의 문화 및 소통과 자원배분 등에 적절한 활동이 될 수 있다.

지역문화활동은 지역활성화와 안정적인 문화 활성화사업의 정착과 건전한 사회적 자본 형성에 도움을 주는 활동으로 자리매김될 수 있다. 또한 오늘날의 시장화 · 분권화 · 기업화 · 네트워크화 · 국제화의 특성의 폐단으로부터 전통적 지역사회를 대체하는 새로운 지역사회의 개념을 구축하는 데 도움이 될 수 있다.

올바른 지역사회를 경험하기 어려웠던, 종래의 사회인식을 개선하고 올바른 지역사회의 나아갈 방향을 제시함과 동시에 차세대가 우리 지역사회의 진정한 의미를 살려 나가고, 사회적인 시너지 효과의 발현을 통하여 지역사회의 나아갈 방향을 도출하는 것에 대한 함의를 가지고 있다.

지역사회문화의 개발 핵심은 무엇보다 지역사회의 구성원들의 욕구를 파악하고 충족시킬 방법을 결정하며 이를 위하여 자율적으로 문화를 형성해 나가는 것으로부터 시작되어야 한다. 이를 위해서는 다음과 같은 것이 고려되어야 한다.

1) 지역문화에 대한 지식의 필요성

지역문화의 지식의 존중 개념은 그 지역을 가장 잘 아는 사람은 바로 지역사회의 주민이며 주민이 주체가 되어야 한다는 개념을 전제로 하고 있다. 물론 그 주민에는 청소년도 포함이 되고 있다. 지역지식에 대한 존중은 지역사회를 잘 아는 사람들을 중심으로 하여야 하며 이는 모든 지역문화활동 개발실천에 있어 본질적인 요인이 되어야 한다.

지역인이 주체라고 할 만한 사람이란 결국 지역사회의 욕구와 문제뿐 아니라 지역사회가 가지고 있는 강점과 지역사회의 독특한 특성을 파악하고 있는 지역사회의 구성원들일 것이다.

따라서 마을 사람들이 하나의 주도적인 주축이 될 수 있으며 문화를 통하여 하나의 소통의 장이 마련되어야 한다. 그러나 기존의 실증주의 패러다임은 증명되고 객관적이고 과학적이며 측정 가능한 지식만을 중시한 나머지 창조적이고 창의적인 아이디어의 창출은 그 의미를 발휘하지 못하는 경향이 있어 왔다.

2) 하향식(top-down) 조직의 극복

그동안 하향식 전달방식은 마을의 고유성을 고려하지 못하는 폐단이 되어 왔던 것이 사실이다. 이는 지배적 가치와 세계관을 반영하여 보편적 지식의 우월성을 과시하는 것처럼 인식되는 경향이 있었으나, 현대사회에서는 마을문화의 고유성과 정체성이 보다 설득력을 얻고 있으며 이에 따른 상향식 방식의 마을 활성화 방안이 보다 중요한 관점으로 대두되고 있다.

따라서 향후 지역문화 활성화 개발 접근법은 먼저 지역사회 내에서 중요한 이슈와 사람들을 찾아, 그 지역의 고유성을 살리는 지혜와 경험이 접목되는 것은 어떤 것인지를 확인하고 검증하는 작업이 필요하다. 아울러 외부의 전문가는 오히려 마을 자체의 활성화를 위한 조력자가 되어야 하며 외부적 전문지식은 지역사회의 활성화를 위한 존중과 더불어 일하는 과정 속에 보다 풍부해질 수 있도록 함께 어우러지고 녹아져야 한다.

3) 지역문화 활성화에 대한 존중의 인식

지역사회 문화활동가와 전문가 간의 상호존중 및 조율의 필요성은 많은 행사 및 기획을 통하여 확인될 수 있으며 이에 참여함으로써 문화의 경영과 행정과 기획활동의 모든 것을 배울 수 있어야 한다. 즉, 문화적 가치 및 생태체계를 고려한 인권 등의 점검이 선행되어야 하며 지역사회의 활동가는 지역문화의 중요성을 깊이 인식하고 이를 지역사회의 변화를 위한 초기의 시발점으로서 활용할 수 있는 방안을 모색하여야 한다.

즉, 문화는 고정적이지 않으며 가치와 현실도 끊임없이 변화하여 지역사회의 전문가는 문화변동의 과정과 함께 움직이며 함께 지원하여야 한다는 것으로, 이는 고정적인 시각과 대조되는 것이다. 또한 문화는 획일적 단일 형태가 아니며 지배적인 문화가치보다는 다양한 문화적 가치를 전제로 하여 역동적인 하나의 구심점을 형성할 수 있는 공동체의 맥락을 통해 파악해 내야 한다. 이를 위해서는 문화적 다원주의를 전제로 하는 지역사회의 존중이 필요하다.

이때 지역문화의 존중은 생태학적 차원의 전체를 고려하며 환경을 고려하는 작업으로부터 마을의 고유성에 접근하게 된다. 이것은 기존의 세계화와 국가를 통한 정책의 방향과는 다른 관점으로 마을과 지역이 보다 주체적인 자리에서 활동하는 것에 대한 중요성을 함의하고 있다. 즉, 지역사회가 지역사회 내의 유용한 자원을 찾아내 창의적으로 개발하며 이에 활용될 수 있는 강점을 발견하고 산출된 자원을 지역사회의 자율성과 주체성을 토대로 보다 다양하고 독립적인 지역사회를 건설하고 유지할 수 있는 방안에 대한 논의가 필요하다고 할 것이다.

우리나라의 북촌 한옥마을에서 볼 수 있듯이 이러한 지역사회의 활동은 지역이 주체가 되는 지역 기술의 존중이기도 하며 다른 한편으로는 주민의 능력의 고취의 역할을 강조하는 것이다. 만일 이러한 자원이 지역의 내부에서 충전된다면 지역사회의 주체성과 고유성 및 지역사회의 사회자본의 수준을 강화하는 데 실질적인 기여를 할 수 있을 것이다. 따라서 지역사회의 문화개발에 대한 성공은 다양하게 산재해 있는 지역사회의 자원을 어떻게 공유하고 활용하여 구심적 역할을 통하여 그 시너지 효과를 발현하느냐에 달려 있다.

4) 지역 절차의 존중 및 연대활동의 중요성

지역사회의 활동가는 지역사회문화 활동에 앞서서 그 지역사회에서 진행되는 일이 어떠한 절차에 의하여 어떠한 점이 고려되어야 하는지, 법률적 절차 등에 대하여 숙지하고 접근하는 것이 지역사회의 활동에 있어서 다양한 이해관계에 놓인 집단들에 대하여 대처하는 길이 될 것이다. 예를 들어, 앞서 제시한 마포구의 마을활동도 추진하고자 하는 사업이 전통을 존중하는 범위 내에서 지역사회에서 사용되는 법률이나 절차를 통하여 설득력을 얻어갈 수 있도록 하는 노력이 선행되어 진행되었다.

핵심적인 결정은 실질적인 참여자들의 권리이기도 하나 이것은 인근 다른 이해관계자들의 협력을 전제로 하며 모든 지역사회개발 사업의 핵심요소는 지역사회와의 연대에 있으므로 관련 지역사회의 주도하에 올바른 '아젠다'가 형성되고 이에 따라 지역사회활동가는 지역사회와 더불어 활동할 수 있어야 한다.

따라서 지역사회의 전문가는 지역사회를 통한 경험을 통하여 함께 성장하여야 하며 이러한 출발은 다수의 다양성을 포용하는 활동 안에 스며들어 결국 지역사회 문화를 통한 자원의 개발을 보다 풍성하게 하는 것에 기여할 수 있어야 한다. 이를 위해 필요한 것이 바로 다원주의의 개념이며 이는 지역사회의 개발에 보다 설득력을 부여하게 한다. 이를 지지하는 문화다원주의는 지역사회 내의 다양한 이해관계에서 또 하나의 이해를 통하여 다양한 관계를 흡수하고 건강한 상호작용을 가능하게 하며 또한 다양한 이해세력을 충족시킬 수 있는 최선의 방법으로 건강한 타협점을 도출하여 권력의 분산과 다양성이 자연스럽게 구현될 수 있도록 하는 올바른 생활양식의 체득을 가능하게 한다.

이러한 다원주의의 입장은 지역사회의 계급, 성, 인종과 같은 구조적인 요인이 상호 동등하다는 전제하에 올바른 사회의 변화 및 생태학적 사회정의를 실현하도록 하는 것에 도움이 되며 현대사회에 형성된 아젠다에 대하여 충분하고 다각적인 문화활성화 방안을 제시하는 데 기본적인 시각으로 작용할 수 있다.

이러한 다원주의적 시각은 민주적 활동 및 지역화된 문화활동에 있어 바람직한 방향설정을 하는 것에 도움이 될 수 있을 것으로 전망된다. 다원주의적 사고는 기존의 세계관이나 단선적인 세계관을 부정하여 다양한 실재들의 다원성이 다양한 현장에 적용되고 재규정됨을 강조하고 있다.

이를 반영하는 현대사회의 포스트모더니즘은 복합한 실재의 구축과 해체 그리고 재구축을 강조하는 개념이라 할 수 있다. 포스트모더니즘에 의하면 실재는 독립적이며 객관적으로 존재하기보다 실재의 구축과정 속에 있으며 이를 통하여 새로이 창출되는 것이다.

이는 기존의 모든 사물에 논리적인 질서를 부여하고자 하는 통합적 담론에서 나아가 진보와 합리의 개념 위에 다원적 가치를 상위에 두는 개념이기도 하다. 즉, 하나의 최선책이 존재한다는 사고보다 모든 일에는 다양한 경로의 대안들이 존재하고 있음을 제시하는 것이다.

이러한 개념 속에서 다양성과 상이성은 존중될 수 있다. 다원주의에 기반한 포스트모더니즘은 지역사회의 개발에 기여하며 주체적인 자기성찰과 능력고취를 가능하게 하고 마을 만들기의 새로운 시너지 창출에 활용될 수 있을 것이다. 또한 진정한 상대주의적인 관점을 수용하여 다양한 개인적 해석을 존중하고 세계화의 일률화된 지향보다는 상호 공존을 위한 다양한 방법을 모색하게 하여 궁극적으로 지역사회주민이 자발적으로 참여하고 실천하게 한다.

이는 지역사회의 문화활동의 활성화와 발전에 있어서 권력의 일부집중을 부정하고 평등성을 지향하고 자율성을 견지하며 환경과 인간과의 조화를 중요시하는 개념과도 부합되므로 교육적 효과가 크다. 따라서 지역사회 문화활동의 개발을 위한 아래로부터의 변화, 또는 아래로부터의 실천이라는 관념은 지역지식과 기술, 문화, 자원 및 절차를 중시하는 태도를 통하여 각종 활동을 실천하기 위한 중요한 기반이 될 것이다.

이를 위하여 지역사회의 문화활동가는 기존 관념을 재조직할 수 있는 새로운 사고체계를 통하여 성찰적인 자세를 가지고 지역사회의 무한한 자원을 통합하고 가치를 발견하고 무력한 주민들의 능력을 고취하여 이를 기반으로 지역사회주민들의 경험과 결합을 통한 문화의 새로운 장을 형성해 나가는 것에 있어서 지역사회의 활동가로 능력을 발휘해 나가야 할 것이다.

5 향후 전망

지역사회의 문화활성화 방안은 지역사회의 자원을 고려한 자체적인 역량강화와 지속적인 발전이 상당 정도 전제가 되어야 한다. 즉, 지역사회자원을 활용한 이슈와 문제 정의 그리고 의식향상과 조직화는 지역의 내부적이고 외부적인 사회 및 경제적 위상을 높이고, 지역사회의 문화와 환경을 고려한 인격적이며 정신적인 개발로 발전하는 것에 있어서 중요한 선행 요건이 된다는 것이다. 또한 이것은 지역사회의 욕구와 문제를 재규명하고 필요한 기관을 설립하거나 프로젝트를 개발하는 등의 절차적 욕구와 사회적인 맥락에서 지역사회의 문제정의와 개발과정의 이해를 돕는 구조적 이슈 등을 고려할 때에 있어서도 선행적으로 생각해 보아야 할 요인이 되어야 함을 제시한 바 있다.

그런데 이를 위해 어떻게 지역사회의 참여적 문화활동으로 가능하게 할 것인가가 중요한 논점인데, 이에 마포구의 연남동 골목축제는 그에 관한 중요한 함의를 제시하고 있다. 그 이유는 지역사회 주민들의 문화활동이야말로 자신들의 고유문화를 되찾고 의식을 향상시키며 지역적 통합과 경제적, 독립적 영역 등에 많은 선순환적인 영향을 줄 수 있는 활동으로 자리매김될 수 있기 때문이다.

이러한 활동은 지역주민들의 인격적 상호작용을 자연스럽게 도모할 뿐 아니라, 지역사회의 보호 그리고 지역사회기반의 휴먼서비스의 전제조건을 제공할 수 있으며, 삶의 의의와 가치를 찾는 인격적 성장과 개발에도 도움을 줄 수 있는 무한 잠재력을 가지고 있다.

다시 말해, 지역의 문화적 지역 고유화는 지역자본의 이익과 시장개척에 중요한 역할을 하며 지역사회의 문화적 다원성에 있어서도 중요한 역할을 할 수 있고 청소년문화를 형성하여 건강성을 도모할 수 있다.

앞서 살펴본 지역사회의 문화강화와 자율성 그리고 아래로부터의 변화를 통한 평등적 사회에도 기여하는 바가 크다. 물론 이러한 지역문화의 참여와 활성화에는 지역사회 주민의 의식고양과 결속력, 조직화 자원의 활용 등이 선행되어야 하며 이를 발견할 수 있도록 지원하는 전문가의 역할 안배 등도 중요하다는 것도 간과해서는 안 될 것이다.

또한 무엇보다 중요한 것은 이러한 지역사회의 주체적 활동이 현대사회에서 소멸되어 가는 지역의 문화와 정체성과 사회적 자본의 창출을 가능하게 한다는 것이다. 즉, **문화자원을 통한 지역사회의 주체성과 사회적 유대감의 형성은 상기 지역사회 발전을 통합적으로 아우르는 것에 있어 중요하게 고려될 수 있는 매개체가 될 수 있다**. 이와 같은 것은 보다 광범위하게 정의되는 사회적 자본창출에도 심대한 영향을 미치며, 현재 활발히 추진되고 있는 마을의 문화 만들기의 중심이슈에서도 적용될 수 있을 것이다.

이에 마포구 연남동 골목축제는 이러한 **문화자본의 창출**이 지역으로 하여금 사회·경제적으로 주체적이며 독립적인 지역사회로 거듭남에 있어 그 **중추적인 역할**을 할 수 있는 잠재력을 보다 구체적으로 확인할 수 있다. 이러한 사실은 지역적인 것이 곧 세계적이라는 의미의 중요성을 깊이 간파하는 것이다.

그러므로 향후 지역사회의 고유의 문화를 발견하는 안목을 기르고 시장성 그리고 이를 통한 사회적 자본의 창출은 지역사회의 연대에 있어서 중요한 이슈가 될 것이며 **개인과 가족과 지역과 사회를 연결하는 의미 있는 연결망**으로 기능하는 고유의 자생수단이 될 수 있다는 것에 주목하는 것이 필요하다. 나아가 가족을 아우르는 지역공동체를 위한 네트워크의 형성은 혈연이나 성별 혹은 인종의 구조적인 특징에서 오는 분열과 편견 그리고 불평등을 극복하는 건강한 사회문화에 한발 더 가까이 접근할 수 있도록 하는 매개체가 될 수 있을 것이다.

이제 우리 지역사회는 이제 보다 **복합적이고 다원적인 지역사회문화의 개발개념**을 고민해야 할 때이며, 이를 통해 문화의 가치와 지역사회개발의 가능성 구현을 모색해야 할 때이며 이러한 시점에서 **개인과 가족을 아우르는 지역사회 문화가 담당하는 역할**은 향후 매우 지대할 것이다.

Chapter

09

새로운 문화의 형성의 고찰[1]

1) 최창현, 곽미정 2016 국제학술대회 발표

CHAPTER

09 새로운 문화의 형성의 고찰

1 현대사회와 문화

현대사회는 스마트폰, 태블릿 PC, 스마트 TV 등으로 IT 패러다임이 확산되고 있으며, 이들이 서로 융합되는 환경하에서 콘텐츠의 전략적 가치가 더욱 증가하고 있다. 이에 따라 비즈니스 모델의 핵심인 콘텐츠산업 육성을 위해 어떠한 진흥체계와 거버넌스 구조를 가져가느냐에 따라 무한경쟁, 글로벌 산업에 의해 국가경쟁력이 좌우될 수 있다.

이에 대하여 이미 애플, 구글 등 글로벌 기업들과 선진국들은 콘텐츠와 서비스, 기기를 연계 또는 제휴하는 전략으로 글로벌 경쟁력을 확보하고 있으나, 우리나라 콘텐츠산업 환경은 불공정 거래 관행의 고착이 다양한 발전을 저해하고 대기업과 중소

기업 간의 상생 협력 체계가 부족한 상황이다.

따라서 콘텐츠의 문화적 측면과 창의성을 훼손하지 않으면서, 새로운 산업 변화에 부합하는 콘텐츠 정책 진흥 체제에 대한 심도 있는 검토가 필요하다. 여기에서 중요한 것은 기업의 노력과 시장의 자정 작용이지만 더 중요한 것은 특히 문화를 배경으로 하는 콘텐츠산업의 경쟁력 향상에 관여하는 콘텐츠 관련 효율적 업무 통합과 조정이다.

그 이유는 정보통신 기술이 미디어와 콘텐츠와 통신 네트워크가 결합된 새로운 융합사회를 만들고 있어서 문화정책과 콘텐츠산업정책은 물론 정보 미디어 환경과 나아가 정보통신 산업까지를 종합적으로 보는 시각이 필요하기 때문이다. 그러나 콘텐츠산업이 IT산업을 이을 국가 성장 동력산업으로 육성할 범정부 차원의 전략적 육성과 추진사업은 아직은 미약하고, 대형 국책사업 등의 투자에 비하여 콘텐츠산업에 대한 국가적 지원이 부족한 실정이다. 2011년 콘텐츠 분야 지원은 국가 전체 예산의 0.2% 수준에 불과하였으며 기존 자동차, IT 등 국가전략산업의 재정 투입 비율(2~7%)에 크게 미달하고 있는 실정이었다. 따라서 기존의 사회 간접자본(SOC) 중심투자에서 콘텐츠산업 부분에 국가 재정 및 민간 자본을 집중 투입할 필요성이 있다.

콘텐츠정책 진흥체제의 업무통합·조정은 단기적인, 정략적인 차원에서 이루어지는 것이 아니라 포괄적이고 중장기적인 안목에서 신중하게 이루어져야 하며, 정부 내 다른 부처 간, 관련 조직 주체 간 업무분화(differentiation)와 업무통합(integration)이 중요한 과제이다.

이를 종합화하여 콘텐츠의 핵심가치를 분석하고, 현재 논의되고 있는 ICT 거버넌스의 현황과 문제점을 분석한 후 콘텐츠산업을 위하여 생태계 조성 및 강화를 위한 대안을 제시하고자 한다. 이를 위해 플랫폼, 네트워크(인터넷) 중심의 콘텐츠(C)－플랫폼(P)－네트워크(N)－디바이스(D) 부문의 수평적 통합이 지닌 문제점을 진단하고, 이를 포괄하는 거시적 개념으로서 콘텐츠 중심의 '콘텐츠산업 생태계(c-P-N-D에서 C-p-n-d로의 진화)'의 근거 논리를 이해하는 것이 필요하다.

2 문화의 창조

1) 복잡계 관점에서 본 C-P-N-D ICCT 생태계

(1) 복잡계 이론과 특성

복잡계 과학에서 이야기하는 복잡계란 노벨 물리학상 수상자인 머레이 겔만(Murray Gell-Mann) 교수에 의하여 언급되었다. 그는 "복잡계는 그 특징이 구성 요소들을 이해하는 것만으로는 완벽히 설명이 되지 않는 시스템이다. 즉, 그 요소들의 상호작용을 통해 얽혀 있는 많은 부분, 개체, 행위자들로 구성되어 있다."라고 설명한다.

산타페 연구소의 경제학과 교수 브라이언 아서(Bryan Arther)는 **"복잡계란 무수한 요소가 상호 간섭해서 어떤 패턴을 형성하거나, 예상 외의 성질을 나타내서, 각 패턴이 각 요소 자체에 되먹임 되는 시스템이다. 복잡계는 시간의 흐름에 따라 끊임없이 진화하고 펼쳐지는 과정에 있는 시스템이다."**라고 정의 내리고 있다.

예일대 심리학과 제롬 신저(Jerome Schinzer) 교수는 "복잡계란 상호작용하는 수많은 행위자를 가지고 있어 그들의 행동을 종합적으로 이해해야만 하는 시스템이다. 이러한 종합적인 행동은 비선형적이어서 개별요소들의 행동을 단순히 합하여서는 유도해 낼 수 없다."라고 말한 바 있다. 이를 정리하자면 복잡계(complex system)란 수많은 구성요소들의 상호작용을 통해 구성요소 하나하나의 특성과는 사뭇 다른 새로운 현상과 질서가 나타나는 시스템을 말한다(최창현, 2010a; 2010b; 2005; 2000; 1999).

간단히 말해서 복잡계 이론은 아무리 복잡한 체제라도 단순한 규칙에 의해 지배된다는 것이다. 예를 들어, 하늘을 나는 새나 바다 속의 물고기를 생각해 보면 이들은 매우 복잡한 양상을 보이면서 이동하지만 절대로 서로 충돌하지 않는 것과 같은 이치다. 새의 이동을 예로 들어 보면, 컴퓨터로 그들의 단순한 세 가지 규칙(1. 앞에 가는 새가 리더, 2. 일정한 거리유지 3. 일정한 속도유지)만을 프로그램하고 모의 실험한 결과, 새무리가 서로 충돌하지 않으면서 모든 장애물을 피해 날아가는 것으로 입증되었다.

이러한 모의실험과 자연계의 현상이 시사하는 바는 사회체제가 복잡하기는 하지만 우리가 고안한 관리 원칙이 너무 많고 복잡하지 않은가 하는 의문들이 복잡계라는 학문의 시작이라고 할 수 있다.

① 공진화(Coevolution)

공진화(coevolution)는 상호 의존적인 종들이 서로 영향을 주면서 함께 진화하는 것을 말한다. A라는 종의 변화가 B라는 종의 생존 환경을 만들고, 다시 B의 변화가 A의 생존 조건이 되는 연속적인 과정이다(Moore 1996; 12). 즉, 생존 환경이 곧 생존 조건이 된다. 예를 들면, 사자가 약한 얼룩말을 잡아먹기에 얼룩말은 더 빨라지고, 빨라진 얼룩말을 잡아먹기 위해 사자가 더 빨라지는 식으로 진화하는 것이 공진화의 개념이다.

먹이사슬이 공진화를 설명하기 가장 좋은 예다. 피터스(Peters)와 워터맨(Waterman)은 지속적으로 이윤을 많이 내고 혁신적인 제품과 기술 발전을 해 온 보잉, 듀퐁, 코닥, 아타리 그리고 아봉과 같은 우량 기업의 관리에서 나타나는 공통된 특질을 규명하고 우량 기업이 되기 위해 이러한 특질을 다른 조직도 갖추어야 한다고 했다.

그러나 5년이 지나지 않아 우량 기업으로 선정된 조직 중 3분의 2가 우량 기업으로 간주되지 않았다. 예를 들어, IBM은 우량 기업으로 선정되었으나 몇 년 후 죽은 기업으로 판단되었다. 하지만 1980년대 후반 다시 한 번 우량 기업으로 컴백한다. 더 경쟁력 있는 창조적 경쟁자가 나타나서 게임의 규칙을 바꿔 버릴 경우 환경에 과도하게 적응된 기업은 마치 급격한 기후 변화에 직면한 적응 동물처럼 빨리 환경의 변화에 반응할 수도 없다.

과거에 조직 성공의 요인이던 것이 조직 실패의 원인이 되기도 하고, 동물처럼 기업도 사멸할 수 있다. 텍사스 인스트루먼트라는 회사는 제품을 다른 회사보다 싸고 빨리 만들어서 성공했다. 초기에는 반도체의 산업표준을 정하고 혁신적인 제품흐름을 주도했으나 점차 가격 인하에 집착하여 유행에 뒤떨어진 싸구려 제품만을 고객에게 제공하고 만다. 좀 더 정교한 반도체 칩을 개발하지 못함으로써 경쟁자에게 밀리고 말았다. 결국 신제품을 개발할 필요성을 간과한 채 가격에 의해서만 물건을 팔려고 한 것이다. IT의 초기 성공 원인이었던 것이 조직이 쇠락하는 원인이 되고 만 것이다. 낡은 지도에 따라 행동했고 조직의 장점에 안주했으며, 안정적인 평형 상태에 집착했기 때문이다.

공진화 이론은 개체의 돌연변이가 환경에 의해 선택된다는 적자생존의 논리를 벗어나서, 실제의 진화는 개체가 전체를 진화시키고 전체가 개체를 진화시키는 상호 진화의 과정이었음을 보여 준다. 공진화는 하위 체제의 구성 요소들이 공진화를 통해 만들어 내는 질서는 상위 체제의 자기조직화 과정이라고 볼 수 있다. 즉, 체제 내의 한 요소가 다른 요소에게 미치는 영향이 순환고리가 되어 자신에게 돌아오는 순환적인 특성은 결국 '자기 인과성(self-causality)'으로 일컬어진다.

예를 들어, 꿀벌의 사회는 식물 체계, 곤충, 동물, 인간 사회와도 구조적으로 연결되어 있다. 그리고 이러한 연결은 인간의 인식 수준에서만 분리되어 있을 뿐이다. 모든 체제는 다른 체제와 구조적 연결을 통해 자기 조직화되며, 이때 공진화 매커니즘이 작용한다. 다음은 공진화를 좀 더 이해하기 위해 생물학, 특히 진화생물학과 조직관리의 유사점을 알아보겠다.

다윈(Darwin)이 제창한 진화론을 간단하게 정리해 보면 다음과 같은 5단계로 구분할 수 있다. 그 출발점은 1. 생물은 일반적으로 새끼를 많이 낳는다는 사실이다. 다음은 2. 수가 많기 때문에 그들 사이에는 격심한 생존경쟁이 일어난다. 그러나 3. 변이를 수반하는 것이 있어서, 그 변이는 생존경쟁에 유리하게 작용하는 경우가 있다. 그 결과 4. 유리한 변이를 일으킨 변종은 살아남을 가능성은 극히 적지만 진화의 가능성은 높아진다. 5. 이러한 과정이 오랫동안 반복되어 몇 백 몇 천 세대 계속된 결과, 그 변종은 드디어 해당 종 내에서 다수파가 될 것이다. 이것이 바로 새로운 종의 탄생, 즉 종의 진화다.

② 창발성(Emergence)

창발이란 시스템의 각 부분들의 성질만을 이해해서는 예측하기 어려운 성질이 시스템 전체의 수준에서 나타나는 현상을 말한다. 예를 들면, 개미나 꿀벌의 집단이 보여 주는 놀라운 사회적인 질서는 이들을 한 마리씩 떼어 놓고 관찰할 때에는 유추해 내기 어렵다. 마찬가지로 금융시장의 복잡한 메커니즘이나 인터넷상의 사이버 공간에서 벌어지는 놀라운 현상들은 거래인 한 사람, 네티즌 한 사람씩을 따로 떼어 놓고 본다면 이해하기 어려운 현상이며 이를 '창발'이라고 한다.

다시 말해서 유기체의 창발성이란 복잡한 과정이 예측되지도 않고 누적되지도 않는 결과로 나타나는 것을 말하며, 창발적 성질이란 존재하는 것을 벗기는 것이 아니라, 그때까지 존재하지 않던 것이 새로 튀어나오는 과정을 강조하는 것이다. 새로운 관계가 계속 돌출하면서 전체 체계가 다양하고, 풍부하고, 복잡하게 진화하는 것으로도 이해할 수도 있다. 그리고 이는 경영과 경제 현상을 기계론적인 인식에서 유기체적인 인식으로 보도록 전환하는 계기를 제공하게 되는 것이다.

세상은 여러 층이 존재하는 위계 구조로 되어 있기 때문에 각 단계에서 일어나는 창발적인 형상을 그보다 한 단계 낮은 단계로 환원하여 설명할 수는 없다. 그에 따라서 생물학에서 이야기하는 집단 선택이나 사회과학에서 이야기하는 집단 지식도 그보다 낮은 단계로 환원하지 않고 설명되어야 한다는 생물학자 마이어(Meyer)와 머피의 이야기를 인용해 보면, 어떤 체계를 구성하고 있는 부분들을 조립하면 새로운 성질이 탄생하는데, 새로운 성질은 부분에 대한 지식으로는 전혀 예측할 수 없는 성질을 갖는다.

이렇게 탄생한 전체는 과거 그보다 한 단계 높은 단계의 한 부분이 되고, 동시에 그보다 낮은 단계에 있는 부분들에 영향을 미친다. 현대 생물학의 핵심은 보다 단순한 부분들로 환원될 수 없는 새로운 현상이 복잡한 것에서 출현한다는 점에 있다. 생물계의 위계 구조는 우리의 위계구조와 중요한 특질을 공유하는데, 한 단계 높은 수준은 그보다 낮은 단계에 있는 부분들의 성질에 영향을 미친다.

따라서 예측할 수 없는 성질과 생물계의 낮은 단계에 있는 부분들의 성질에 영향을 미친다는 것은 예측 불가능성에도 불구하고 자기 조직화적 진화 과정을 통하여 새로운 질서, 즉 분산 구조로 도약해 나갈 수 있다고 하는데 이를 자기조직화라고 한다. 이러한 자기조직화 관점에서 보면, 질서는 외생적 혹은 내생적인 요인에 의해서가 아니라 자생적으로 생긴다. 중앙집권적 지시보다는 상호 조정과 자기 규제에서 질서가 창출되며, 위에서 아래로가 아니라 아래에서 위로의 방식으로 형성된다. 질서란 개별 요소들의 집합이 아니라 개체가 소유하지 않던 특성을 갖게 됨을 의미한다.

그래서 창발성은 자기조직화가 체제 외부에서 강요될 수 없으며, 체제 내에서 기능하는 내재적인 것이다. 조직은 체제의 구성 요소로 짜 맞춰지는 것이 아니라, 구성 요소의 상호작용에 의해 만들어지는 것이다. 이는 국지적인 규칙에 따라 활동하는 국지적 단위 혹은 행위자들은 상호작용에 의해 체제의 조직을 만들어 낸다고 할 수 있다는 것으로 이해할 수 있다. 이러한 현상을 표현하기 위한 다른 용어는 '혼돈에서 질서', '창발적 특질', '자생적 질서', '전체적 일관성' 등이 있다.

복잡체제의 창발적 특질은 거시적인 체제 수준에서만 구분할 수 있다. 이는 미시적인 구성요소 수준에서는 구분할 수 없다. 일반적으로 이는 집단의 특질이기 때문에 낮은 수준에서 개인적인 요소들에 대한 지식만 가지고는 높은 수준에서 창발적으로 발생하는 전반적인 유형이나 구조를 추론해 낼 수 없다.

복잡성 과학의 관점에서는 경제나 조직 현상을 역사에 의존하고(경로 의존적), 유기적이고 지속적으로 진화하는 복잡체제로 본다. 사회 현상은 마치 체계론에서 제시하듯이 서로 영향을 주고받으며 유기적으로 계속 진화하고 있다. 그리고 이런 복잡성은 지속적으로 재생산되고 있다. 이런 과정에는 우연성이 개입하고, 이것은 다시 새로운 진화와 시발점이 되기도 한다.

생물의 경우를 보더라도 경쟁 전략만으로 생존하지는 않는다. 대체 어떠한 구조가 생존을 유지해 나가는가 하는 의문에 대한 해답으로 '자기조직화'라는 이론이 주목을 받았다.

자기조직화 과정을 보면, 생명 조직이란 '동요'와 같은 불안정성과 불확실성을 유효하게 활용하여 질서를 수립한다는 것을 알 수 있다. 질서를 수립하는 데 평범한 무질서를 활용하는 것이다. 모순적인 면이 있긴 하지만 그야말로 자율적인 정보 생성의 방법을 이용하여 전통적 조직이론에서 강조하는 계획적 조직 설계와 조직 변화 관점에서 탈피하여 자기조직화를 촉진하고, 미래를 예측하는 대신 창조하는 것이다.

뉴턴(Newton)의 고전역학 체계는 그 기본 가정이 평형 상태의 유지와 복원이다. 다윈의 진화론은 경쟁을 통한 자연 선택 과정을 주장한다. 그러나 복잡성 과학에서 사회체제는 복잡하고 비선형적이며 **동태적 유기체의 성격**을 갖고 있으므로 분석적이고 환원론적인 전통적인 과학적 방법론으로는 설명할 수 없다고 보고, 문제들을 전일주의 입장에서 이해해 보려고 시도한다. 따라서 생존하고 번성하는 창조적인 조직은 순환 과정을 중시하고, 이러한 **상호 보완적 순환 과정**을 **긍정 피드백**과 **부정 피드백**의 자기조직화적 과정으로 보는 것이다.

중요한 것은 변화의 역동성 없이는 새로운 질서나 창조를 기대할 수는 없다는 것이다. 모든 만물은 변하는 것이고 고정되어 존재하는 것은 없다. 단순한 행위자들이 수많은 방식으로 상호작용하는 복잡 적응체제는 자발적으로 질서를 형성하는 자기조직화의 능력을 갖고 이는 **비선형적인 혼돈 상태에서 질서**를 만든다.

만물의 역동적 변화에 대하여 그리스의 철학자 헤라클리투스(Heraclitus)는 항구성과 변화성 이라는 두 특징을 모두 구현하면서 우주는 부단한 유동의 상태에 있다고 주장했고, 런던 대학의 이론물리학자 데이비드 봄(David Bohm)은 우주를 끊임없이 유동적이면서도 나눠지지 않은 전체로 이해하게 해 주는 독특한 이론을 개발했다. 그는 어떤 한 시점에서 우주의 상태는 보다 근본적인 실재를 반영한다고 주장하면서, 헤라클리투스와 같이 과정, 흐름, 변화를 가장 근본적인 것으로 간주했다. 그는 이 실재를 **'내재적인 혹은 닫힌 질서'**라 부르고, 그것을 우리의 주변 세계에서 창발되는 외재적인 혹은 **'펼쳐진 질서'**와 구별했다. 또 데이비드 봄은 후자가 전자의 내부에 존재하는 잠재력을 실현, 표출한다고 주장했다.

③ 경로의존성(Path-Dependence)

어느 산업이나 기술, 품질에 특화되면 경험의 축적 때문에 그 방면에서 보다 강한 비교우위를 차지한다. 이와 같이 현재의 산업 구조와 기술의 발달은 과거에 경제가 걸어온 경로의 영향을 받는다. IBM과 매킨토시의 경쟁 사례를 보자. 더 많은 사람이 IBM 컴퓨터를 사면 더 많은 소프트웨어 회사들이 IBM 컴퓨터용 프로그램을 개발할 것이고, 더 많은 IBM용 소프트웨어가 개발되면 더 많은 사람들이 IBM용 컴퓨터를 찾는 것과 같다. 브라이언 아서는 VCR 시장에서 VHS 방식과 베타 방식의 기술전쟁에 있어서 이러한 파급 순환고리가 어떻게 작용하는지 설명하고 있다.

이는 무작위적인 사소한 사건들(행위자들의 미시적 상호작용)에 의존하여 예상치 못한 결과가 야기되는 것이다. 예측 가능한 평형 상태는 가정집의 자동 온도 조절장치 등가 같은 편차상쇄 순환고리 과정에 의해 지배되는 단순한 체제에서만 발생한다. 평형 상태에서 벗어나 편차가 발생할 경우, 체제는 **편차상쇄 순환고리**에 의해 원래의 평형 상태로 회복되는 탄역성을 가지고 있다. 내부에 **편차증폭 순환고리**가 없을 경우는, 체제의 편차상쇄 순환고리를 극복할 수 있을 정도로 강력한 외부의 힘에 의해서만 변화될 수 있다. 이 경우 사소한 동요는 결과에 영향을 미칠 수 없으며, 따라서 일련의 상이한 역사적 사건은 모두 한 가지의 유일한 평형 상태로 흐를 것이다.

그러나 체제의 절대 다수는 스스로 변화할 수 있는 능력을 지니고 편차상쇄 순환고리와 편차증폭 순환고리의 과정을 결합시킬 줄 아는 **복잡 적응체제**이기 때문에 이와는 매우 다른 형태를 지닌다. 결국 발생하는 결과는 경로 의존성의 개념에 따르면 이는 체제의 사소한 사건, 즉 초기 조건의 민감성에 달려 있다는 것이다. 다시 말해 무작위적인 사건, 행동, 조건들과 같은 사소한 사건에 달려 있다. 이것은 곧 자율적인 행위자들에 의한 지속적인 상호작용이다.

분기점에서 우연한 환경과 사소한 사건이 결합되면 실제 어떠한 결과가 창발적으로 발생될지를 결정짓는 중요한 요소가 될 수도 있다. 어떤 사소한 사건들은 체제를 한 방향으로 몰고 갈 수도 있고, 또 다른 사건들은 체제를 다른 방향으로 몰고 갈 수도 있다. 따라서 사소한 사건이 평균화되거나 돌이킬 수 없는 것이기 때문에 역사가 중요하다고 할 수 있다(Arthur, 1987). 모든 결과는 역사적 경로에 의존적이다.

공진화에서 보았던 예를 경로의존성에서도 적용할 수 있다. 다윈의 진화에 비판적인 이마니시(今西龍)는 사자와 얼룩말의 관계에 대하여 다음과 같이 설명한다. 사자가 얼룩말 무리를 습격하면 얼룩말은 필사적으로 도망치고 사자는 전력을 다해 쫓는다. 다윈식으로 말하면 발이 빠른 얼룩말은 잡히지 않고, 발이 느린 얼룩말이 먹힐 것이다. 그러나 사자에게 먹힌 얼룩말은 발이 느리고, 살아남은 얼룩말은 발이 빨랐다는 증거는 아무 데도 없다. 이마니시는 사자에게 잡힌 얼룩말을 단지 운이 나빴을 뿐이고, 살아남은 얼룩말은 운이 좋았을 뿐이라고 생각한다. 실제로 사자는 무리 중에서 발이 느린 얼룩말만을 골라 습격하는 것같이 보이지 않는다. 사자는 순발력이 좋으나 지구력은 없으므로 맨 처음 눈에 띈 목표를 향해 단숨에 습격한다. 목표로 삼은 얼룩말을 쫓을 때는 비록 늦게 도망치는 얼룩말이 뒤에 있어도 사자는 목표를 바꾸지 않는다. 사자는 끝까지 처음에 노린 얼룩말을 쫓는다. 이러한 사실에서 알 수 있듯이 사자 눈에 띈 얼룩말은 단순히 운이 나빴을 뿐이다. 이마니시는 '적자생존'이 아니라 '운 있는 자 생존'이라고 표현함으로써 자연도태와 적자생존에 의한 무방향인 진화를 비판한다[2].

④ C-P-N-D 공진화의 예

콘텐츠(C)를 중심으로 하는 '콘텐츠산업 생태계는 콘텐츠(C), 플랫폼(P), 네트워크(N), 디바이스(D)를 문화 생태계로 묶고, 인적 창의성과 문화기술, 다양성, 문화적 축적이 요구되는 콘텐츠(C) 창작을 초점으로 하여 플랫폼(P), 네트워크(N), 디바이스(D) 등의 유통, 소비체제를 통합하는 방안이다. 따라서 C-p-n-d 중심의 콘텐츠산업 생태계가

2) 『진화론이 변하고 있다』(1992) 중에서

조성되어야만 플랫폼 경쟁시대에서 SW 및 ICT서비스 경쟁력은 강화될 수 있다.

콘텐츠산업 생태계는 문화체육관광부의 주요 기능인 문화예술, 저작권, 문화기술 등을 매개로 하여 콘텐츠의 창조뿐만 아니라 유통체제까지도 포함하는 개념이며, 더 나아가 ICT 생태계(c–P–N–D)를 포괄하는 개념이다. 이는 콘텐츠(C) 생태계의 범주 내에 ICT 생태계(c–P–N–D)가 함께 포함되는 의미[3]로서 통신, 방송 등 제 분야가 콘텐츠(C)를 중심으로 융합되고, 콘텐츠(C)를 중심으로 C-p-n-d가 결합되어 상호작용이 본격화되는 것을 의미한다.

C-P-N-D ICCT 생태계는 상호 공진화한다. Contents가 Youtube 등의 Platform 을 바꾸는 예를 들 수 있다. 싸이 '강남스타일'이 유튜브 3가지를 바꿨다.[4] 미국 매체 MNR이 가수 싸이의 메가 히트곡 '강남스타일'에 대해 "1년 만에 유튜브 문화 3가지를 영원히 바꿨다(3 Ways 'Gangnam Style' Has Changed YouTube Culture Forever In Only a Year)"고 평했다.

MNR은 2013년 "1년 전 싸이의 '강남스타일'이 유튜브에 공개된 이후, 이는 유튜브에서 가장 많이 본 동영상이 됐을 뿐 아니라, 유튜브를 통해 세상을 바라보는 문화를 만들어 냈다. 또 '강남스타일' 덕분에 K팝은 전성기를 맞이했고, 주요 미디어 역시 유튜브와, 유튜브 스타에 대해 비중 있게 다루기 시작했다"고 보도했다.

'강남 스타일'은 먼저 K팝의 전성기를 이끌었다. MNR은 "싸이는 '강남스타일'을 통해 전 세계적으로 자신의 영향력을 높였을 뿐 아니라, K팝을 세계 문화의 중심으로 견인했다. '강남스타일'이 신드롬을 일으킨 이후 지난해 유튜브 내 K팝 채널은 70억 건의 클릭 수를 기록했다. 그 전에 비해 20억 건이 증가한 수치다"고 전했다.

---

3) 융합의 본격화 이전부터 정립되어 있던 가치사슬모델(c-P-N-D → C-p-n-d)이 변화하는 것이다.

4) 마이데일리 | 입력 2013.07.16 17:55 | 수정 2013.07.16 17:55[마이데일리 = 최지예 기자] 싸이의 '강남스타일'이 유튜브 문화를 3가지 변화시켰다! 출처: http://media.daum.net/entertain/enews/view?cateid=1033&newsid=20130716175513793&p=mydaily

두 번째로 싸이의 '강남스타일'은 주요 미디어가 유튜브와, 유튜브 스타에 대해 더 비중 있게 다루는 것에 일조했다. 신문은 "심지어 '굿 모닝 아프리카'는 유튜브 스타인 제나 마블스의 하루를 인터뷰하며 집중 조명했다. 또 메인 엔터테인먼트 회사들은 이 같은 콘텐츠 제작에 투자하길 원한다"고 설명했다.

세 번째는 유튜브가 음악차트에서 많은 비중을 차지하게 됐다는 것이다. 일례로 영미권 중요 음악사이트 빌보드는 지난 2월 말부터 싱글차트 순위 집계 시 방송사의 방송 횟수와 유료 스트리밍, 음원 판매를 합산했던 방식에서 유튜브 조회 수를 추가해 반영키로 했다. MNR은 "싸이는 '강남 스타일'의 글로벌 히트에도 불구하고 마룬5에 밀려 번번히 2위를 해야 했다. 이에 빌보드는 유튜브 성적을 반영하기로 결정했다"고 덧붙였다. 미국 IT 매체 '더 버지(The Verge)'는 "'강남 스타일'을 시작으로 유튜브의 케이팝이 전성기를 누렸다"고 평했다. 그러나 만일 당신이 엄청 빠른 속도의 인터네트 즉 네트워크를 가지고 있고, 1,000만 원 상당의 한정판 iPAD, 즉 디바이스를 가지고 있다고 하자. 하지만 이렇게 훌륭한 기기를 갖고 있더라도 좋은 콘텐츠가 없다면 별 효용이 없을 것이다.

⑤ C-P-N-D 창발성의 예

수기로 적힌 소설이나 만화는 네트워크와 결합하면서 웹툰이라는 새로운 장르로서 창발적으로 부상했다.

KT경제경영연구소는 웹툰을 통한 광고 매출액의 증가, 2차 저작권료 수입과 유료 웹툰의 판매 등이 웹툰 시장의 성장을 견인할 것이라고 설명했다. 웹툰은 영화, 드라마, 게임 등 다양한 미디어의 원천 콘텐츠로 활용되고 있으며 최근에는 공공기관과 기업 등에서 브랜드 홍보와 캠페인으로 웹툰을 활용하고 웹툰 캐릭터를 마케팅에 이용하는 등 시장이 확대되는 추세다. 또한 영화화돼 개봉한 강풀 작가의 '26년'과 '이웃사람'이 각각 300만 명과 240만 명의 관객을 동원하며 흥행에 성공했고 'Hun' 작가의 '은밀하게 위대하게' 역시 영화화돼 700만 명을 극장으로 불러들이는 등 웹툰 원작 영화의 성공 사례가 잇따르고 있다.[5]

⑥ C-P-N-D 경로의존성의 예

디바이스로서의 스마트폰은 경로의존성으로 인해 처음 구매한 모델을 쉽게 변경하지 않는 경향을 보인다. 애플이 세계 5개국에 출시한 아이폰4 구매자 가운데 77%는 기존 아이폰 사용자라는 조사결과가 나와 주목된다. 열성적인 유저를 기반으로 시장을 확대하는 애플 정책이 입증된 셈이다.

포춘 인터넷 판에 따르면, 시장 분석기관 파이퍼 재프리(Piper Jaffray)의 애널리스트 게네 먼스터(Gene Munster)와 그의 팀은 아이폰이 샌프란시스코와 뉴욕 등 미국 주요 도시에서 아이폰4를 구매한 사람 608명을 상대로 설문조사를 실시했다. 이 조사 결과에 따르면 아이폰4 구매자의 77%가 기존 아이폰 사용자였다. 먼스터는 이 조사를 2008년부터 계속해 왔는데, 아이폰 사용자의 신제품 재구매율은 2008년 38%, 2009년 56% 등으로 점점 높아졌다. 이번 조사에서는 또 아이폰4 구매자의 16%가 서비스 사업자를 AT&T로 옮긴 것으로 나타났다. 전년 28%에서 크게 줄어든 것이다. 또 32GB 제품 구매 비중이 54%였다. 전년 43%보다 높아졌다.

특히 아이폰4 구매자 가운데 28%은 이미 아이패드를 갖고 있었다. 또 아이패드를 갖고 있지 않은 사람 가운데 39%는 향후 12개월 안에 사기를 희망하고 있는 것으로 이번 조사결과 나타났다.

아이폰은 2011년 재구매율 83%의 충성도를 기록하였다[6]. 마찬가지로 네트워크 서비스도 한 통신사를 이용한 고객은 부대비용의 발생과 새로운 서비스 업체를 조사하

---

5) (서울=연합뉴스) 김병규 기자

6) http://news.inews24.com/php/news_view.php?g_serial=500942&g_menu=020300

는 시간적 비용으로 인해 이동률이 높지 않았다. 스마트폰을 고를 때 어떤 기준을 두고 고를까? 막연히 신제품에 끌려 사는 경우도 있겠지만 대체로 'OO가 불편해'라고 느끼는 순간 다른 제품에 눈이 가게 마련이다.[7)]

블로터닷넷과 오픈서베이가 조사한 '스마트폰 구입행태에 대한 설문조사' 결과에 따르면, 실제 스마트폰을 구입하는 데 큰 영향을 기치는 요소는 저마다 다른 것으로 나타났다. 화면크기, 더 빠른 프로세서, 새 운영체제 등 어떤 한 가지에 쏠리지 않는다. 다만 가장 많은 이들이 기기 변경의 충동을 받는 건 역시 '성능'이었다. '느리고 답답해서 못 쓰겠다'는 쪽이 많았다. 하지만 OS 때문에 기기 변경을 마음먹는 비중도 8.2%로 적지 않다. 최근 스마트폰을 바꿀 때 운영체제를 바꾸는 경우는 얼마나 될까? 응답자의 70.5%는 새 스마트폰을 구입하면서 운영체제를 바꾸지 않고 안드로이드에서 안드로이드로, iOS에서 iOS로 기기만 바꿨다. 대체로 한 번 익숙해진 운영체제를 고집하는 것으로 볼 수 있다.

과열되는 C-P-N-D 시장에서 스마트폰의 성장과 함께 모바일 애플리케이션 마켓 이용이 급증하고 있다. 2011년 9월 모바일 애플리케이션 수는 앱스토어 60억 개, 구글 안드로이드 마켓은 50억 개, SKT T스토어가 17억 개이다. 또한 애플리케이션 누적판매량은 앱스토어 181억 건, 안드로이드마켓이 91억 건이고 T스토어가 4.8억 건에 달한다. 또한 스마트폰 애플리케이션 다운로드 수는 2009년에는 앱스토어가 66%를 차지하고 있고, 안드로이드마켓은 14.3%이었으나 2016년에는 앱스토어의 애플리케이션 다운로드 수가 28%로 급격히 감소하는 반면에 안드로이드마켓의 애플리케이션 다운로드 수는 53%로 급증할 것으로 예견되고 있다.

모바일 애플리케이션마켓은 단말기, 애플리케이션 및 서비스를 결합하여 다소 패쇄적으로 운영하는 애플의 앱스토어와 구글의 안드로이드 OS를 채택한 다수의 개방

7) [스마트폰] ④10명 중 7명 "운영체제, 쓰던 그대로~"최호섭 | 2013.09.06

형 모바일 애플리케이션마켓이 경쟁을 하고 있는 것이다. 기업이 신규고객을 획득하는 비용이 기존 고객을 유지하는 비용의 5배를 초과하기 때문에 기업의 생존과 수익성 향상에 걸림돌이 될 수 있다.

그리고 강력한 브랜드 인지도는 브랜드가 연상될 때마다 모든 사람들이 같은 것을 떠오르게 하여 습관적으로 서비스를 이용하게 하는 효과가 있다. 국내외 거대기업 중심으로 브랜드 경쟁을 하고 있는 모바일 애플리케이션마켓에서도 브랜드 인지도는 이용자 습관에 강력한 선행요인으로 작용할 것이다. 더불어 모바일 애플리케이션마켓의 브랜드 인지도는 이용자의 충성심을 확보하고 유지하는 데 결정적인 역할을 하고 있다.

⑦ C-P-N-D 비선형 순환고리의 예

사람과 사람 간의 연결을 지원하는 기능을 가진 모바일 인스턴트 메신저(Mobile Instant Messenger: MIM)가 최근 온라인을 통한 인맥관리서비스인 SNS 기능을 추가하는 동시에 생태계를 형성하고 이러한 생태계의 경쟁력을 결정짓는 플랫폼의 역할까지 포괄하여 발전하고 있다. 즉, MIM 본래의 기능을 넘어서 플랫폼으로 진화하고 있는 상황이다. 특히 우리나라의 카카오가 이러한 플랫폼화의 대표적인 사례로 등장하고 있다.[8)]

카카오는 2009년 말 아이폰 출시를 시작으로 모바일 인스턴트 메신저(Mobile Instant Messenger: MIM)인 카카오톡을 2010년 3월에 출시하였다. 카카오톡은 2011년 4월 1,000만 회원 수를 확보하였으며, 2011년 6월 3,000만 명, 2012년 6월 5,000만 명, 2012년 12월 7,000만 명, 2013년에는 1억 명을 도달했다. 특히 최근 해외 가입자가 빠르게 증가하면서, 회원 수가 급격하게 증가되고 있는 것으로 분석되고 있다. 특히

8) 플랫폼으로 진화하는 카카오의 사례 분석과 시사점

카카오 문화는, 기존 이동통신 사업자의 SMS와 PC 메신저의 역할을 약화시키면서, 이들의 경쟁재 또는 대체제로 등장하였다. 카카오톡은 스마트폰 이용자에게 인기 있는 모바일 애플리케이션이며, 대표적인 커뮤니케이션 수단으로 자리 잡고 있다.

중개 부문은 게임이나 채팅플러스와 같이 타사의 모바일 앱을 카카오 플랫폼을 활용하여 이용자에게 중개하면서 얻은 수수료 매출이며, 광고부문은 플러스친구, 카카오플러스 등을 활용한 광고 관련 매출이다. 2012년 카카오의 사업영역별 매출 비중을 살펴보면 중개부문 67.5%, 광고부문 26.2%, 기타 6.3%이다.

기본적으로 카카오는 카카오톡이라는 MIM를 통해 충분한 가입자를 확보한 후 이를 바탕으로 부가서비스 및 비즈니스 모델을 추가하고 있다. 카카오는 주로 모바일 영역에서 MIM인 카카오톡을 기본으로 서비스를 확대하고 있으나, 최근에는 PC기반의 웹으로 그 영역을 확장하고 있다. 카카오톡 PC 버전이 출시됨에 따라, 모바일 인스턴트 메신저인 카카오톡이 PC기반의 웹 영역으로 확장을 시작하고 있다. 카카오톡은 초기에 단순히 텍스트 파일만을 주고받는 메신저 서비스였으나, 무료 메신저라는 점을 내세우면서 가입자 수를 빠르게 증가시켜 갔으며, 이를 바탕으로 자사 중심의 생태계 구축과 리더쉽 확보에 주력하고 있다. 이와 같이 카카오톡은 무료의 단문 메시지 서비스를 기본으로 하여 많은 이용자와 이용시간을 확보하였으며, 이를 기반으로 게임 · 콘텐츠 영역에서 카카오게임, 카카오페이지, 카카오스타일 등의 서비스를 제공하고 있다.

그 밖에 마케팅 영역에서 플러스친구, 선물하기, 아이템스토어 등의 서비스를 제공하고 있으며, 소셜 영역에는 카카오톡, 카카오스토리, 카카오아지트 등을 통해 사업영역을 확장시키고 있다. 특히 카카오링크를 통해서는 모바일앱과 웹을 자유롭게 카카오톡으로 연동시킬 수 있도록 오픈 API(Application programming interface)를 구축해 공개하고 있다.

3 콘텐츠 생태계 분석틀

콘텐츠(C)를 중심으로 하는 '콘텐츠산업 생태계(C–p–n–d) 조성 · 강화안'은 콘텐츠(C), 플랫폼(P), 네트워크(N), 디바이스(D)를 문화생태계로 묶고, 인적 창의성과 문화기술, 다양성, 문화적 축적이 요구되는 콘텐츠(C) 창작을 초점으로 하여 플랫폼(P), 네트워크(N), 디바이스(D) 등의 유통, 소비체제를 통합하는 방안이라는 것을 앞서 제시하였다. 그런데 C-p-n-d 중심의 콘텐츠산업 생태계가 조성되어야만 플랫폼 경쟁시대에서 SW 및 ICT서비스 경쟁력은 강화될 수 있다.

콘텐츠산업 생태계는 문화체육관광부의 주요 기능인 문화예술, 저작권, 문화기술 등을 매개로 하여 콘텐츠의 창조뿐만 아니라 유통체제까지도 포함하는 개념이며, 더 나아가 ICT 생태계(c–P–N–D)를 포괄하는 개념이다. 이는 콘텐츠(C) 생태계의 범주 내에 ICT 생태계(c–P–N–D)가 함께 포함되는 의미[9]로서 통신, 방송 등 제 분야가 콘텐츠(C)를 중심으로 융합되고, 콘텐츠(C)를 중심으로 C-p-n-d가 결합되어 상호작용이 본격화되는 것을 의미한다.

IT 1단계 수준에서는 구 정보통신부가 IT 산업 그 자체의 발전을 위해서 상당한 역할을 한 것으로 보인다. 하지만 지금과 같은 IT 융합단계에서는 정보통신부의 단독부처 논의는 정부부처 간의 네트워크체계에서 많은 갈등을 야기하게 되며 이는 정보사회를 넘어 문화와 창조의 시대를 지향해야 하는 시대적 패러다임과 일치하지 않는다.

문화의 문외한인 독임 부처가 콘텐츠까지 관장할 경우 C-P-N-D 생태계가 아니라

9) 융합의 본격화 이전부터 정립되어 있던 가치사슬모델(c-P-N-D → C-p-n-d)이 변화하는 것이다.

c-P-N-D 생태계로 전락될 우려가 다분하다. 이러한 의미에서 소문자 c로 표현하고자 한다. 이런 c(small c)-P-N-D ICT 생태계를 모두 전담하는 독임제 부처보다는 C(large C)-P-N-D ICCT(Information, Communication, Contents Technology) 생태계를 총괄하는 부처가 필요하다. 만일 ICCT 생태계를 총괄하는 부처로 통폐합되지 않을 바에는 디지털 콘텐트 영역은 현행대로 문화부에서 맡는 것이 바람직하다.

콘텐츠산업 생태계 조성 · 강화안의 장점은 다음과 같다. 첫째, 콘텐츠산업 생태계 조성으로 인해 콘텐츠(C), 플랫폼(P), 네트워크(N), 디바이스(D)를 하나의 문화콘텐츠 생태계로 통합 · 관리할 수 있어 콘텐츠가 성장할 수 있는 생태계 기반환경이 조성될 수 있다. 방송통신 융합현상이 심화됨에 따라 방송과 통신의 구분 및 네트워크－서비스의 수직적 결합을 전제로 한 현행 법체계는 콘텐츠 진흥의 공백 및 중복문제를 발생시킨다. 이를 위해 현행 법체계 개편과 더불어 개별 기관의 진흥기금을 통합 · 조정해야 한다.

문화예술분야, 저작권, 문화기술 등의 콘텐츠 창조업무와 방송통신위원회의 콘텐츠 제공사업인 유통업무 등이 상호 연계되어 새로운 콘텐츠 제작 지원 및 활성화, 이를 연계한 유통단계의 간소화 등의 정책효과가 발생할 것이다.

첫째, 콘텐츠 창작과 유통체제를 일원화할 수 있는 계기가 되며, 콘텐츠 경쟁력의 원천과 핵심 속성(창작자, 창조성)을 기반으로 하는 콘텐츠 창작자가 방송통신사업 제공자를 통해 적재적소에 방송통신 콘텐츠를 제공할 수 있는 유통구조가 조성될 수 있다.

둘째, 이질화되고 분권화된 대중사회로의 사회구조 변화는 그에 상응하는 정보, 지식, 경험들을 다양하게 창조하고 공급하는 새로운 문화콘텐츠 생태계를 요구하고 있다. 이는 기존 ICT 생태계가 강조하는 인터넷 중심의 플랫폼(P) 부문이 아니라 다양한 문화콘텐츠(C)의 창작을 요구하는 것이며 이를 충족시킬 수 있다.

셋째, 방송통신위원회의 방송통신콘텐츠 및 방송통신사업은 일원화된 정책체계를 확립시키고, 방송통신산업 진흥정책의 활성화에 기여할 것이다. 특히 문화콘텐츠를 매개로 하는 기존 방송사업, 인터넷멀티미디어 방송사업, 전기통신사업 분야의 고품질 콘텐츠 장르 개발에도 기여할 것이다.

또한 활발한 콘텐츠(C)의 제작과 유통은 플랫폼(P), 네트워크(N), 디바이스(D) 부분 등에 연쇄 파급효과를 가져오며 이는 콘텐츠의 해외수출을 강화시키는 기회로 작용할 것이다. 콘텐츠산업 생태계(C-p-n-d)는 콘텐츠 핵심인 창작이 순수예술과 함께 어우러진 문화적 감수성에서 발현되고 이를 토대로 방송통신산업의 경쟁력으로 이어질 것이며, 그 핵심기저인 문화콘텐츠(CC)가 그 역할을 수행할 것이다.

넷째, 문화미디어부로 개편될 경우 콘텐츠산업 총괄부처로서의 콘텐츠의 생태계(창작과 유통) 조성과 유지기능을 최대로 살릴 수 있으며, 문화예술, 저작권, 문화기술을 매개로 하여 ICT 생태계의 조성과 발전에도 기여할 것이다. 따라서 문화체육관광부가 문화 콘텐츠(CC), 콘텐츠 플랫폼(CP), 콘텐츠 네트워크(CN), 콘텐츠 디바이스(CD) 분야에서 정책조정과 정책 주도권을 행사할 수 있을 것으로 보인다.

4 향후 전망

산업경제에서 문화경제로서의 패러다임의 급격한 이동은 문화 및 콘텐츠 수요를 증가시키는 계기가 되었다. 특히 콘텐츠의 산업적 측면이 강조되면서 그 자체로서의 가치뿐만 아니라 관련 산업으로의 연쇄효과를 통해 국가 경쟁력의 중심축으로 부상되고 있다.

C-P-N-D라는 가치사슬 구조는 산업이 연결되는 모습을 보여 주는 하나의 틀이기 때문에, 이를 고려하되 진흥 체계는 전체적인 틀과 부분별 발전 계획의 유연적인 조화가 필요하다. 이때, 가치창출의 핵심으로서 콘텐츠(C)는 다른 PND와는 상이하고 경쟁력의 원천으로서 특수한 문화적 요소와 특성을 지니기 때문에, 이를 고려하여 다른 구조들을 연결하는 허브 기능으로서 진흥체계를 마련하는 것이 매우 필요하다.

영국의 창조산업 발전에서도 나타나듯이, 국민소득 2만 불이던 '97년 'Creative Britain' 비전하에 창조산업을 육성하여 경제 도약에 성공, 6년 후 국민소득 3만 불, 9년후 4만 불에 달하고 일자리를 40만 개 창출하였다.

방송과 통신의 융합현상이 진행됨에 따라 콘텐츠를 얼마나 많이 보유하고 있으며, 우수한 창조력을 바탕으로 한 유익하고 흥미로운 콘텐츠를 얼마나 개발할 수 있는가에 좌우되기에 창의적인 지식활동과 문화활동을 보장하고 새로운 콘텐츠 자원을 확보할 수 있는 방안이 마련되어야 할 것이다.

또한 콘텐츠는 산업적 측면뿐 아니라 우리 사회 전체의 문화수준 향상과 맥을 같이 한다고 볼 수 있으며, 콘텐츠는 상상력, 창의성 등 문화적 가치에 기반하고 있으므로 문화정책의 큰 틀에서 콘텐츠 진흥정책을 추진하여야 한다.

문화예술과 콘텐츠, 저작권, 신문, 방송, 출판 등의 미디어 정책을 종합적으로 관장하는 문화부, 방송사업, 통신(네트워크) 정책을 관장하는 방통위, IT 기기, IT 산업진흥 및 SW 진흥 등을 관장하는 지경부, 그리고 게임이용 규제와 음반심의 등을 관장하는 여성부 등의 업무 범위와 영역 등을 고려하여, 콘텐츠생태계를 구성하는 C-P-N-D 요소 전체를 포괄하는 정부조직 설계는 신중한 접근이 필요하고, 국가경쟁력의 제고라는 측면에서 가장 좋은 대안이 무엇인가를 고려해야 할 것이다.

이를 통해 콘텐츠가 성장할 수 있는 영국의 사례와 같은 '창조산업 생태계' 구축이 가능하다. 이를 위해 우리나라의 콘텐츠정책은 콘텐츠의 기본 속성을 고려하여 사회문화적 역량 강화를 위한 중·장기적 '콘텐츠산업 생태계'를 조성·발전시키고, 그 기능을 통합해야 한다. 콘텐츠의 산업적 측면과 사회문화적 역량강화라는 양 측면을 균형 있게 발전시키기 위해 '콘텐츠산업 생태계'는 필수적이다.

콘텐츠의 핵심요소인 4C, 즉 문화예술(CA), 문화산업(CI), 문화기술(CT), 저작권(Copyright), 그리고 미디어를 유기적으로 연계시키는 콘텐츠 중심의 창조산업 콘텐츠 생태계를 구축하는 거버넌스 시스템에 대한 고민도 필요하며 따라서 이제는 SOC 투자보다는 문화콘텐츠 등에 좀 더 많은 투자를 해야 할 것이다.

Chapter

10

K-POP 문화콘텐츠와 가족문화

CHAPTER

10 K-POP 문화콘텐츠와 가족문화

1 문화콘텐츠 산업이 가족문화에 미치는 영향

본 장에서는 그동안 한국의 문화콘텐츠 산업의 육성 및 발전 방안에 관한 분야의 중심축에 있었던 한류의 세계화 및 성공요인, 그리고 한류 대중문화 상품을 통한 국가 이미지 인식제고에 대하여 살펴보고자 한다. 즉, 콘텐츠산업으로서 디지털음악과 더불어 K-POP의 확산에 긍정적 요인으로 우리나라의 대중 음악시장은 콘텐츠산업, 방송매체, 매니지먼트 산업 등의 영역으로 다양하게 확대되고 있다. 이러한 가운데 최근 인문학적 접근을 통한 한류 현상을 파악하려는 시도는 사회학, 철학, 언어문학 등의 인접 영역으로 확대되어 심도 있게 다루어지게 되었다. 특히 우리나라 대중가요는 최근 국제적으로 경쟁력을 가지면서 일본, 미국, 유럽 등에서 인기를 얻고 있다. 요즘의 젊은이들은 팝송이나 외국노래를 듣기보다 우리나라의 대중가요를 주로 들으면서 점차 젊은이들의 감성에 우리의 음악이 부응하고 있다. 이러한 현상은 우리의 K-POP이 세계 음악시장에서 충분한 경쟁력을 가지고 음악 산업이 하나의 수출 상품으로 성장할 수 있는 계기가 되어 가고 있다. 정보통신기술이 발전하면서 그동안 시장을 주도하던 음반 산업은 퇴조하고 디지털 음악시장이 이끌어 가는 추세를 보이고 있으며, 이는 콘텐츠산업으로써 디지털 음악과 더불어 K-POP의 확산에 긍정적 요인으로 작용하고 있다. 이와 같이 표현은 드러내고 실현하고자 하는 존재의 작용이다(방성혜, 2006). 또한 전 세계적으로 불고 있는 '한류'의 문화현상은 한국의 긍정적인 이미지를 단시간 상승시키며 사회 전반의 경제적 측면과 사회적 측면에서 한국브랜드 가치는 향상시키는 시너지 효과를 발휘하고 있다(권연수, 2005).

본 장에서는 K-POP에 대하여 시스템다이내믹스(System Dynamics)의 순환적 인과관계의 시각으로(dynamic feedback perspective) 현상을 이해하고 설명하기 위하여 복잡한 인과관계로 구성된 현상이 어떻게 동태적으로 변해 나가는지 생각해 보고자 한다. 시스템 다이내믹스는 내부 순환적 또는 내부지향적 관점(endogenous point of view)을 통해 동태적인 상호작용을 하게 한다. 이를 ICT 생태계 주장의 논리를 통하여 살펴본다면 IT 차원의 통합의 집중은 콘텐츠(C) 경쟁력의 원천이나 핵심 속성으로 창작자, 창조성 등은 콘텐츠(C) 부문이 P-N-D 각 부문보다 작은 개념으로 인식될 가능성이 매우 큰 경우에 발생할 수 있는데, 콘텐츠 핵심인 창작이 향후 순수예술과 함께 어우러진 발전적 문화적 감수성을 통하여 발현될 수 있도록 하기 위해 '**ICT생태계**(c-P-N-D)에서 콘텐츠산업 생태계(C-p-n-d)로의 진화'의 모색이 필요하며 그 중요성의 인식이 필요하다.

K-POP이 콘텐츠(C)를 중심으로 하는 콘텐츠산업으로 성장하기 위해서는 **콘텐츠**(C), **플랫폼**(P), **네트워크**(N), **디바이스**(D)의 각각이 점검되어야 하며 이를 점검하기 위

해서 인적 창의성, 문화기술, 다양성, 문화적 축적이 요구되는 콘텐츠(C) 창작을 중심으로 하는 플랫폼(P), 네트워크(N), 디바이스(D) 등의 유통, 소비체제의 통합방안이 필요하다. 이러한 배경으로 C-p-n-d 중심의 콘텐츠산업 생태계의 조성은 플랫폼 경쟁시대에서 K-POP을 통해 활성화되었다. 콘텐츠산업은 문화체육관광부의 주요 기능으로 문화예술, 문화기술 등을 매개로 콘텐츠의 창조뿐 아니라 유통체제까지 포함하는 개념으로, 나아가 ICT 생태계(c-P-N-D)를 포괄하고 있다. 이는 콘텐츠(C) 체계의 범주에 ICT 생태계(c-P-N-D)가 함께 내포되는 의미로 방송 통신 등 다양한 장르의 분야가 콘텐츠(C)를 중심으로 융합되는 현상을 보이며, 콘텐츠(C)를 중심으로 C-p-n-d가 결합되면서 상호작용이 이루어지는 특징이 있다.

K-POP은 문화 관련 산업 중 하나로 국가에 많은 도움이 되고 있다. 한편 정부에서도 K-POP으로 인한 수익성 등을 고려해 K-POP을 더욱 발전시키기 위해 K-POP과 같은 문화 관련 산업 발전에 걸림돌이 되는 규제를 개선하고자 힘쓰고 있다. 또한 법과 시행령의 개선, 대중문화예술인을 지원하기 위한 체계적인 지원시스템 마련, 대중문화예술 진흥과 위상 제고를 위한 민·관 공동의 협력체제 구축 등을 과제로 하고 있다. 앞으로 정부는 대중문화예술 발전을 위해 다양한 복지제도를 마련해야 하며, 대중문화예술 발전에 힘써 K-POP을 더욱 발전시켜야 하는 과제를 안고 있으므로 본 장의 고찰을 통하여 K-POP 확산 및 지원정책 방안에 대하여 살펴보는 것은 향후 우리나라의 문화콘텐츠의 발전에 있어서 고려할 사항의 점검에 도움이 되며 새로운 가족문화의 형성에도 다양한 영향을 미칠 것으로 사료된다.

2 한류문화와 시스템다이내믹스 이론

1) 시스템다이내믹스 이론

시스템다이내믹스(System Dynamics, 체계 동태학)는 동태적이고 순환적 인과관계의 시각으로(dynamic feedback perspective) 현상을 이해하고 설명하거나, 이러한 이해에 기초한 IT 모델을 구축하여 복잡한 인과관계로 구성된 현상이 어떻게 동태적으로 변해 나가는지를 컴퓨터상에서 실험해 보는 방법론이자 현상을 바라보는 시각이며 준거틀(framework)이다. 시스템다이내믹스는 원형의 인과관계에 의하여 동태적인 상호작용을 하고 있는 것으로 파악하기 때문에 다음과 같은 원형의 피드백 관점을 가진다. 이것이 바로 복잡계(Complex theory)의 선순환 고리로 발전해 나갈 수 있는 토대가 된다(Anderson, 1999).

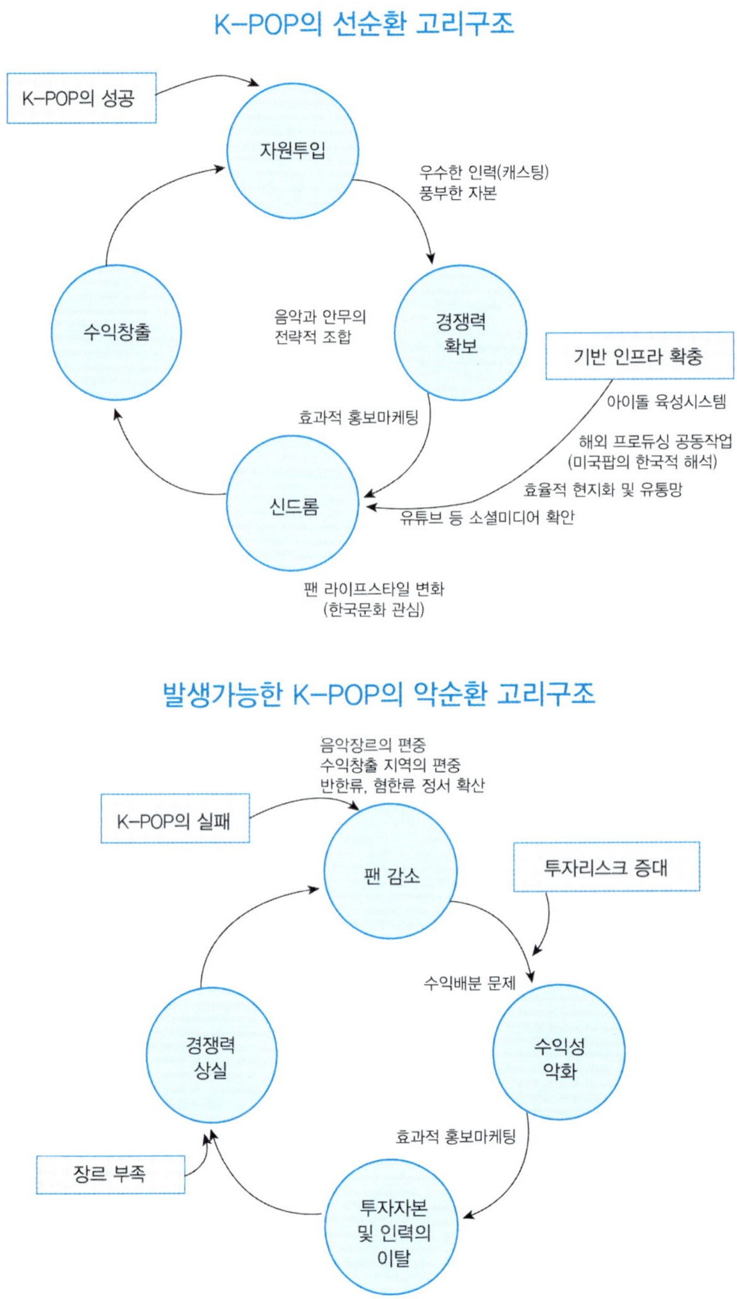

그림 10-1 K-POP확산의 인지구조

2) 쓰레기통 모형

K-POP 등의 신한류가 성공한 요인으로는 여러 가지 요인이 있을 수 있으나, 각 요소가 창발적으로 구현되어 설계되지 않은 창발적 성공(emergent success without design)이라 할 수 있다. 이는 쓰레기통 모형을 연상시킨다. 이 모형의 요지는 조직에서 의사결정이 이루어지는 것은 문제, 해결책, 참여자, 기회라는 4가지 요소가 쓰레기처럼 쓰레기통에 섞여 있다가 비합리적으로 결정된다는 것이다.

3) 정책의 창(policy window) 모형

코헨, 마치, 올슨(Cohen, March, Olsen)의 쓰레기통 모형(Garbage Can Model)을 확장한 모형이다. 이러한 킹던(Kingdon) 모형의 주요한 개념을 고려할 때 그동안 한국에서 이루어진 정책 모형들을 개괄하면 정책문제, 정책대안, 정치, 정책기업가 각각의 측면에서 생각해 볼 수 있다. 한국적 상황에서 과연 어느 정도 한류열풍에 있어서 K-POP의 영향력을 지니고 있는가 하는 점을 킹던의 모형을 통해 살펴보도록 하였다. 킹던(1984)이 제시한 정책 흐름 모형은 과거에는 정책 의제가 설정되는 과정을 설명하기 위한 이론으로 사용되었으나, 오늘날에는 각종 영역의 다양한 방식의 정책 결정 과정과 그 변동 과정에도 유용하게 적용되고 있으며 특히 최근 문화 콘텐츠를 비롯하여 한국의 다양한 정책을 대상으로 의사 결정 및 다양한 변동 과정을 설명하고자 하는 학자들에 의하여 다양하게 사용되고 있는 이론이다. 이 모형은 각종 정책 문제의 흐름(problem stream), 관련 정치의 흐름(political stream), 이로 인한 정책 대안의 흐름(policy stream)이 아무런 관련이 없이 각각 자신의 고유한 규칙에 따라 흘러 다니다 일정 영역에서 결합하여 의제로 설정되거나 이를 통하여 변화와 다양한 분야의 정책결정이 이루어진다는 이론으로 설명된다.

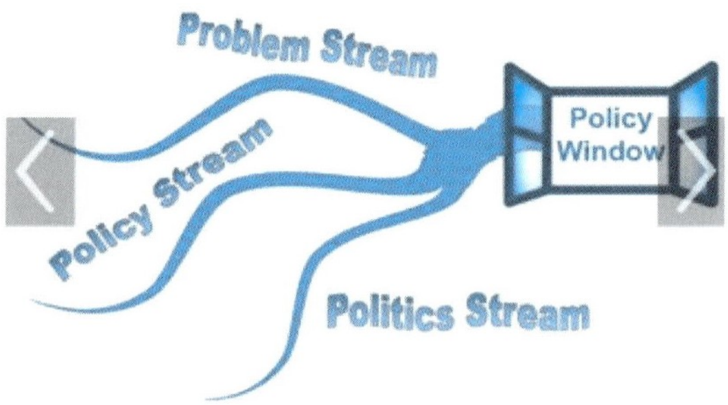

그림 10-2 정책의 창(policy window) 모형

출처: 최창현, 김흥률(2019).

4) 한류 열풍에 있어서 K-POP의 영향력

(1) 한류 열풍의 유래 및 유형

한류는 코리안 웨이브(Korean Wave), 코리안 피버(Korean Fever), 코리안 인베이젼(Korean Invasion)의 뜻으로 한국 대중문화가 주로 아시아를 중심으로 외국에서 대중적 인기를 얻게 되는 것을 총칭한다. 한류열풍이란 한국문화에 대한 선호현상을 포괄적으로 나타내는 용어다. 1996년도 중국으로 수출된 한국드라마가 인기를 얻으면서 중국 언론이 붙인 용어인 '한류'에 '열풍'이란 단어가 더해져 하나의 사회현상을 표현하는 신조어로 부상했다. 이 용어가 확대된 대표적 사례로 2002년도에 일본 NHK에 방영된 한국드라마 '겨울연가'를 들 수 있다. 그 이전인 1992년 한중 수교 후 한국 대중문화에 관한 '열풍'은 중국대륙에서 믿을 수 없을 정도로 급속히 확산되어 새로운 대

중문화의 조류, 즉 '한류'가 형성되었다. 한류열풍의 유형으로는 크게 드라마, 대중가요, 영화, 온라인게임, 연예인 이렇게 다섯 가지로 나눌 수가 있다.

(2) K-POP의 분석 결과

세계 음반시장은 대부분 유럽과 미국 그리고 일본이 주도하고 있다. 한국콘텐츠진흥원의 통계에 따르면 다음과 같다. 2009년 전 세계 음반시장 규모 총 157억 달러 중 미국이 34%(53억 달러)를 차지, 개별 국가로는 1위에 올랐다. 개별 국가가 아닌 전체로 보면 35.7%(56억 달러)를 차지한 유럽이 1위다. 음반시장 전 세계 상위 20개국 중에도 12개국이 유럽국가다. 유럽 국가 중에는 영국, 독일, 프랑스가 각각 7.6%, 7.4%, 5.2%의 점유율을 기록했다. 일본은 아시아 국가 중 1위로 전체 개별 국가로는 미국에 이어 2위(16.7%)에 올랐다.

K-POP 확산에 가장 영향력이 큰 사이트를 묻는 질문에 한국인 64.4%, 일본인 49.9%가 유튜브를 꼽아 여타 SNS나 공중파, 케이블 프로그램 사이트보다 유튜브의 기여도가 높은 것으로 나타났다. 한국인 응답자의 60%는 한류의 전 세계적 인기를 실감하고 있는 것으로 조사됐고 한국인 68.1%, 일본인 38.7%는 세계인들이 최초로 K-POP을 접하는 채널로 '유튜브'를 예상한 것으로 전해졌다. 이처럼 유튜브는 K-POP의 세계적인 열풍을 가져오는 데 아주 큰 기여를 했다. 최근에는 전 세계인들이 쉽게 들어와 한눈에 볼 수 있도록 유튜브에 K-POP채널을 만들기도 했다.

3 K-POP이 한류 열풍에 끼치는 영향력

1) 경제적 측면

세계를 뒤흔들고 있는 K-POP 열풍이 주식시장에까지 영향을 주었다. 우리 문화의 세계화는 경제적으로도 상당한 이익을 가져올 것으로 보인다. 가장 먼저 실익을 얻을 주체는 이런 한류, K-POP의 핵심 콘텐츠를 기획한 연예기획사이다. 실제로 엔터테인먼트 기업들은 최근 2~3년 사이에 실적이 2배, 3배 이상 눈에 띄게 급증하고 있고, 주가 급등으로도 이어져 엔터테인먼트 주는 어느새 '최고의 기업'으로 불리는 시대가 찾아왔다.

2) K-POP의 나비효과

프랑스에서 시작된 K-POP 열풍이 전 세계 곳곳에 번지면서 음반과 공연이라는 구체적 결과물로 이어지고 있다. 아직까지 수천 명의 구매자나 관람객을 모으는 정도의 수준이지만, 점조직의 기세가 어디까지 번질지 아무도 예상할 수 없다는 점에서 그 파급효과에 관심이 모아지고 있다. 대중음악의 불모지였던 한국이 시간이 흐를수록 세계 대중음악계에 '나비효과'를 일으키고 있다. 이에 대하여 창의성 촉진 시스템을 주장한 조쉬 링크너(Josh Linkner)는 창의성의 단계로 질문, 준비, 발견, 점화, 발사의 단계가 있다고 하였다(Linkner, 2011). 인간은 스스로 묻고 답할 줄 아는 인터러뱅(Interrobang)의 인간으로 거듭날 수 있으며 이것이 준비해야 하는 태도이다(박진태, 2018).

3) K-POP 문화로 인한 파급 효과

시대의 변화에 의하여 과거 군사적 제국주의나 경제적 제국주의 시대에 강조된 국방력이나 경제력의 하드파워(hardpower)적 요소뿐 아니라 현대사회에서는 창조혁신력, 국정관리력(governance power), 교육력(education power), 과학기술력(technology power), 문화력(cultural power), 사회 자본력(social capital power), 그리고 변화 대처력(change readiness power) 등의 소프트 파워(softpower)적 요인도 점차 강조되고 있다(황성돈, 최창현, 2014). 우리나라의 문화콘텐츠 산업은 제조업 대비 고용 유발효과가 2.2배, 부가가치 창출효과가 1.5배이며 문화예술콘텐츠 수출이 10% 성장하는 경우 전체 소비재 수출은 1.18% 증가하고 외국관광객 유입규모는 약 0.22% 증가하는 것으로 조사되었다(조현섭, 강은주, 조성민, 이유경, 박민선, 신유진, 2019 재인용).

클라우스 슈밥(Klaus Schwab)은 제 4차 산업혁명이 파괴적 혁신을 이끌어 낼 수 있다고 하였다(Schwab, 2016). K-POP은 문화로서의 몇 가지 파급효과가 나타나고 있다. 첫째, K-POP은 다른 나라에도 공감대를 형성하고 대부분의 10대 초반에서 장년층까지 팬 층을 넓혀가고 있다. 그만큼 우리의 노래는 다른 나라에도 같은 감성으로 관심을 갖게 하는 것이 가능해졌다. 둘째, K-POP을 통해 한국노래를 따라하는 것을 넘어 한국어를 배우고 또한 많은 유학생들의 숫자도 기하급수적으로 늘어났다. 그리고 좋아하는 가수의 한국문화, 음식 등에 관심을 갖고 체험하기 위해 한국을 방문하는 사례들이 늘어나고 있다. 셋째, K-POP을 통한 한류의 바람이 브랜드의 성장을 돕고, 한국의 문화, 상품, 이미지를 거부감 없이 받아들여 경제효과를 거두게 되었다. 넷째, K-POP의 관심이 한국이라는 나라의 국가 인지도가 높아지면서 한국이라는 사람 아닌 동양인의 뛰어난 점을 인정해 줄 수 있는 발판이 되고 있다. 다섯째, K-POP의 관심은 문화와 관심만을 끄는 것이 아니라 영어처럼 필요한 언어가 되고, 한국인이 필요로 하는 곳이 생길 것이며 이러한 관심은 인지도가 향상되고, 외국교역에서 원만한 관계를 갖게 하여 자원을 구하거나 기업과 한국인의 활동 범위도 높아질 수 있다. 또한 사회적 의미에서의 융합은 서로 다른 물성이나 현상을 결합하여 새로운 창조적 현상으로 태어남을 의미한다(David, 2014). 우리나라에서도 본격적이며 독특한 문화를 가지고, 힙합댄스 등을 통해 1992년 서태지와 아이들이 힙합음악을 선보이며 세계힙합댄스 강대국이 될 수 있었다(천창순, 2019).

4 K-POP의 확산과 지원 정책 방안

1) 현안 과제 및 문제점

지금 세계는 K-POP에 열광하고 있고, K-POP은 한류열풍의 주역이 되고 있다. 아시아를 넘어 유럽으로 K-POP이 퍼지고 있다. 심지어 K-POP의 열기가 라스베가스(Las Vegas)를 점령해 라스베가스에서는 세계 최초로 'K-POP의 날'을 지정했다. 하지만 한국의 대중문화 특히 K-POP에 대한 해외 반응에 대한 문제점도 시급히 개선해야 한다. 그 문제점들은 다음과 같다.

(1) 한국 언론매체의 지나친 한류 강조 여론 형성과 해외언론의 반한 감정

해외언론에서는 한국 언론이 '사기업인 연예기획사의 맞춤형 기획 상품으로 일률적으로 양성된 스타들을 문화 수출'이라는 이름으로 과대 포장하고 있다고 생각한다.

(2) 반한 감정

한류 팬들은 일반적으로 일본의 문화를 즐겼던 젊은 층으로 그들 중에서 K-POP으로 전환하고 있는 이들이 많다. 이들은 한국 음악에서 시작하여 한국 드라마, 한국 음식, 한글 배우기 등으로 점차 한국 문화 전반에 관심을 보이고 있다. 하지만 일본에서는 '한류열풍'과 관련해 한국 폄하 발언과 "후지 TV를 시청하지 말자"는 반한 그룹이 생겨나고 있다는 것도 치유해야 할 문제이다.

(3) 연예인의 사생활 침해의 심화

K-POP문화로 많은 관심을 얻고 사랑받게 되는 연예인들은 더욱 조심성을 키워야 하고 사생활에 자유가 더욱 줄어드는 문제가 있다. 연예인의 사생활 노출로 인한 연예 활동 중단, K-POP 그룹 탈퇴 등 많은 사건사고들이 많은데 한류바람을 타고 많은 사람들이 한국에 대한 인식 자체가 좋지 않게 표현될 수도 있다.

(4) 문화환경 개선

'한국가요의 어두운 측면(the dark side of south Korean pop music)'이라는 제목의 기사로 K-POP에 대한 분석을 통한 효과와 문제점을 영국 BBC 방송이 보도한 바가 있다. BBC는 '한국은 K-POP 수출이 한국의 이미지를 높이고 경제적 효과까지 가져다준다'고 기대하고 있다. 그러나 한국의 대중음악 K-POP의 성공 뒷면에는 '장기간에 걸친 연습생들의 혹사, 부족한 임금문제 등과 같이 가수에 대한 처우 논란이 존재하고 있다'고 보도하고 있다. BBC는 한국 정부에게 판촉 활동뿐 아니라 이러한 문제점을 해결하기 위한 노력도 기울여야 한다고 하였다.

(5) 선정성

아이돌 선정성 문제가 심각하게 대두되고 있다. 연예계 데뷔 나이가 점차적으로 어려지면서 어린 학생들이 가수가 되고, 또 그들이 몸매가 드러나는 옷을 입고 선정적인 몸짓으로 춤을 추게 되면서 문제가 불거지기 시작한 것이다. 이러한 아이돌 선정성 문제가 대두되게 된 배경은 연예산업이 대형화, 프로젝트화되었기 때문이며, 방송사나 기획사에서도 대책 마련에 고심하고 있다. 아이돌 선정성 논란과 관련한 문제점은 스타를 숭배하는 청소년 세대에게 대중문화산업, 더 나아가 스타에 대해 그릇된 선입견을 줄 수 있다는 것에 있다.

(6) 스파르타식 교육 경쟁과다 현상, 개성의 저하와 비윤리성

문화는 아날로그적 감성이 밑바탕에 깔려 예술적 자유의지가 분출되어 감상자와 소통해야 한다. 그럼에도 불구하고, 한국 아이돌 양성 과정에 대해 스파르타식 훈련과 조기교육은 오히려 연예인들의 개성이 저하된다는 비평을 받기 쉽다. 정보화 시대에는 소비자의 이미지와 소비 속도도 빨라서 호감, 비호감이 빠르게 변화한다. 따라서 일시적 유행에 따르는 상품을 만드는 지금의 연예 기획은 다양성의 시대에 맞춰 교육방식도 변화해야 한다. '나는 가수다' 프로그램에 출연한 가수 임재범의 경우, 독특한 창법, 자신만의 음악 세계, 남다른 개인사가 어울려 한 편의 스토리가 만들어지면서 대중들로부터 폭발적 인기를 얻었다. 한편 최근 국민 프로듀서 워너원의 국민투표 조작은 한류의 과다경쟁과 업체의 상업적 비윤리성이 문제가 되기도 하였다.

5 K-POP 문화에 대한 개선 방향

1) 정부차원에서의 개선 방향

K-POP은 문화 관련 산업 중 하나로 국가에 많은 도움이 되고 있다. 이에 정부에서 K-POP으로 인한 수익성 등을 고려해 K-POP을 더욱 발전시키기 위해 K-POP과 같은 문화 관련 산업 발전에 걸림돌이 되는 규제를 개선하고 있다. 또한 법과 시행령의 개선, 대중문화예술인을 지원하기 위한 체계적인 지원시스템 마련, 대중문화예술 진흥과 위상 제고를 위한 민·관 공동의 협력체제 구축 등이 있다. 앞으로 정부는 대중문화예술 발전을 위해 다양한 복지제도를 마련해야 하며, 대중문화예술 발전에 힘써 K-POP을 더욱 발전시켜야 한다.

2) 개인차원에서의 개선 방향

K-POP의 발전을 위해서 개인이 무엇을 할 수 있을까? K-POP의 발전을 저해하는 행동보다 불법다운로드 등을 나부터 스스로 금지하고, K-POP의 발전을 조금이라도 지원해 주어야 한다. 나 스스로가 K-POP의 발전을 위해서 정부가 많은 정책을 펼치는 것에 조금이라도 관심을 가지고 K-POP의 열정에 뜨거운 박수를 보내 주어야 한다.

3) 한류 활성화 정책

오늘날 다양한 트랜스 미디어는 콘텐츠와 스토리의 변주(cannon)가 중요한 영역이 되었다(김희경, 2015). 트랜스 미디어의 기본개념은 기술적으로 TV드라마를 IPTV, DMB, 인터넷 등으로도 볼 수 있는 방법으로 현대사회에서는 트랜스 미디어의 활용이 빈번하다(백민제, 2018). 이를 활용한 한류의 활성화는 향유집단, 즉 팬들을 중심으로 하지만, 정부는 이들이 가상공간을 비롯하여 실공간에서 다양한 콘텐츠를 활용할 수 있도록 다양한 콘텐츠를 개발하는 것이 필요하다.

6 향후 전망

일찍이 브리꼴레르는 하나의 정답이 아니라 다양한 현답을 찾는 실천적 지식을 강조하고 있다(유영만, 2013). 또한 최근 4차 산업혁명의 인재의 조건은 통찰력과 상상력에 있다고 하였다. 현대사회는 첨단 IT의 보급으로 세계인들은 정보를 빠르게 공유할 수 있게 되었고 지구촌의 글로벌화를 이끌었다. 그로 인하여 서로 소통하는 글로벌 D세대, 소셜네트워크 서비스(SNS) 등이 생겨났다. 이에 따라 세계인들이 서로 공감대를 형성하고 공유하면서 인터넷을 통해 지구 곳곳에 K-POP이 전파되었고 마치 나비효과처럼 한국의 K-POP은 급속한 성장을 하고 놀라울 정도의 영향력을 가지게 되었다. 여기서 이러한 흐름들이 어떻게 K-POP의 전파와 합류에 도움을 줄지 예측하는 것은 수많은 구성요소들이 순환고리적 상호작용을 통해 창발적인 패턴을 창조적 발상으로 구상해 내는 것이 필요하다. 복잡계의 특성상 정확한 경로의 예측은 불가능하다. 예를 들어, 조용필, 서태지, 방탄소년단이 정부의 문화정책으로 만들어지는 것은 아니기 때문이다. 그러나 방탄소년단의 전 세계적 인기를 복잡계 이론적 측면에서 본다면 다음과 같은 여섯 가지 단계를 거쳐 지금의 폭발적인 인기를 얻었다고 설명할 수 있을 것이다.

첫째, 전 세계 청소년들 사이의 문화 공명장의 형성은 혼돈의 가장자리(the edge of chaos)인 전환점에 녹아들었다. 전환점(tipping point, 혹은 분기점)이란 어떠한 현상이 서서히 진행되어 오다가 작은 요인으로 한순간 폭발하여 영향력을 발휘하는 것이다. 이를 임계점(critical point)이라 한다. 방탄의 인기가 서서히 전 세계적으로 누적되어 가다가 미국에서의 데뷔 이후에 급격히 그 인기가 확산되고 폭발한 현상이 이에 해당한다. 둘째, 외부에서 K-con이나 윙즈 투어(Wings Tour)의 개최라는 에너지의 유입 또한 문화적 파장의 충격이 있었다. 셋째, 이미 K-pop을 사랑하던 사람들이 모여 원조 아미의 영향력의 전파이다. 넷째, 원조 아미에 참여하였던 사람들 간에 편차증폭 순환 고리(positive feedback loop)가 생기면서 수확 체증의 법칙이 작동한 것이 영향력에 해당할 수 있다. 일반적으로 토지, 노동, 자본과 같은 생산 요소 같은 것들이 '수확 체감의 법칙'이 적용되는 예이다. 즉, 생산 요소를 증가시켜 투입시키면 한계 생산물이 지속적으로 감소하게 된다. 그러나 문화콘텐츠 등과 같은 지적 자본은 오히려 수확체증의 법칙이 적용될 수 있다는 것이다.

예를 들면, 기업에서 업무를 처리하는 과정에서 얻게 되는 지식이나 노하우들은 쓸수록 더 발전하고 새로운 노하우로 발견되는 토대로 축적이 된다. 지적 자본은 제한된 자원이 아니므로 기존의 지식과 경험 등에 의하여 무한히 새로 개발되며 상호 영향을 미치기 때문이다. 또한 지식의 공유 등을 통해 시너지 효과가 발생할 수 있으며 이는 새로운 지식이나 노하우 등으로 새롭게 창조될 수 있기 때문이다. 따라서 지적 자본의 개발과 새로운 방식의 통제는 정보화시대에 더 높은 생산을 위한 중요한 요인일 것이다. 다섯째, 원조 아미들 사이에 자기조직화(self-organizing) 현상의 그 결과로 작은 프랙탈(fractal)이 창발(emergence)했을 가능성을 간과할 수 없다. 여섯째, 원조 아미들에서 시작된 작은 프랙탈은 주변의 다른 국민들과 공명하고 상호작용하여 BTS의 좋은 노래와 공연이 공진화(co-evolution)하면서 이는 더욱 큰 프랙탈로 확산되고 재생산되었다. 또한 이러한 현상은 자연스럽게 가족문화와 일상생활에 영향을 주고 있다.

그 밖에 K-POP의 지속적 성장을 통해 전 세계적인 국가 브랜드로 자리매김되기 위해서 다양한 정책적인 문화예술 분야에 대한 국가적 차원의 전폭적인 지원이 필요하며, 예술 분야의 다양한 영역에 대한 융복합적이며 다학제적인 활동 지원방안이 구체적으로 논의되어야 할 것이다. 아울러 다양한 예술적 가치를 재조명하는 노력뿐 아니라 향후 총체적인 시장분석을 토대로 하는 분석적 연구가 활발히 이루어져야 할 것이다. 이와 같이 국가적 차원에서 다양한 문화콘텐츠산업을 지원하는 총체적인 노력이야말로 향후 한국의 K-POP이 보다 세계적인 문화산업의 영역으로 자리잡아나가는 것에 대한 전략적인 토대가 될 수 있을 것이며 음악을 통한 유대와 가족문화에도 활력을 불어넣게 될 것이다.

Chapter 11

국제비교를 통한 문화의 논의

CHAPTER 11

국제비교를 통한 문화의 논의

1 문화행정의 논의

시대의 변화에 따라 창조혁신력, 교육력(education power), 과학기술력(technology power), 문화력(cultural power), 사회자본력(social capital power), 그리고 변화대처력(change readiness power) 등의 소프트파워(softpower)적 요소가 중요한 시대가 되었다(황성돈, 최창현 재인용, 2014; Nye, 2004).

우리나라의 지역사회를 기반으로 한 '찾아가는 문화서비스'는 다양한 창의력과 함께 다양한 콘텐츠를 공유하고자 하는 움직임을 담고 있다. 그런데 콘텐츠를 만들어 내는 것 중에서 가장 핵심적인 것이 바로 창조혁신력이다(최창현, 정시구, 2015: 최창현, 2015 재인용).

2 창조혁신력을 통한 문화행정 바라보기

1) 우리의 문화행정은 창조력을 바탕으로 하고 있는가?

창조성(Creative)이라는 것은 고유성(Originality)을 전제로 유용(Useful)함을 동시에 가지고 창출될 때 사회적으로 널리 활용될 수 있다. 문화가 풍부한 사회는 창조적이고 창조적인 사회는 다양한 문화가 존재한다. 그렇다면 어떠한 사회가 창조혁신적 사회인가? 플로리다(Florida, 2002)는 사회의 창조성은 그 사회를 구성하고 있는 구성원의 창조성이 이를 결정한다고 하였다. 이에 대하여 사회의 창조적 구성원을 창조적 계층(Creative class)이라고 언급하고, 연구원, 엔지니어, 교수, 언론인, 예술가, 음악가, 디자이너 등 창조적인 활동에 종사하는 사람들이 포함된다고 하였다(최창현, 2015 재인용).

창조적 인재가 좋아하는 사회의 특성은 다양성(diversity), 개방성(open)이며 관용성(tolerant)이 존재하는 사회로서 이러한 사회에 좋은 인재가 모여서 기술혁신을 주도하여 창조적인 사회를 만든다고 주장하였다. 이에 플로리다(2002)는 창조혁신 사회의 조건으로 관용(Tolerance), 과학기술력의 기술(Technology), 재능(Talent)의 개념을 통하여 사회의 창조력을 측정하기 위한 3T를 제시하고 있다(최창현, 2015 재인용).

표 11-1 국제 창조성지수(Global Creativity Index) 순위 국별 비교

국가	창조력(GCI) '14 순위	창조력(GCI) '09 순위
ARGENTINA	18	19
AUSTRALIA	3	5
BRAZIL	13	15
CANADA	5	3
CHINA	10	10
FRANCE	6	7
GERMANY	4	6
INDIA	14	14
INDONESIA	17	19
ITALY	11	8
JAPAN	7	4
KOREA	8	11
MEXICO	12	17
RUSSIA	19	16
SOUTH AFRICA	15	12
SPAIN	9	9
TURKEY	16	13
UNITED KINGDOM	2	2
UNITED STATES	1	1

출처: Martin Prosperity Institute, 최창현(2015) 재인용.

프랑스 경영대학원 인시아드(INSEAD)와 세계지적재산기구(WIPO)가 141개국을 대상으로 분석한 국제 혁신지수(Global Innovation Index)가 평가한 한국의 국제 혁신지수를 살펴보면 18위(주요 5개국 중 2위)이며, 능률성 점수를 고려하면 95위(5개국 중에서는 3위)에 그친 것을 통하여 우리의 국제혁신력이 능률적으로 적용될 때, 다양한 창조성이 문화 및 공공의 영역으로 들어올 가능성을 입증하였다. 이를 제시하면 다음과 같다.

표 11-2 5개국 국제 혁신지수(Global Innovation Index)

Nation	GII score	rank	Input score	Rank	Output score	rank	Efficiency score	Rank
China	44.6	35(4	45.1	46	44.1	25	0.9	14(1)
Japan	52.2	22(3	62.8	14	41.6	33	0.6	112(5)
Korea	53.3	18(2	62	16	44.5	24	0.7	95(3)
Russia	37.1	62(5	43.7	52	30.6	72	0.6	104(4)
United States	60.3	5(1	69.1	3	51.4	12	0.7	86(2)

출처: 최창현(2015) 재인용.

2) 과학기술력을 통한 문화행정의 발전 가능성은?

오늘날 각종 다양한 문화콘텐츠의 개발은 과학기술을 전제로 하는 경우가 많다. 각종 컴퓨터 그래픽이나 다양한 사회적 교류를 바탕으로 하는 사회적 자본력은 새로운 IT의 발전과 더불어 한층 우리 곁에 가까이 다가와 있다. 과학기술력의 정의는 본래 과학기술 지식뿐 아니라 정보의 창출과 흡수, 확산 및 활용능력을 전제로 하며 오늘날 다양한 분야의 과학기술력이 각종 산업을 촉진시켜 세계적 경쟁력의 기반이 되었다.

이에 대한 우리나라의 문화 발전 가능성은 이미 한류로 인정받는 토대 위에서 더욱 성장할 가능성을 열어 두고 있는 것을 간과하면 안 된다. 즉, **과학기술력, 정보창출력, 정보의 확산력 및 정보의 활용력의 힘(Power)은 한 나라의 문화력을 통하여 국제적인 힘을 발현할 수 있는 원동력이 될 수 있다.**

2008년 한국은 IMD 국가경쟁력의 세부 영역의 분야에서 과학 인프라는 5위, 기술

인프라는 14위를 차지하였는데 인프라 분야의 하위영역으로는 기본 인프라, 기술 인프라(20개 항목), 과학 인프라(21개 항목), 보건·환경, 교육 등 5개 부문으로 구성되어 있음을 알 수 있다. 이 중 기술 인프라는 개발과 응용, 기술협력, 연구개발설비 해외 이전, 자격을 갖춘 엔지니어, 숙련노동자 조달, 특허 및 저작권 보호 등이다(이상환, 2012: 185-186: 최창현, 2015 재인용).

그런데 중요한 것은 이러한 인프라에 대한 경쟁력이 문화에 발휘될 경우 창출될 수 있는 무한한 시너지 효과가 있다는 것이다. 이에 대하여 솔로우(Solow)는 생산성은 노동과 자본보다 연구개발이나 지식의 획득 및 활용 능력에 달려 있다고 하였다(최창현, 2015 재인용). 이에 대하여 스코트(Scott) 등의 연구결과에 따르면 공공연구개발 투자의 수익율은 연 20~67%에 이르고 전체적으로 기초연구에 대한 투자수익율은 연 28%에 달하는 것으로 나타났으며 민간 연구개발 투자의 경우에는 수익율이 더 높게 나타났다(최창현, 2015 재인용).

이러한 현상은 문화행정에서 이미 제3의 영역의 중요성이 지적된 바 있으며 민간의 기업문화를 공공행정이 도입해야 한다는 이론이 지속적으로 각 영역에 도입되고 있는 것을 보여 준다. 이는 정부의 민간위탁의 형식뿐 아니라 정부의 주도로 현재 **문화체육관광부** 등에서 실시하고 있는 다양한 사업과 법제처에서 실시하고 있는 다양한 공개 기획안 채택 등을 통하여 **다양한 문화산업이 정부의 사업으로 수렴**되고 있으며 산업화 및 콘텐츠화될 수 있도록 촉진하고 있음을 알 수 있다.

표 11-3 과학기술력의 측정 지표

과학 기술력	지식/정보 창출력	연구개발 인력, 연구개발 투자(총액, GDP 비중), 과학기술논문, 미국특허
	지식/정보 확산·흡수력	국민의 교육수준, 정보 유통인프라, 지적재산권 보호제도
	지식/정보 활용력	규제제도의 질, 벤처자본의 가용성, 외국인 직접투자 총액의 GDP 비중, 첨단기술제품 수출 비중

출처: 최창현(2015) 재인용.

이에 대하여 우리나라의 과학기술력을 G20 국가에 관하여 평가한 결과, 한국은 평가 대상의 20개국 중에서 7위로 나타났다. 이는 한국의 공공영역을 통한 연구개발투자가 기여하고 있는데, 우리나라는 문화체육관광부라는 공공 포털사이트와 법제처의 나라장터를 통한 민간기업의 **참여촉진**과 함께 교육기관을 통한 학생창업의 권장 및 각종 아이디어의 공모를 통하여 **창의성의 영역**을 공적으로 수렴하는 역할을 지속적으로 펼치고 있음을 알 수 있다.

이러한 현상은 한국의 연구개발 투자의 규모가 비교대상국 중 7위인 것을 통해서도 알 수 있으며 이와 같은 현상은 GDP 비중으로는 2위임을 알 수 있다. 특히 한국의 미국특허 등록 건수는 전체 4위이며 한국의 정보통신 기반과 인터넷 가입율은 전체의 2위로 한국의 인터넷을 통한 사회적 확산 및 각종 IT 기반의 사회 자본력은, 한국의 과학기술의 지식 및 정보가 빠르게 사회적으로 흡수 및 확산될 수 있음을 증명하였다.

이러한 바탕이 '**문화혁신**'에 작용한다면 그 **시너지 효과**는 매우 지대할 것으로 전망된다. 우리나라의 문화행정의 범위 역시 다양한 예술적 활동으로도 나타나고 있다. 현재 일부 대학교가 실시하고 있는 찾아가는 문화공연서비스는 정부의 추진사업의 일환으로 채택되어 실시되고 있으며 이를 통하여 문화를 향유하는 사회계층을 다양화하고 문화적인 공감대를 아우르며 넓히려는 노력을 볼 수 있다.

또한 다양한 민간 예술인들이 주축으로 실시되는 문화의 장으로 연남동 골목축제, 2016년 국제연기페스티벌(GAF)은 연합 예술활동이 지역사회의 축제의 장으로 확산되고 있는 모습을 보여 준다. 또한 다양한 극단이 함께 문화를 지역사회와 공유하며 지역사회인과의 소통과 어우름을 시도하기도 하고 있다. YAF를 통한 축제는 행정적으로 축제 프로그램의 확정, 프로그램이 진행될 지역사회의 장소 섭외, 운영계획과 운영진의 배치, 디자인 사업과의 연계, 각종 인쇄물 산업 및 협찬사업을 통하여 문화의 만남의 장을 확대해 나가고 있으며 공공사업으로서의 잠재력과 민간의 만남과 소통, 그리고 미래 산업으로서의 성장가능성을 가지고 있다.

이는 우리나라의 과학기술력의 평가결과가 문화산업으로 발돋움할 잠재력을 증명하고 있으며, 각종 영화산업의 도입과 예술의 부흥은 우리나라의 문화행정이 코리아 드림을 세계적으로 펼칠 수 있는 한국 문화산업의 가능성을 보여 주는 것이다. 또한 이러한 문화산업은 또한 긍정적인 시너지 효과를 통하여 각종 산업의 부흥을 예견하게 하는데, 이것은 우리나라가 IT 강국으로 향후 보여 주게 될 성장가능성이 각종 문화산업을 통하여 문화행정이 나아갈 길을 제시하고 있다.

다음의 〈표 11-4〉에서 보듯이 창조혁신력은 혁신력, 창조력, 과학기술력 등의 지표로 구성되며 이러한 다양한 영역은 각종 교육 및 산업, 그리고 문화에 적용되어 그 시너지는 매우 클 것으로 사료된다. 즉, 각종 영역의 혁신과 창조는 무한한 산업과 지식의 흡수와 확산을 통하여 활용될 때 다양한 제3의 산업이 활성화될 수 있고 이는 공공과 민간, 그리고 문화와 행정이 함께할 때 나타날 수 있는 창조적 산업의 기반이 될 것이다. 이것은 바로 우리나라 문화행정의 무한한 성장가능성의 지평을 의미하기도 한다.

표 11-4 창조혁신력(Creativ Innovation Power) 지표의 구성(제안)

<table>
<tr><td rowspan="16">창조혁신력</td><td rowspan="2">혁신력(GII)</td><td>기관 · 인적 자원, 연구 · 사회기반시설, 시장환경, 그리고 기업환경 등의 4부문의 투입 혁신지수</td></tr>
<tr><td>지식과 기술 결과물 · 창의적 결과물 등 2가지 부문의 산출 혁신지수</td></tr>
<tr><td rowspan="3">창조력(GCI)</td><td>기술지수(Technology)</td></tr>
<tr><td>재능지수(Talent)</td></tr>
<tr><td>관용지수(Tolerance)</td></tr>
<tr><td rowspan="4">지식 창출력
(Knowledge Creation)</td><td>과학기술논문</td></tr>
<tr><td>연구개발인력</td></tr>
<tr><td>연구개발투자(총액, GDP기준)</td></tr>
<tr><td>미국특허</td></tr>
<tr><td rowspan="3">지식 확산 · 흡수력
(Knowledge Spread)</td><td>국민 교육 수준</td></tr>
<tr><td>정보 유통인프라</td></tr>
<tr><td>지적재산권 보호제도</td></tr>
<tr><td rowspan="4">지식 활용력
(Knowledge Utilization)</td><td>규제제도의 질</td></tr>
<tr><td>벤처자본의 가용성</td></tr>
<tr><td>외국인 직접투자 총액의 GDP비중</td></tr>
<tr><td>첨단기술제품 수출 비중</td></tr>
</table>

출처: 최창현(2015) 재인용.

3 문화력과 국가경쟁력

1) 문화력

문화력의 측정은 문화에 대한 국민호감도, 문화호감도, 문화산업(E&M) 경쟁력 지수, 체육 경쟁력 지수 및 관광(T&T)경쟁력 지수의 적용을 통하여 측정될 수 있다. 결국 문화는 국가의 브랜드 파워로 문화력은 국가경쟁력의 토대가 된다. 다음은 문화산업(E&M) 경쟁력, 관광(T&T) 경쟁력에 중점을 두고 측정한 자료이다. 이를 살펴보면 조사대상 G20국 중에서 미국 1위, 영국 2위를 비롯하여 일본 5위로 나타났으며 중국 10위, 이탈리아와 프랑스는 6위로, 한국은 13위로 나타났다. 한국의 경우에는 문화산업에서 한류의 영향이 문화경쟁력을 높이는 선순환 효과가 있었을 것으로 추정된다. 이를 토대로 지속적인 경쟁력 강화가 필요하며 그에 따른 국가경쟁력에 대한 논의가 필요하다.

2) 문화력과 국가경쟁력의 관계

한 국가의 국가경쟁력은 문화력 수준과 밀접한 관계가 있다. 문화산업과 그에 대한 콘텐츠의 활성화는 국가의 경쟁력과도 연결될 수 있다. 이 과정에서 문화의 상호 교류 현상은 콘텐츠와 문화 전통이 지역과 국가 간의 문화력의 접목으로 새로운 장르와 산업이 창출되는 융·복합현상이 나타나고 있으며 다양하게 확장된 콘텐츠산업을 통하여 문화영역도 활성화되고 있다.

4 향후 전망

본 장에서는 우리나라의 창조혁신력의 자료를 토대로 하여 우리나라의 문화행정의 성장가능성에 대하여 논해 보고자 하였다. 우리나라는 그동안 수직적이며 폐쇄적인 사회구조로 인하여 아이디어에 대한 수용이 낮았던 것이 사실이다. 그러나 우리나라의 문화의 발전 가능성은 매우 크다.

사람들은 문화를 통하여 하나가 되며, 서로 소통하고 이해하며 공감하고 성장한다. 문화의 역할은 창조성을 기반으로 하므로 문화가 활용될 수 있는 영역은 공공과 민간의 협력, 창조적 아이디어의 도출, 화합과 지역사회의 활성화를 촉진한다.

이러한 가능성은 정체된 생각을 움직이고 사회를 유연하게 하며, 보다 살기 좋은 사회의 상호작용, 새로운 사회적 자본의 창출 등 무한한 가능성을 열어 준다. 이것은 그동안 공공과 문화가 함께하지 못할 때에는 생각하지 못했던 다양성을 촉진하며 각종 콘텐츠산업의 발전 가능성을 열어 주는 성장지표가 될 것이다.

Chapter 12

노년의 여가만족이 심리적 안녕감에 미치는 영향과 자원봉사활동문화

CHAPTER

12 노년의 여가만족이 심리적 안녕감에 미치는 영향과 자원봉사활동문화

최근 연소노인에게 길어진 노년기를 어떻게 활기차고 건설적으로 보내며, 많은 여가시간을 개인과 사회를 위해 어떻게 활용할 것인가가 화두가 되고 있다(이연숙, 2010)[1]. 이는 평균수명의 연장으로 인한 사회구조적 변화와 경제력 향상과 같은 시대적 흐름에 따라서, 최근 정신적 만족과 건강증진을 목적으로, 여가활동에 참여하는 노인들이 증가하고 있다(심남수, 2012). 이에 관하여 김휘란(2000)은 사회활동의 참여 정도와 노인의 심리적 만족감과는 상관관계가 있다고 언급한 바 있다. 특히 노인들은 여가활동을 통하여 신체적, 심리적, 사회적, 정서적인 측면의 혜택을 얻을 수 있는데, 노인의 여가활동을 통한 욕구 충족은 심리적 안녕감과 삶의 질에 중요한 영향을 끼치게 된다(Kaplan, 1975).

즉, 노년기의 노인들은 여가활동을 통하여 삶의 질을 높이며 삶의 만족감을 극대

1) 노년기는 연령에 따라 young-old, middle-old, old-old로 구분되어, 사회지향적인 활동적 노년기와 심리내적 안녕감을 추구하는 노년기로 생각해 볼 수 있다.

화하게 되는 데, 이는 개인적 욕구충족뿐 아니라 나아가 생활의 만족도를 높이고 심리적 안정감, 삶의 행복감 등을 향상시키게 된다(나항진, 2004). 이러한 노년의 여가는 사회적 측면에 있어서도 도움이 되는데, 여가를 통해 노인은 삶과 사회체계를 지원하고 강화하게 되며(나항진, 2004), 이렇게 노년기의 여가활동은 지역사회의 노인들을 통합하는 역할을 한다(이미자, 2004). 또한 여가를 통해 유대감(bonding), 단결감(solidarity) 그리고 통합감(integration)을 도모할 수 있다(Burch and Hamilton-Smith, 1991; 나항진, 2004 재인용). 따라서 적극적인 여가활동은 그들의 삶에서 독립변인으로 취급되어야 하며 노인의 여가생활이 남는 시간의 소비가 아니라 삶의 의미체계를 구성하며 자신들의 존재를 확인하는 가치있는 활동으로 조명받아야 할 것이다(나항진, 2004).

이에 대하여 김영자(2003)는 노인이 여가를 통한 사회적 역할보상의 복구가 노인의 생활만족과 밀접한 관계가 있다고 하였다. 이렇게 노인의 여가활동이 그들의 심리적 안녕감 및 삶의 질과 밀접한 관련이 있다고 볼 때, 개인적으로나 사회적 차원에서 이를 중심으로 하는 가족문화가 보다 활발히 형성되어야 할 필요가 있음을 알 수 있다.

1 노년기의 심리적 안녕감

Ryff와 Keyes(1995)에 의하면 **심리적 안녕감**이란, 사람들이 일상생활에서 적응하며 느끼게 되는 정서이며, 환경에 대한 개인적인 반응이나 환경에서의 자극 및 개인 간의 반응에 대한 상호작용의 결과로 나타나는 지각된 개인의 **총체적 감정**이다(Ryff and Keyes, 1995). 이에 대하여 정경아(2004)는 심리적 안녕감이란 **자신의 생애를 의미있게**

수용하고, 인생의 주요 목표를 성취했다고 느끼는 감정이며, 주위환경이나 변화에 잘 대처하여 개인의 욕구를 만족시키는 정도라고 하였다. 즉, 심리적 안녕감은 사람들의 일상생활에 대한 지각 및 적응과정 중 느끼는 정서이며, 개인의 반응과 외부의 자극이 상호작용하는 결과로써 주관적 경험에 기초한 행복감으로 전반적 감정뿐 아니라 총체적으로 정서적 평가를 포함한다(박정수, 2011).

Ryff와 Keyes(1995)에 의하면 심리적 안녕감이란 주관적 안녕감을 보완하여 삶의 질을 보다 총체적으로 반영하고 있다. 또한 Iso-Ahola(1989)는 삶의 질이 높은 사람의 특징으로 만족(satisfaction), 행복(happiness) 그리고 심리적 안녕감(well-being) 등의 감정을 예로 들고 있다. 따라서 심리적 안녕감을 확립하기 위해서는 삶에 대한 건강한 태도와 행동 그리고 감정을 적절하게 표현할 수 있는 능력이 필요하며 현재와 미래에 있을 성장과 발전에 초점을 두고 노력하는 것이 필요하다(김유숙, 2008:21). 이와 같이 심리적 안녕은 매우 다차원적이며, 심리적 안녕감의 상태에 대한 정확한 인식뿐 아니라 **삶에 대한 건강한 태도와 행동 그리고 감정을 적절하게 표현할 수 있는 능력 그리고 현재와 미래의 성장과 발전에 초점**을 두고 있으며 이를 증진시키고자 노력하는 태도도 필요하다(김유숙 외, 2008: 21).

김선희(2006)와 이시우(2009)는 여가활동의 참여가 정신건강에 영향을 미친다고 하였다. 그리고 김경숙 외(2008)는 우리나라 노인들의 정신건강에 대한 분석에서 정신건강의 개선을 위해서는 노년기의 여가활동의 활성화가 중요하다고 하였다. 또한 Zika와 Chamberlain(1987)은 능동적 여가활동이 수동적 여가활동보다 심리적 안녕감에 보다 효과적이라는 연구를 발표하였다. 즉, 여가활동이 많은 노인은 그렇지 않은 노인에 비해 우울경향이 낮을 뿐 아니라 생활만족도가 높다(김도훈, 1997). 이렇게 노년기의 여가활동은 노년의 삶의 질을 향상시킬 수 있으며, 사회의 일원으로서 노인의 욕구와 권리를 구현하는 유용한 활동이 될 수 있다.

2 노년기의 여가의 중요성

인간의 노화는 시간의 흐름에 따른 자연스러운 유기체의 발달과정 상의 변화라고 할 수 있다. 생물학적 노화란 신체의 기관과 체계의 구조 및 기능의 변화를 의미하며, 심리적 노화는 축적된 경험에 의한 행동, 감각, 지각기능, 자아의 인식 등이 시간에 따라 변화하는 것, 그리고 사회적 노화는 생활주기를 통해 일어나는 규범, 기대, 사회적 지위 및 역할의 변화를 의미한다(최성재 · 장인협, 2003).

최근 산업화 및 도시화로 생활수준이 향상되고 핵가족화가 확산됨에 따라 노인들이 가정에서 머무를 수 있는 요인이 감소되면서 가정 밖의 노년기 여가활동이 증가하고 있다(이재연, 2004). 이에 따라 노년기의 적극적이고 건강한 여가생활은 노년기의 새로운 출발점을 마련하고 능률적으로 노후를 보낼 수 있도록 하는데, 성공적인 노년기는 여가를 어떻게 보내느냐에 따라 결정된다(김동진, 2007).

Iso-Ahola(1999)는 여가란 시간, 활동, 인식을 포함하는 통합적인 개념이라고 하였다. 이에 나항진(2004)은 노년기의 여가가 단순히 일상적 삶을 재충전하는데서 나아가 삶의 질을 고양하는 수준으로 확장되어야 하며, 외국의 노인들의 경우 사교, 취미, 교육적 활동 이외에도 지역사회활동이나 정치활동에 많은 관심을 보이는 경향이 있다고 하였다.

노년기의 여가활동을 분류하여 보면 장인협 · 최성재(2003)는 노인 여가활동을 크게 세 가지로 정신적 · 신체적 · 사회적 여가활동으로 분류하고 있다. 이를 살펴보면 정신적 여가활동에는 종교 · 사교활동, 취미 · 휴양활동, 교양 · 학습 · 문화활동 등이 포함되며, 신체적 여가활동에는 실내외 스포츠 및 산악활동과 방문활동 등이 있다. 그리고 사회적 여가활동은 공동체 활동 또는 사회구성원으로서의 역할담당 및 인생의 다양한 경험을 사회에 환원하는 봉사활동을 들 수 있다. 이것의 대표적인 예로는 복지시설 봉사, 민원안내 봉사, 자율방범활동, 역사・문화해설봉사 등이다(장인협・최성재, 2003).

상기와 같이 여가의 개념에는 휴식(relaxation), 기분전환(diversion), 자아개발(developing of the personality)등이 포함된다(Dumazedier, 1967).

즉, 노년기에 이르면 신체적, 정서적, 인지적, 사회적 등 모든 기능에서 쇠퇴와 상실을 경험하게 되는데, 이러한 부정적인 관점에서 벗어나는 것이 노년기의 주요과제이다(김인수, 2008). 따라서 노년기의 적극적이고 건강한 여가생활을 위해서는 노인에게 새로운 출발점을 마련하고 능률적으로 노후를 보낼 수 있도록 해야 할 것이다(김동진, 2007). 이러한 의미에서 노년기의 여가 만족 및 가족 문화활동은 삶에 있어 중요한 요인이다. 이에 관하여 나항진(2004)은 노년기의 여가활동이 노인들의 삶에 의미체계를 재구성하여 자신들의 존재를 확인하는 가치있는 메커니즘으로 조명받아야 한다고 하였다. 여가활동은 그 기능적 관점에서 볼 때 휴식(relaxation), 기분전환(diversion) 그리고 자기개발(developing of the personality)의 기능을 가진다(Dumazedier, 1967). 이에 따라 우리나라의 노인에 관한 여가활동이 심리적 안녕감에 미치는 영향 또한 크다. 구체적으로는 원예 프로그램(하순엽, 2008)과 종교활동(김종수, 2009) 그리고 신체활동으로써 사회무용 프로그램의 효과성 연구(이나진, 2009) 그리고 태권체조 프로그램(김미현, 2008)이 심리적 안녕에 긍정적 영향을 미친다고 보고되었다. 따라서 다양한 노년기의 문화활동은 노년기의 삶의 질과 심리적 안녕감 증진에 도움이 되는 것을 알 수 있다.

3 가족과의 여가활동의 중요성

가족과의 여가활동은 일생의 과정을 통해 경험되는 사회화의 과정이다. 이것은 모든 생애주기에서 뿐만 아니라, 노년기 단계에서의 만족스러운 여가활동을 위한 기초가 될 수 있다. 즉, 유년기나 성인기에 있어 사회화의 방향과 정도는 다르더라도 모든 개인은 생애주기를 통해 성장한다. 따라서 여가 사회화(leisure socialization)에 대하여 논의할 필요가 있다. Iso-Ahola(1980)는 여가 사회화를 여가 지식, 태도, 가치, 기술, 동기들이 학습되고 내면화되는 과정이라고 언급하였다. Kleiber와 Kelly(1980)는 여가를 기초로 한 활동들이 인간의 발달에 있어서 사회화에 기여하는 반면, 사회화는 다시 여가행동과 태도에 순환적인 영향을 미치게 된다고 하였다.

이에 대하여 고동우(2007)는 여가활동을 통한 사회화(socialization through leisure)와 여가활동에 대한 사회화(socialization into leisure)의 개념으로, 여가활동을 통한 사회화가 여가활동의 경험을 통해 사회인으로 살아가는 데 필요한 다양한 기술과 능력과 성향을 획득하는 과정으로 기능하므로, 여가활동에 대한 사회화는 인생의 중요한 영역으로 의미를 가질 수 있다고 하였다. 또한 가족과의 여가 경험은 다양한 영역에 대한 삶의 유용한 경험으로서의 가치를 가진다. 여가활동을 통한 사회화는 삶의 각 단계에 연계된다. 또한 가족과의 여가활동은 인생에서 추구하는 삶의 가치나 삶의 질에 영향을 미칠 수 있다. 그러므로 가족과의 건강한 여가의 활동은 건강한 사회인으로서의 역할, 능력, 태도, 기초 관계를 형성하는 데 큰 의미가 있다. 즉, 여가는 다양한 사회적 기능을 수행하고 있으며 특색있는 문화로 정착될 것이다.

1) 가족과의 자원봉사활동의 경험

여가의 사회화나 인간관계 특히 가족관계는 갑작스럽게 이루어지기 보다는 장기간에 걸쳐 이루어지게 된다. 건전한 사회참여란 깨어 있는 시민이 자신과 공동체 간의 질적인 발전을 목표로 하여 전 사회과정에 대하여 지속적인 관심을 가지고 개인 및 집단적으로 연대하여 자발적으로 필요한 자원을 투입하며 다양한 영향력을 발휘하게 한다(Richardson, 1983).

그러한 활동 중에서 가족과의 자원봉사활동의 경험은 협동심, 정직함, 성실함 등 인성개발은 물론 학습내용의 정확한 이해라는 점에서 중요하다. 자원봉사활동의 현장 참여를 통해 삶에 대하여 이성적으로 통찰하게 되며, 시민으로서 바람직한 자세와 태도를 함양하는 효과가 있다. 자원봉사 활동 경험은 노년기의 건강성, 협력 및 유대감, 인간애의 확장과 책임감 등을 배우게 된다. 또한 노년기의 고독감을 극복하고 자신과 타인을 연계하여 바라보고 존중하는 사회성을 지속하는데 유익하다.

그리고 자발적 참여는 자유의사 또는 선택에 의한 자율성이 구현될 수 있는 개념이다. 즉, 자원봉사자는(volunteer)는 라틴어의 'voluntus'라는 단어에서 유래했으며 자발적인 것, 자주적, 임의적 자유의지를 의미하기 때문이다. '자원봉사'란 '특정한 요구의 인식하에 사회적 책임감을 가지고 금전적 이득에 관심 없이 자발적으로 선택되어 이루어지는 활동'이다. 한국사회복지협의회의 좀 더 구체적인 정의에 의하면, '자원봉사란 사회문제의 예방 및 해결 또는 국가 공익사업 수행에 자발적으로 참여하여, 인간존중정신과 민주주의 원칙에 입각하여 필요한 서비스를 제공하고 이타심의 실현과 자아실현을 성취하는 활동'이라고 하였다.

현대인들은 육체적, 인지적, 사회적 변화들이 급속하므로 스스로 정체성을 확인하기가 쉽지 않다. 이 시기의 올바른 활동을 통한 내면의 성장은 자신과 타인의 역할 인식과 타인의 입장에서 인간을 이해하려는 노력을 거쳐 사회의 이바지와 체계 역할 인식을 돕게 된다. 이렇게 볼 때, 노년기의 자원봉사활동은 사회 구성원과의 의사소통과 건전한 생활습관 형성에 도움을 주며 공동체 의식을 함양하고 성숙한 자아통합에 이르를 수 있도록 도움을 준다. 이러한 자원봉사활동은 '통합성 원리'를 이념으로 하고 있기 때문이다. 자원봉사활동은 이와 같이 봉사활동을 통해 사회에 얼마나 실제적 도움을 제공하고 공헌했는가의 평가보다는 봉사활동을 통해 얼마나 즐겁고 보람 있는 경험을 했으며 '민주적이고 협동적인 인간성을 함양하였는가'를 중요시한다(조휘일, 2009).

2) 자원봉사활동의 동기

동기는 한 개인의 행동을 설명할 수 있는 내적, 외적상황에서 얻게 되는 힘들의 총체라고 할 수 있다(조휘일, 2002). 동기이론으로 이타주의적 행동은 동정심과 내재화된 가치들과 연관된 행동을 포함한다는 것으로 타인의 이익을 위한 자발적 행동 전체를 포용한다(Moore, 1985). 그 밖에 맥 클리랜드(Mc Clelland)의 성취동기이론에 비추어 보면 성취욕구, 친화욕구, 권력욕구에 의해 자원봉사활동이 이루어질 수 있으며 따라서 자원봉사의 행동의 동기는 이타주의의 행위 관점과 이기주의의 행위 관점으로 복합적인 검토가 바람직하다(윤기종, 2009).

이를 근거로 스트라이거스와 잭슨은 자원봉사활동의 동기를 다음의 네 가지 요소로 정의하였다. 첫째, 자기개발적 동기이다. 이것은 자원봉사자들이 기술향상, 지식습득, 사회교류 및 네트워크를 형성하려는 동기를 말한다. 둘째는 대의적 동기이다. 이것은 지역사회의 발전을 도모하고자 하는 동기이다. 셋째는 외부적 동기이다. 이것은 가까운 사람들로부터 외부적인 영향에 의한 동기를 말한다. 마지막은 여가적 동기인데 이것은 자신의 내적인 흥미성에 의한 동기를 말한다. 이러한 가족과 함께 하는 활동은 구성원들의 관계성을 함양하고 사회적으로도 유익한 활동이 될 수 있다.

3) 노년기의 여가경력 개발

DeCarlo(1974)는 여가활동과 성공적 노화와의 관계에 대하여 전 생애동안 여가 활동에 정기적으로 참여하게 되면 단발적으로 여가에 참여하는 것보다, 성공적인 노화가 더욱 가능하다고 하였다. 이처럼 여가와 삶의 질의 관련성은 여가활동의 중요성을 함의하고 있다. 이와 같이 생애주기에 걸친 여가행동의 의미는 중요하며 따라서 전 생애 걸친 변화와 지속성을 검토해야 한다. 가족과의 여가활동은 다른 인간행동과 마찬가지로 전 생애기간 동안 이루어지면서 지속(continuity)과 변화(change)라는 두 가지 패턴으로 발달한다. 즉, 현재의 생활환경의 변화에도 불구하고 여가행동의 지속성은 존재하며 여가경험들은 성인의 여가행동 패턴에 지속적으로 영향을 미치게 된다.

Chapter

13

지역사회와 가족의 문화 교류 가능성

CHAPTER

13 지역사회와 가족의 문화 교류 가능성

각 지역사회의 '다양한 문화활동'은 마을의 고유성, 지속적 발전 가능성, 민주성, 생태체계와의 조화, 주민의 문화 및 소통과 자원배분 등에 도움이 되며, 올바른 가족문화에도 영향을 준다. 이것은 지역사회 활성화와 안정적인 사회적 자본형성에 도움을 주는 활동으로 자리매김될 수 있다. 또한 오늘날의 시장화 · 분권화 · 기업화 · 네트워크화 · 국제화의 특성의 폐단으로부터 전통적 지역사회를 대체하는 새로운 지역사회의 개념을 구축하는 데 도움이 될 수 있다. 올바른 지역사회를 경험하기 어려웠던, 종래의 사회인식을 개선하고 올바른 지역사회의 나아갈 방향을 제시함과 동시에 차세대가 우리 지역사회의 진정한 의미를 살려나가고, 사회적인 시너지 효과의 발현을 통하여 지역사회의 나아갈 방향을 도출하는 것에 대한 함의를 가지고 있다.

지역사회 개발의 핵심은 무엇보다 지역사회 스스로의 욕구를 알고 충족시킬 방법을 결정하며 이를 위하여 자율적으로 지역사회를 형성해 나가는 것이다. 이를 위하여 기존의 아래로부터의 변화를 도모하기 위한 변화의 방식을 찾는 것에 있어서 많은 사람들의 사고방식의 본질적 변화가 요구되며 이를 위해서는 다음과 같은 것이 고려되어야 한다.

1 지역에 대한 지식의 필요성

지역지식 존중의 개념은 그 지역을 가장 잘 아는 사람은 바로 지역사회의 주민이며 주민이 주체가 되어야 한다는 개념을 전제로 하고 있다. 지역사회 활동가가 전문적인 지식을 가지고 있는 것은 사실이나 이는 지역사회 개발의 진정한 취지에 역행하는 것으로 지역 지식에 대한 존중은 지역사회를 잘 아는 사람들을 중심으로 하여야 하며 이는 모든 지역사회 개발 실천에 있어 본질적인 요인이 되어야 한다. 지역지식의 주체라고 할 만한 사람이란 결국 지역사회와 욕구와 문제뿐 아니라 지역사회가 가지고 있는 강점과 지역사회의 독특한 특성을 파악하고 있는 지역사회의 구성원들일 것이다. 따라서 이에 접목되어야 하는 전문적인 지식은 다양한 지역사회에 대한 배경지식에 기초하여야 하며 전문가는 지역주민과 협력적 관계를 구축하고 있어야 한다. 이는 지역사회 주민이 주도적인 주축이 될 수 있는 하나의 소통의 장이 마련되어야 한다는 의미와 같다. 그러나 기존의 실증주의 패러다임은 증명되고 객관적이고 과학적이며 측정 가능한 지식만을 중시한 나머지 창조적이고 창의적인 아이디어의 창출은 그 의미를 발휘하지 못하는 경향이 있어 왔다.

2 지역문화 존중의 인식

지역사회 활동가와 전문가 간의 상호존중 및 조율의 필요성은 많은 문화행사 및 기획을 통하여 확인될 수 있다. 즉, 문화적 가치 및 생태체계를 고려한 인권 등의 점검이 선행되어야 하며 지역사회의 활동가는 지역문화의 중요성을 깊이 인식하고 이를 지역사회의 변화를 위한 초기의 시발점으로서 활용할 수 있는 방안을 모색하여야 한다. 즉, 문화는 고정적이지 않으며 가치와 현실도 끊임없이 변화하여, 지역사회의 전문가는 문화변동의 과정과 함께 움직이며 지원하여야 한다는 것은 고정적인 시각과 대조되는 것이다. 또한 문화는 획일적 단일 형태가 아니며 지배적인 문화가치보다는 다양한 문화적 가치를 전제로 하여 역동적인 구심점을 형성할 수 있는 공동체의 맥락에서 파악해내야 한다는 것이다.

이를 위해서는 문화적 다원주의를 전제로 하는 지역사회의 존중이 필요하다. 지역사회의 존중은 생태학적 차원의 전체를 고려하며 환경을 고려하는 작업으로부터 마을의 고유성에 접근하게 된다. 이는 기존의 세계화와 국가를 통한 정책의 방향과는 다른 관점으로 마을과 지역이 보다 주체적인 자리에서 활동하는 것에 대한 중요성을 함의하고 있다. 따라서 지역사회는 지역사회 내의 유용한 자원을 찾아내 창의적으로 개발하며 이에 활용될 수 있는 강점과 산출된 자원을 지역사회의 자율성과 주체성을 토대로 보다 다양하고 독립적인 지역사회를 건설하고 유지할 수 있는 방안의 논의가 필요하다.

이것은 지역이 주체가 되는 지역기술의 존중이기도 하며 능력 고취의 역할을 강조하는 것이다. 만일 이러한 자원이 내부에서 충전된다면 지역사회의 주체성과 고유성 및 지역사회의 사회자본의 수준을 강화하는데 실질적인 기여를 할 수 있다. 따라서 지역사회의 개발에 대한 성공은 다양하게 산재해 있는 지역사회의 자원을 어떻게 공유하고 활용하여 구심적 역할을 통하여 시너지 효과를 발현하느냐에 달려있다고 할 것이다.

3 지역사회 문화 활동가의 고려사항

지역사회의 문화 활동가는 활동에 앞서서 그 지역사회에서 진행되는 일이 어떠한 절차에 의하여 어떠한 점이 고려되어야 하는지, 법률적 절차 등에 대하여 먼저 숙지하고 접근하는 것이 지역사회의 활동에 있어서 다양한 이해관계에 놓인 집단들에 대하여 대처하는 길이 될 것이다. 추진하고자 하는 사업이 전통을 존중하는 범위 내에서 지역사회에서 사용되는 절차를 통하여 설득력을 얻어 가야 한다. 핵심적인 결정은 실질적인 참여자들의 권리이기도 하나 이것은 인근 다른 이해관계자들의 협력을 전제로 하며, 모든 지역사회 개발사업의 핵심요소는 지역사회와의 연대에 있으므로 관련 지역사회의 주도하에 올바른 아젠다가 형성되고 이에 따라 지역사회 활동가는 지역사회와 더불어 활동할 수 있어야 할 것이다.

따라서 지역사회의 전문가는 지역사회를 통한 경험을 통하여 함께 성장하여야 하며 이러한 출발은 다수의 다양성을 포용하는 활동 안에 스며들어 결국 지역사회를 통한 자원의 개발을 보다 풍성하게 하는 것에 기여할 수 있어야 한다. 이를 위해 필요한 것이 바로 다원주의의 개념이며 이는 지역사회의 개발에 보다 설득력을 부여한다.

다원주의는 지역사회 내의 다양한 이해관계에서 또 하나의 이해를 요구하며 다양한 관계를 흡수하여 건강한 상호작용을 가능하게 하며 다양한 이해세력을 충족시킬 수 있는 최선의 방법으로 건강한 타협점을 올바른 방식으로 도출하여 권력의 분산과 다양성이 자연스럽게 구현될 수 있는 **생활양식의 체득**을 가능하게 한다. 다원주의의 입장은 원론적으로 지역사회의 계급, 성, 인종과 같은 구조적 요인을 동등하다는 전제하에 올바른 사회의 변화 및 생태학적 사회정의를 실현하는 도구로 활용될 수 있으며 현대사회에 형성된 아젠다에 대하여 충분하고 다양한 방안을 제시하는 데 도움이 된다. 이를 위해서는 민주적 절차가 지역화된 정치투쟁보다 바람직한 방향설정을 할 수 있는데 도움이 될 것으로 전망된다.

녹색주의운동은 작은 것이 아름답다는 관념으로 무정부주의 사고에 부합하여 기구와 기술, 경제 및 생산과 의사결정을 보다 인간적 차원에서 고취시키려는 의식으로, 풀뿌리 수준에서 시작되는 개발을 지지하고 '풀뿌리 지역사회 개발을 위한 본질적인 기초를 제공'한다. 또한 세계화된 문화를 통한 문화적 식민지화에 대항하고 있다. **식민주의적인 사고방식**은 식민화를 통한 이데올로기와 태도의 확산인데, 이러한 식민지배자는 자신의 문화와 가치를 통하여 세계 시민들의 삶과 의식에 관여한다. 그러나 **탈식민주의**를 지향하는 다원성의 존중은 지역사회 개발을 촉진하는데 매우 중요한 관점을 견지하며 지역사회 주민을 통한 능력고취와 아래로부터의 변화라는 개념을 구축하여 지역사회의 활성화에 기여한다.

이러한 **포스트모더니즘적 사고**는 기존의 세계관이나 단선적인 세계관을 부정하여 단일의 실재는 존재하지 않으며, 다양한 실재들이 다양한 현장에 적응하고 재규정됨을 강조한다. 변화하고 있는 담론은 푸코의 관념[1]과도 밀접한 관련이 있다. 포스트모더니즘은 복합한 실재의 구축과 해체 그리고 재구축을 강조하는 개념이라 할 수

1) 미쉘푸코는 인간의 내면화된 가치는 근본적으로는 외부사회로부터 주어진 것이 대부분이라는 주장을 한 바 있다.

있다. 포스트모더니즘에 의하면 실재는 독립적이며 객관적으로 존재하기보다 실재의 구축과정 중에 녹아있으며 이를 통하여 재창출되는 것이다. 이는 기존의 모더니즘을 통해 모든 사물에 논리적인 질서를 부여하고자 하는 통합적 담론에서 더 나아가 진보와 합리보다 다원적 가치를 보다 상위에 두는 개념이기도 하다.

즉, 하나의 최선책이 존재한다는 가정보다, 모든 일에는 정답보다는 다양한 경로의 대안이 있음을 제시한다. 따라서 다양성과 상이성이 존중될 수 있는 것이다. 이러한 개념은 지역사회의 개발에 기여하며 주체적인 자기성찰과 능력고취를 가능하게 한다. 또한 진정한 상대주의적인 관점을 수용하여 다양한 개인적인 해석을 존중하여 세계관의 억압으로부터 상호공존하고 상호기여하는 이해를 가능하게 하고 다양한 방법을 모색하게 하고 지역사회 주민이 자발적으로 참여하고 실천하게 한다.

이는 권력의 일부 집중을 부정하고 평등성을 지향하고 자율성을 견지하며 환경과 인간과의 조화를 중요시하는 개념에 부합된다. 따라서 지역사회 개발을 위한 아래로부터의 변화, 또는 아래로부터의 실천이라는 관념은 지역지식과 기술, 문화, 자원 및 절차를 중시하는 태도를 갖추고 이를 실천하기 위한 중요한 시발점이 될 것이다. 이를 위하여 지역사회 문화활동가는 기존관념을 재조직할 수 있는 새로운 사고체계를 가지고 있어야 하며, 성찰적인 자세로 지역사회로부터 배운다는 신념을 바탕으로 무력한 주민들을 능력고취하고 이를 기반으로 지역사회 주민들의 경험과 결합시키는 능력을 발휘해 나가야 할 것이다.

4 새로운 지역사회의 가족문화의 창출을 위한 전제

현대사회의 지역사회의 경영에 있어서의 접근은 매우 중요한 함의를 가진다. 이에 대하여 짐 아이프는 지역사회 개발이 실천적 측면에서 가지는 복합적인 상호작용이 고려되어야 하는 것이 중요하며 그것이 생태학적 사회정의 안에서 사회적, 정치적, 경제적, 문화적, 환경적, 인격/정신적인 측면을 고려하여 통합적으로 개발될 필요가 있다고 언급한 바 있다. 그는 이러한 사회개발을 사회계획, 서비스개발, 지역사회센터의 근린시설의 개발 그리고 사회활성화의 관점에서 살펴보고 있다. 그런데 이 같은 과정은 앞서 살펴보았듯이 지역사회의 다양한 문화자원을 고려한 자체적인 역량강화와 지속적인 발전이 상당 정도 전제가 되어야 한다고 하였다.

즉, 지역사회자원을 활용한 이슈와 문제정의 그리고 의식향상과 조직화는 지역의 내부적이고 외부적인 사회 및 경제적 위상을 높이고, 지역사회의 문화와 환경을 고려한 인격적이며 정신적인 개발로 발전하는 것에 있어서 중요한 선행 요건이 된다는 것이다. 또한 이것은 지역사회의 욕구와 문제를 재규명하고 필요한 기관을 설립하거나 프로젝트를 개발하는 등의 절차적 욕구와 사회적인 맥락에서 지역사회의 문제정의와 개발과정의 이해를 돕는 구조적 이슈 등을 고려할 때에 있어서도 선행적으로 생각해 보아야 할 요인이 되어야 함을 제시한 바 있다.

그런데 이를 위해 어떻게 지역사회의 참여적 문화활동을 가능하게 할 것인가가 중요한 논점인데, 지역사회 축제는 그에 대한 중요한 함의를 제시하고 있다. 그 이유는 지역사회 주민들의 문화활동이 자신들의 고유문화를 되찾고 의식을 향상시키며 지역적 통합과 경제적, 독립적 영역 등에 많은 선순환적인 영향을 줄 수 있는 활동으로 자리매김될 수 있기 때문이다. 이러한 활동은 지역주민들의 인격적 상호작용과 지역사회의 보호 그리고 지역사회 기반의 휴먼서비스의 전제 조건을 제공할 수 있으며, 삶의 의의와 가치를 찾는 인격적 성장과 개발에도 도움을 줄 수 있는 무한 잠재력을 가지고 있다고 볼 수 있다. 다시 말해 지역의 문화적 지역 고유화는 지역자본의 이익과 시장개척에 중요한 역할을 하며 지역사회의 문화적 다원성에 있어서도 중요한 역할을 할 수 있다.

더구나 앞서 살펴본 지역사회의 능력강화와 자율성 그리고 아래로부터의 변화를 통한 평등적 사회에도 기여하는 바가 크리라 생각한다. 물론 이러한 지역문화의 참여와 활성화에는 지역사회 주민의 의식고양과 결속력, 조직화 자원의 활용 등이 선행되어야 하며 이를 발견할 수 있도록 지원하는 전문가의 역할안배 등도 중요하다는 것도 간과해서는 안 될 것이다.

5 지역의 정체성과 사회적 자본의 창출

무엇보다 중요한 것은 이러한 지역사회의 주체적 활동이 현대사회에서 소멸되어가는 지역의 정체성과 사회적 자본의 창출을 가능하게 한다는 것이다. 즉, 문화자원을 통한 지역사회의 주체성과 사회적 유대는 상기 지역사회 발전을 통합적으로 아우르는 것에 있어 중요하게 고려될 수 있는 매개체가 될 수 있다. 이와 같은 것은 보다 광범위하게 정의되는 사회적 자본창출에도 심대한 영향을 미치며, 이러한 문화자본의 창출은 지역으로 하여금 사회 · 경제적으로 주체적이며 독립적인 지역사회로 거듭남에 있어 그 중추적인 역할을 하였음을 확인할 수 있다.

이러한 사실은 지역적인 것이 곧 세계적이라는 의미의 중요성을 깊이 간파하고 있다. 따라서 향후 지역사회와 시장 그리고 사회적 자본의 창출은 중요한 이슈이며 개인과 지역과 사회를 연결하는 의미있는 연결망일 뿐 아니라 고유의 자생수단이 될 수 있다는 것에 주목하여야 한다.

나아가 지역공동체를 위한 네트워크는 혈연이나 성별 혹은 인종의 구조적인 특징에서 오는 분열과 편견 그리고 불평등을 극복하는 시민사회 구현에 한발 더 가까이 접근할 수 있게 할 것이다. 현대의 탈산업화 사회는 이제 보다 다양한 사회자본과 거버넌스를 요구하고 있다. 그러므로 지역사회의 균형적이고 통합적인 발전은 사회자본 창출과 공익실현에 중요한 요인으로써 기여할 것이며, 우리 사회의 전통적으로 강한 중앙집권과 하향식 정보전달체계의 폐단을 극복하는데 도움을 주게 될 것이다. 또한, 이를 위해 고려되어야 하는 이러한 지역사회 개발과 정부정책과의 조화 및 파트너십은 수평적인 네트워크를 가능하게 하고 공공과 민간영역 간의 권력의 배분에 있어 함께 공존하며 일하는 장(場)으로써의 개념을 가능하게 할 것이다. 우리 지역사회는 이제 사회 및 경제적 독립과 자생의 개념을 넘어서 보다 복합적이고 다원적인 지역개발 개념을 고민해야 할 때이며, 이를 통해 정부와의 협력을 이끌어내고 개인의 가치와 인간관계 그리고 문화고유성의 구현을 모색해야 할 때이다. 이러한 시점에서 지역사회에서 '문화 및 가족문화가 담당하는 역할'은 매우 지대하다. 따라서 올바른 가족문화의 정착을 위해서는 다양한 참여문화와 함께 지역이 담당해야 할 과제와 책임 역시 지대하다고 할 수 있을 것이다.

| 부록 |

다문화가족지원법(약칭: 다문화가족법)

[시행 2018. 6. 13] [법률 제15204호, 2017. 12. 12, 일부개정]

여성가족부(다문화가족과) 02-2100-6372

제1조(목적) 이 법은 다문화가족 구성원이 안정적인 가족생활을 영위하고 사회구성원으로서의 역할과 책임을 다할 수 있도록 함으로써 이들의 삶의 질 향상과 사회통합에 이바지함을 목적으로 한다. 〈개정 2015. 12. 22.〉

제2조(정의) 이 법에서 사용하는 용어의 뜻은 다음과 같다. 〈개정 2011. 4. 4., 2015. 12. 1.〉

1. "다문화가족"이란 다음 각 목의 어느 하나에 해당하는 가족을 말한다.

가. 「재한외국인 처우 기본법」 제2조제3호의 결혼이민자와 「국적법」 제2조부터 제4조까지의 규정에 따라 대한민국 국적을 취득한 자로 이루어진 가족

나. 「국적법」 제3조 및 제4조에 따라 대한민국 국적을 취득한 자와 같은 법 제2조부터 제4조까지의 규정에 따라 대한민국 국적을 취득한 자로 이루어진 가족

2. "결혼이민자등"이란 다문화가족의 구성원으로서 다음 각 목의 어느 하나에 해당하는 자를 말한다.

가. 「재한외국인 처우 기본법」 제2조제3호의 결혼이민자

나. 「국적법」 제4조에 따라 귀화허가를 받은 자

3. "아동 · 청소년"이란 24세 이하인 사람을 말한다.

제3조(국가와 지방자치단체의 책무) ① 국가와 지방자치단체는 다문화가족 구성원이 안정적인 가족생활을 영위하고 경제 · 사회 · 문화 등 각 분야에서 사회구성원으로서의 역할과 책임을 다할 수 있도록 필요한 제도와 여건을 조성하고 이를 위한 시책을 수립 · 시행하여야 한다. 〈개정 2015. 12. 22.〉

② 특별시 · 광역시 · 특별자치시 · 도 · 특별자치도 및 시 · 군 · 구(자치구를 말한다. 이하 같다)에는 다문화가족 지원을 담당할 기구와 공무원을 두어야 한다. 〈신설 2012. 2. 1., 2015. 12. 1.〉

③ 국가와 지방자치단체는 이 법에 따른 시책 중 외국인정책 관련 사항에 대하여는 「재한외국인 처우 기본법」 제5조부터 제9조까지의 규정에 따른다. 〈개정 2012. 2. 1.〉

제3조의2(다문화가족 지원을 위한 기본계획의 수립) ① 여성가족부장관은 다문화가족 지원을 위하여 5년마다 다문화가족정책에 관한 기본계획(이하 "기본계획"이라 한다)을 수립하여야 한다.

② 기본계획에는 다음 각 호의 사항을 포함하여야 한다. 〈개정 2015. 12. 22.〉

1. 다문화가족 지원 정책의 기본 방향

2. 다문화가족 지원을 위한 분야별 발전시책과 평가에 관한 사항
3. 다문화가족 지원을 위한 제도 개선에 관한 사항
3의2. 다문화가족 구성원의 경제 · 사회 · 문화 등 각 분야에서 활동 증진에 관한 사항
4. 다문화가족 지원을 위한 재원 확보 및 배분에 관한 사항
5. 그 밖에 다문화가족 지원을 위하여 필요한 사항

③ 여성가족부장관은 기본계획을 수립할 때에는 미리 관계 중앙행정기관의 장과 협의하여야 한다.

④ 기본계획은 제3조의4에 따른 다문화가족정책위원회의 심의를 거쳐 확정한다. 이 경우 여성가족부장관은 확정된 기본계획을 관계 중앙행정기관의 장과 특별시장 · 광역시장 · 특별자치시장 · 도지사 · 특별자치도지사(이하 "시 · 도지사"라 한다)에게 알려야 한다. 〈개정 2015. 12. 1.〉

⑤ 여성가족부장관은 기본계획을 수립하기 위하여 필요하다고 인정하는 경우 관계 기관의 장에게 기본계획의 수립에 필요한 자료의 제출을 요구할 수 있다.

⑥ 제5항에 따라 자료의 제출을 요구받은 관계 기관의 장은 정당한 사유가 없으면 이에 따라야 한다.

[본조신설 2011. 4. 4.]

제3조의3(연도별 시행계획의 수립 · 시행) ① 여성가족부장관, 관계 중앙행정기관의 장과 시 · 도지사는 매년 기본계획에 따라 다문화가족정책에 관한 시행계획(이하 "시행계획"이라 한다)을 수립 · 시행하여야 한다.

② 관계 중앙행정기관의 장과 시 · 도지사는 전년도의 시행계획에 따른 추진실적 및 다음 연도의 시행계획을 대통령령으로 정하는 바에 따라 매년 여성가족부장관에게 제출하여야 한다.

③ 시행계획의 수립 · 시행 및 추진실적의 평가 등에 필요한 사항은 대통령령으로 정한다.

[본조신설 2011. 4. 4.]

제3조의4(다문화가족정책위원회의 설치) ① 다문화가족의 삶의 질 향상과 사회통합에 관한 중요 사항을 심의 · 조정하기 위하여 국무총리 소속으로 다문화가족정책위원회(이하 "정책위원회"라 한다)를 둔다.

② 정책위원회는 다음 각 호의 사항을 심의 · 조정한다.
1. 제3조의2에 따른 다문화가족정책에 관한 기본계획의 수립 및 추진에 관한 사항
2. 제3조의3에 따른 다문화가족정책의 시행계획의 수립, 추진실적 점검 및 평가에 관한 사항
3. 다문화가족과 관련된 각종 조사, 연구 및 정책의 분석 · 평가에 관한 사항
4. 각종 다문화가족 지원 관련 사업의 조정 및 협력에 관한 사항
5. 다문화가족정책과 관련된 국가 간 협력에 관한 사항
6. 그 밖에 다문화가족의 사회통합에 관한 중요 사항으로 위원장이 필요하다고 인정하는 사항

③ 정책위원회는 위원장 1명을 포함한 20명 이내의 위원으로 구성하고, 위원장은 국무총리가 되며, 위원은 다음 각 호의 사람이 된다.

1. 대통령령으로 정하는 중앙행정기관의 장
2. 다문화가족정책에 관하여 학식과 경험이 풍부한 사람 중에서 위원장이 위촉하는 사람

④ 정책위원회에서 심의·조정할 사항을 미리 검토하고 대통령령에 따라 위임된 사항을 다루기 위하여 정책위원회에 실무위원회를 둔다.

⑤ 그 밖에 정책위원회 및 실무위원회의 구성 및 운영 등에 필요한 사항은 대통령령으로 정한다. [본조신설 2011. 4. 4.]

제4조(실태조사 등) ① 여성가족부장관은 다문화가족의 현황 및 실태를 파악하고 다문화가족 지원을 위한 정책수립에 활용하기 위하여 3년마다 다문화가족에 대한 실태조사를 실시하고 그 결과를 공표하여야 한다. 〈개정 2010. 1. 18.〉

② 여성가족부장관은 제1항에 따른 실태조사를 위하여 관계 공공기관 또는 관련 법인·단체에 대하여 필요한 자료의 제출 등 협조를 요청할 수 있다. 이 경우 자료의 제출 등 협조를 요청받은 관계 공공기관 또는 관련 법인·단체 등은 특별한 사유가 없는 한 이에 협조하여야 한다. 〈개정 2010. 1. 18.〉

③ 여성가족부장관은 제1항에 따른 실태조사를 실시함에 있어서 외국인정책 관련 사항에 대하여는 법무부장관과, 다문화가족 구성원인 아동·청소년의 교육현황 및 아동·청소년의 다문화가족에 대한 인식 등에 관한 사항에 대하여는 교육부장관과 협의를 거쳐 실시한다. 〈개정 2010. 1. 18., 2011. 4. 4., 2013. 3. 23., 2015. 12. 1., 2017. 3. 21.〉

④ 제1항에 따른 실태조사의 대상 및 방법 등에 필요한 사항은 여성가족부령으로 정한다. 〈개정 2010. 1. 18.〉

제5조(다문화가족에 대한 이해증진) ①국가와 지방자치단체는 다문화가족에 대한 사회적 차별 및 편견을 예방하고 사회구성원이 문화적 다양성을 인정하고 존중할 수 있도록 다문화 이해교육을 실시하고 홍보 등 필요한 조치를 하여야 한다. 〈개정 2011. 4. 4., 2013. 3. 22.〉

② 여성가족부장관은 제1항에 따른 조치를 함에 있어 홍보영상을 제작하여 「방송법」 제2조제3호에 따른 방송사업자에게 배포하여야 한다. 〈신설 2015. 12. 1.〉

③ 여성가족부장관은 「방송법」 제2조제3호가목의 지상파방송사업자(이하 이 조에서 "지상파방송사업자"라 한다)에게 같은 법 제73조제4항에 따라 대통령령으로 정하는 비상업적 공익광고 편성비율의 범위에서 제2항의 홍보영상을 채널별로 송출하도록 요청할 수 있다. 〈신설 2015. 12. 1.〉

④ 지상파방송사업자는 제2항의 홍보영상 외에 독자적으로 홍보영상을 제작하여 송출할 수 있다. 이 경우 여성가족부장관에게 필요한 협조 및 지원을 요청할 수 있다. 〈신설 2015. 12. 1.〉

⑤ 교육부장관과 특별시·광역시·특별자치시·도·특별자치도의 교육감은 「유아교육법」 제2조, 「초·중등교육법」 제2조 또는 「고등교육법」 제2조에 따른 학교에서 다문화가족에 대한 이해를 돕는 교육을 실시하기 위한 시책을 수립·시행하여야 한다. 이 경우 제4조에 따른 실태조사의 결과 중 다문화가족 구성원인 아동·청소년의 교육현황 및 아동·청소년의 다문화가족에 대한 인식 등에

관한 사항을 반영하여야 한다. 〈신설 2011. 4. 4., 2013. 3. 23., 2015. 12. 1., 2017. 3. 21.〉

⑥ 교육부장관과 특별시 · 광역시 · 특별자치시 · 도 · 특별자치도의 교육감은 「유아교육법」 제2조 및 「초 · 중등교육법」 제2조에 따른 학교의 교원에 대하여 대통령령으로 정하는 바에 따라 다문화 이해 교육 관련 연수를 실시하여야 한다. 〈신설 2017. 12. 12.〉

제6조(생활정보 제공 및 교육 지원) ① 국가와 지방자치단체는 결혼이민자등이 대한민국에서 생활하는데 필요한 기본적 정보(아동 · 청소년에 대한 학습 및 생활지도 관련 정보를 포함한다)를 제공하고, 사회적응교육과 직업교육 · 훈련 및 언어소통 능력 향상을 위한 한국어교육 등을 받을 수 있도록 필요한 지원을 할 수 있다. 〈개정 2011. 4. 4., 2016. 3. 2.〉

② 국가와 지방자치단체는 결혼이민자등의 배우자 및 가족구성원이 결혼이민자등의 출신 국가 및 문화 등을 이해하는 데 필요한 기본적 정보를 제공하고 관련 교육을 지원할 수 있다. 〈신설 2017. 12. 12.〉

③ 국가와 지방자치단체는 제1항 및 제2항에 따른 교육을 실시함에 있어 거주지 및 가정환경 등으로 인하여 서비스에서 소외되는 결혼이민자등과 배우자 및 그 가족구성원이 없도록 방문교육이나 원격교육 등 다양한 방법으로 교육을 지원하고, 교재와 강사 등의 전문성을 강화하기 위한 시책을 수립 · 시행하여야 한다. 〈신설 2011. 4. 4., 2017. 12. 12.〉

④ 국가와 지방자치단체는 제3항의 방문교육의 비용을 결혼이민자등의 가구 소득수준, 교육의 종류 등 여성가족부장관이 정하여 고시하는 기준에 따라 차등지원할 수 있다. 〈신설 2015. 12. 1., 2017. 12. 12.〉

⑤ 국가와 지방자치단체가 제4항에 따른 비용을 지원함에 있어 비용 지원의 신청, 금융정보 등의 제공, 조사 · 질문 등은 「아이돌봄 지원법」 제22조부터 제25조까지의 규정을 준용한다. 〈신설 2015. 12. 1., 2017. 12. 12.〉

⑥ 결혼이민자등의 배우자 등 다문화가족 구성원은 결혼이민자등이 한국어교육 등 사회적응에 필요한 다양한 교육을 받을 수 있도록 노력하여야 한다. 〈신설 2015. 12. 1., 2017. 12. 12.〉

⑦ 그 밖에 제1항 및 제2항에 따른 정보제공 및 교육에 필요한 사항은 대통령령으로 정한다. 〈개정 2011. 4. 4., 2015. 12. 1., 2017. 12. 12.〉

제7조(평등한 가족관계의 유지를 위한 조치) 국가와 지방자치단체는 다문화가족이 민주적이고 양성평등한 가족관계를 누릴 수 있도록 가족상담, 부부교육, 부모교육, 가족생활교육 등을 추진하여야 한다. 이 경우 문화의 차이 등을 고려한 전문적인 서비스가 제공될 수 있도록 노력하여야 한다.

제8조(가정폭력 피해자에 대한 보호 · 지원) ① 국가와 지방자치단체는 「가정폭력방지 및 피해자보호 등에 관한 법률」에 따라 다문화가족 내 가정폭력을 예방하기 위하여 노력하여야 한다. 〈개정 2011. 4. 4.〉

② 국가와 지방자치단체는 가정폭력으로 피해를 입은 결혼이민자등을 보호 · 지원할 수 있다. 〈신설

2011. 4. 4.〉

③ 국가와 지방자치단체는 가정폭력의 피해를 입은 결혼이민자등에 대한 보호 및 지원을 위하여 외국어 통역 서비스를 갖춘 가정폭력 상담소 및 보호시설의 설치를 확대하도록 노력하여야 한다. 〈개정 2011. 4. 4.〉

④ 국가와 지방자치단체는 결혼이민자등이 가정폭력으로 혼인관계를 종료하는 경우 의사소통의 어려움과 법률체계 등에 관한 정보의 부족 등으로 불리한 입장에 놓이지 아니하도록 의견진술 및 사실확인 등에 있어서 언어통역, 법률상담 및 행정지원 등 필요한 서비스를 제공할 수 있다. 〈개정 2011. 4. 4.〉

제9조(의료 및 건강관리를 위한 지원) ① 국가와 지방자치단체는 결혼이민자등이 건강하게 생활할 수 있도록 영양 · 건강에 대한 교육, 산전 · 산후 도우미 파견, 건강검진 등의 의료서비스를 지원할 수 있다. 〈개정 2011. 4. 4.〉

② 국가와 지방자치단체는 결혼이민자등이 제1항에 따른 의료서비스를 제공받을 경우 외국어 통역 서비스를 제공할 수 있다. 〈신설 2011. 4. 4.〉

[제목개정 2011. 4. 4.]

제10조(아동 · 청소년 보육 · 교육) ① 국가와 지방자치단체는 아동 · 청소년 보육 · 교육을 실시함에 있어서 다문화가족 구성원인 아동 · 청소년을 차별하여서는 아니 된다. 〈개정 2015. 12. 1.〉

② 국가와 지방자치단체는 다문화가족 구성원인 아동 · 청소년이 학교생활에 신속히 적응할 수 있도록 교육지원대책을 마련하여야 하고, 특별시 · 광역시 · 특별자치시 · 도 · 특별자치도의 교육감은 다문화가족 구성원인 아동 · 청소년에 대하여 학과 외 또는 방과 후 교육 프로그램 등을 지원할 수 있다. 〈개정 2015. 12. 1.〉

③ 국가와 지방자치단체는 다문화가족 구성원인 18세 미만인 사람의 초등학교 취학 전 보육 및 교육 지원을 위하여 노력하고, 그 구성원의 언어발달을 위하여 한국어 및 결혼이민자등인 부 또는 모의 모국어 교육을 위한 교재지원 및 학습지원 등 언어능력 제고를 위하여 필요한 지원을 할 수 있다. 〈개정 2013. 3. 22., 2015. 12. 1.〉

④ 「영유아보육법」 제10조에 따른 어린이집의 원장, 「유아교육법」 제7조에 따른 유치원의 장, 「초 · 중등교육법」 제2조에 따른 각급 학교의 장, 그 밖에 대통령령으로 정하는 기관의 장은 아동 · 청소년 보육 · 교육을 실시함에 있어 다문화가족 구성원인 아동 · 청소년이 차별을 받지 아니하도록 필요한 조치를 하여야 한다. 〈신설 2015. 12. 1.〉

[제목개정 2015. 12. 1.]

제11조(다국어에 의한 서비스 제공) 국가와 지방자치단체는 제5조부터 제10조까지의 규정에 따른 지원정책을 추진함에 있어서 결혼이민자등의 의사소통의 어려움을 해소하고 서비스 접근성을 제고하기 위하여 다국어에 의한 서비스 제공이 이루어지도록 노력하여야 한다.

제11조의2(다문화가족 종합정보 전화센터의 설치 · 운영 등) ① 여성가족부장관은 다국어에 의한 상담 · 통역 서비스 등을 결혼이민자등에게 제공하기 위하여 다문화가족 종합정보 전화센터(이하 "전화센터"라 한다)를 설치 · 운영할 수 있다. 이 경우 「가정폭력방지 및 피해자보호 등에 관한 법률」 제4조의6제1항 후단에 따른 외국어 서비스를 제공하는 긴급전화센터와 통합하여 운영할 수 있다.

② 여성가족부장관은 전화센터의 설치 · 운영을 대통령령으로 정하는 기관 또는 단체에 위탁할 수 있다.

③ 여성가족부장관은 전화센터의 설치 · 운영을 위탁할 경우 예산의 범위에서 그에 필요한 비용의 전부 또는 일부를 지원할 수 있다.

④ 전화센터의 설치 · 운영에 필요한 사항은 여성가족부령으로 정한다.

[본조신설 2013. 8. 13.]

제12조(다문화가족지원센터의 설치 · 운영 등) ① 국가와 지방자치단체는 다문화가족지원센터(이하 "지원센터"라 한다)를 설치 · 운영할 수 있다.

② 국가 또는 지방자치단체는 지원센터의 설치 · 운영을 대통령령으로 정하는 법인이나 단체에 위탁할 수 있다.

③ 국가 또는 지방자치단체 아닌 자가 지원센터를 설치 · 운영하고자 할 때에는 미리 시 · 도지사 또는 시장 · 군수 · 구청장(자치구의 구청장을 말한다. 이하 같다)의 지정을 받아야 한다.

④ 지원센터는 다음 각 호의 업무를 수행한다.

1. 다문화가족을 위한 교육 · 상담 등 지원사업의 실시
2. 결혼이민자등에 대한 한국어교육
3. 다문화가족 지원서비스 정보제공 및 홍보
4. 다문화가족 지원 관련 기관 · 단체와의 서비스 연계
5. 일자리에 관한 정보제공 및 일자리의 알선
6. 다문화가족을 위한 통역 · 번역 지원사업
7. 그 밖에 다문화가족 지원을 위하여 필요한 사업

⑤ 지원센터에는 다문화가족에 대한 교육 · 상담 등의 업무를 수행하기 위하여 관련 분야에 대한 학식과 경험을 가진 전문인력을 두어야 한다.

⑥ 국가와 지방자치단체는 제3항에 따라 지정한 지원센터에 대하여 예산의 범위에서 제4항 각 호의 업무를 수행하는 데에 필요한 비용 및 지원센터의 운영에 드는 비용의 전부 또는 일부를 보조할 수 있다. 〈개정 2016. 3. 2.〉

⑦ 제1항, 제2항 및 제3항에 따른 지원센터의 설치 · 운영 기준, 위탁 · 지정 기간 및 절차 등에 필요한 사항은 대통령령으로 정하고, 제5항에 따른 전문인력의 기준 등에 필요한 사항은 여성가족부령으로 정한다.

[전문개정 2012. 2. 1.]

제12조의2(보수교육의 실시) ① 여성가족부장관 또는 시·도지사는 지원센터에 두는 전문인력의 자질과 능력을 향상시키기 위하여 보수교육을 실시하여야 한다.

② 제1항에 따른 보수교육의 내용·기간 및 방법 등은 여성가족부령으로 정한다.

[본조신설 2012. 2. 1.]

제12조의3(유사명칭 사용 금지) 이 법에 따른 지원센터가 아니면 다문화가족지원센터 또는 이와 유사한 명칭을 사용하지 못한다.

[본조신설 2013. 8. 13.]

제13조(다문화가족 지원업무 관련 공무원의 교육) 국가와 지방자치단체는 다문화가족 지원 관련 업무에 종사하는 공무원의 다문화가족에 대한 이해증진과 전문성 향상을 위하여 교육을 실시할 수 있다.

제13조의2(다문화가족지원사업 전문인력 양성) ① 국가 또는 지방자치단체는 다문화가족지원 및 다문화 이해교육 등의 사업 추진에 필요한 전문인력을 양성하는 데 노력하여야 한다.

② 여성가족부장관은 제1항에 따른 전문인력을 양성하기 위하여 대통령령으로 정하는 바에 따라 대학이나 연구소 등 적절한 인력과 시설 등을 갖춘 기관이나 단체를 전문인력 양성기관으로 지정하여 관리할 수 있다.

③ 국가 또는 지방자치단체는 제2항에 따라 지정된 전문인력 양성기관에 대하여 예산의 범위에서 필요한 경비의 전부 또는 일부를 지원할 수 있다.

④ 제2항에 따른 전문인력 양성기관의 지정 기준 및 절차 등은 대통령령으로 정한다.

[본조신설 2012. 2. 1.]

제14조(사실혼 배우자 및 자녀의 처우) 제5조부터 제12조까지의 규정은 대한민국 국민과 사실혼 관계에서 출생한 자녀를 양육하고 있는 다문화가족 구성원에 대하여 준용한다.

제14조의2(다문화가족 자녀에 대한 적용 특례) 다문화가족이 이혼 등의 사유로 해체된 경우에도 그 구성원이었던 자녀에 대하여는 이 법을 적용한다.

[본조신설 2013. 8. 13.]

제15조(권한의 위임과 위탁) ① 여성가족부장관은 이 법에 따른 권한의 일부를 대통령령으로 정하는 바에 따라 시·도지사 또는 시장·군수·구청장에게 위임할 수 있다. 〈개정 2010. 1. 18., 2011. 4. 4., 2012. 2. 1.〉

② 국가와 지방자치단체는 이 법에 따른 업무의 일부를 대통령령으로 정하는 바에 따라 비영리법인이나 단체에 위탁할 수 있다.

제15조의2(정보 제공의 요청) ① 여성가족부장관 또는 지방자치단체의 장은 이 법의 시행을 위하여 필요한 경우에는 법무부장관에게 다음 각 호의 정보 중 결혼이민자등의 현황 파악을 위한 정보로서 대통령령으로 정하는 정보의 제공을 요청할 수 있다. 이 경우 지방자치단체의 장은 해당 관할구역의

결혼이민자등에 관한 정보에 한정하여 요청할 수 있다.

1. 「재한외국인 처우 기본법」 제2조제3호에 따른 결혼이민자의 외국인 등록 정보

2. 「국적법」 제6조제2항에 따라 귀화허가를 받은 사람의 귀화허가 신청 정보

② 제1항에 따라 정보의 제공을 요청받은 법무부장관은 정당한 사유가 없으면 이에 따라야 한다.

③ 제1항에 따라 정보를 제공받은 여성가족부장관 또는 지방자치단체의 장은 제공받은 정보를 제12조제1항 · 제3항에 따른 지원센터에 제공할 수 있다.

[본조신설 2012. 2. 1.]

제16조(민간단체 등의 지원) ① 국가와 지방자치단체는 다문화가족 지원 사업을 수행하는 단체나 개인에 대하여 필요한 비용의 전부 또는 일부를 보조하거나 그 업무수행에 필요한 행정적 지원을 할 수 있다.

② 국가와 지방자치단체는 결혼이민자등이 상부상조하기 위한 단체의 구성 · 운영 등을 지원할 수 있다.

제17조(과태료) ① 제12조의3을 위반한 자에게는 300만원 이하의 과태료를 부과한다.

② 제1항에 따른 과태료는 대통령령으로 정하는 바에 따라 여성가족부장관 또는 지방자치단체의 장이 부과 · 징수한다.

[본조신설 2013. 8. 13.]

부칙 〈제15204호, 2017. 12. 12.〉

이 법은 공포 후 6개월이 경과한 날부터 시행한다.

다문화가족지원법 시행규칙

[시행 2017. 1. 1] [여성가족부령 제104호, 2016. 12. 27, 타법개정]

여성가족부(다문화가족과) 02-2100-6372

제1조(목적) 이 규칙은 「다문화가족지원법」 및 같은 법 시행령에서 위임된 사항과 그 시행에 필요한 사항을 규정함을 목적으로 한다.

제2조(다문화가족 실태조사의 대상 및 방법 등) ① 여성가족부장관은 「다문화가족지원법」(이하 "법"이라 한다) 제4조에 따라 결혼이민자등과 그 한국인 배우자 및 자녀 등을 대상으로 하는 다문화가족 실태조사(이하 "실태조사"라 한다)를 실시한다. 〈개정 2010. 3. 19.〉

② 여성가족부장관은 제1항에 따른 실태조사를 다문화가족에 관한 전문성, 인력 및 장비를 갖춘 연구기관·법인 또는 단체에 의뢰하여 실시할 수 있다. 〈개정 2010. 3. 19.〉

③ 제1항에 따른 실태조사에는 다음 각 호의 사항이 포함되어야 한다. 〈개정 2010. 3. 19.〉

1. 성별, 연령, 학력, 취업상태 등 가족구성원의 일반특성에 관한 사항
2. 소득, 지출, 자산 등 가족의 경제상태에 관한 사항
3. 자녀양육, 가족부양 등 가족행태 및 가족관계에 관한 사항
4. 의식주, 소비, 여가, 정보 이용 등 생활양식에 관한 사항
5. 가족갈등 등 가족문제에 관한 사항
6. 다문화가족 지원 관련 교육·상담 등 서비스 수요에 관한 사항
7. 그 밖에 다문화가족의 현황 및 실태파악에 필요한 사항으로서 여성가족부장관이 정하는 사항

④ 여성가족부장관은 사회환경의 급격한 변동 등으로 추가적인 조사가 필요할 때에는 제1항에 따른 실태조사 외에 임시조사를 실시하여 이를 보완할 수 있다. 〈개정 2010. 3. 19.〉

제2조의2(다문화가족 종합정보 전화센터의 설치·운영기준) 법 제11조의2제4항에 따른 다문화가족 종합정보 전화센터(이하 "전화센터"라 한다)의 설치·운영기준은 별표와 같다.

[본조신설 2013. 12. 30.]

제3조(다문화가족지원센터 전문인력의 기준) 법 제12조제1항부터 제3항까지의 규정에 따른 다문화가족지원센터(이하 "지원센터"라 한다)에는 같은 조 제5항에 따라 다음 각 호의 어느 하나에 해당하는 전문인력을 1명 이상 두어야 한다. 〈개정 2010. 3. 19., 2012. 8. 16.〉

1. 「건강가정기본법」 제35조에 따른 건강가정사
2. 「사회복지사업법」 제11조에 따른 사회복지사
3. 그 밖에 여성가족부장관이 인정하는 관련 분야의 전문인력

제4조(위탁계약서) 「다문화가족지원법 시행령」(이하 "영"이라 한다) 제12조의2제2항에 따른 위탁계약에는 다음 각 호의 내용이 포함되어야 한다.

1. 수탁자의 성명 및 주소
2. 위탁계약기간
3. 위탁대상 시설 및 업무내용
4. 수탁자의 의무 및 준수 사항
5. 지원센터의 안전관리에 관한 사항
6. 전문인력의 고용승계에 관한 사항
7. 계약의 해지에 관한 사항
8. 그 밖에 여성가족부장관이 지원센터의 운영에 필요하다고 인정하는 사항

[전문개정 2012. 8. 16.]

제5조(다문화가족지원센터 지정 신청서) 영 제12조의3제1항에 따른 다문화가족지원센터 지정 신청서는 별지 제1호서식과 같다.

[본조신설 2012. 8. 16.]

제6조(다문화가족지원센터 지정서) 영 제12조의3제3항에 따른 다문화가족지원센터 지정서는 별지 제2호서식과 같다.

[본조신설 2012. 8. 16.]

제7조(전문인력 양성기관 지정 신청서) 영 제12조의4제1항에 따른 다문화가족지원 전문인력 양성기관 지정 신청서는 별지 제3호서식과 같다.

[본조신설 2012. 8. 16.]

제8조(전문인력 양성기관 지정서) 영 제12조의4제3항에 따른 다문화가족지원 전문인력 양성기관 지정서는 별지 제4호서식과 같다.

[본조신설 2012. 8. 16.]

제9조(보수교육의 실시기준) ① 삭제 〈2014. 12. 12.〉

② 보수교육은 집합교육, 온라인 교육 등 다양한 방법으로 실시할 수 있다.

③ 보수교육에는 다문화사회의 이해, 다문화가족정책, 비영리기관의 운영관리 등이 포함되도록 하고, 그 구체적인 내용은 여성가족부장관이 정한다.

[본조신설 2012. 8. 16.]

제10조(규제의 재검토) 여성가족부장관은 다음 각 호의 사항에 대하여 2015년 1월 1일을 기준으로 2년마다(매 2년이 되는 해의 기준일과 같은 날 전까지를 말한다) 그 타당성을 검토하여 개선 등의 조치를 하여야 한다.

1. 제2조의2 및 별표에 따른 다문화가족 종합정보 전화센터의 설치 · 운영기준

2. 제3조에 따른 다문화가족지원센터 전문인력의 기준
[본조신설 2014. 12. 12.]

부칙 〈제104호, 2016. 12. 27.〉 (일몰규제 정비를 위한 가정폭력방지 및 피해자보호 등에 관한 법률 시행규칙 등 일부개정령)

이 규칙은 2017년 1월 1일부터 시행한다.

다문화가족지원법 시행령

[시행 2018. 6. 13] [대통령령 제28939호, 2018. 6. 5, 일부개정]

여성가족부(다문화가족과) 02-2100-6372

제1조(목적) 이 영은 「다문화가족지원법」에서 위임된 사항과 그 시행에 필요한 사항을 규정함을 목적으로 한다.

제2조(연도별 시행계획의 수립 · 시행) ① 여성가족부장관은 관계 중앙행정기관의 장과 특별시장 · 광역시장 · 특별자치시장 · 도지사 · 특별자치도지사(이하 "시 · 도지사"라 한다)가 「다문화가족지원법」(이하 "법"이라 한다) 제3조의3제1항에 따른 연도별 시행계획(이하 "시행계획"이라 한다)을 효율적으로 수립 · 시행할 수 있도록 다음 연도의 시행계획 수립지침을 정하여 매년 10월 31일까지 관계 중앙행정기관의 장과 시 · 도지사에게 알려야 한다. 〈개정 2018. 6. 5.〉

② 제1항에 따른 지침의 내용 중 외국인 정책 관련 사항은 법무부장관과 협의하여 정한다.

③ 관계 중앙행정기관의 장과 시 · 도지사는 제1항에 따른 시행계획 수립지침에 따라 다음 연도의 시행계획을 수립하여 매년 12월 31일까지 여성가족부장관에게 제출하여야 한다.

④ 여성가족부장관은 제3항에 따라 관계 중앙행정기관의 장과 시 · 도지사로부터 제출받은 시행계획과 여성가족부 소관 시행계획을 종합하여 법 제3조의4에 따른 다문화가족정책위원회(이하 "정책위원회"라 한다)의 회의에 부쳐야 한다.

⑤ 여성가족부장관은 제3항에 따른 시행계획이 정책위원회의 심의 · 조정을 거쳐 확정된 경우에는 이를 지체 없이 관계 중앙행정기관의 장과 시 · 도지사에게 알려야 한다.

제3조(추진실적의 평가 등) ① 여성가족부장관은 법 제3조의3제2항 및 제3항에 따른 전년도 시행계획 추진실적의 작성지침을 정하여 관계 중앙행정기관의 장과 시 · 도지사에게 알려야 한다.

② 제1항에 따른 지침의 내용 중 외국인 정책 관련 사항은 법무부장관과 협의하여 정한다.

③ 관계 중앙행정기관의 장과 시 · 도지사는 제1항에 따른 추진실적 작성지침에 따라 전년도 추진실적을 작성하여 매년 2월 말까지 여성가족부장관에게 제출하여야 한다.

④ 여성가족부장관은 제3항에 따라 관계 중앙행정기관의 장과 시 · 도지사로부터 제출받은 추진실적과 여성가족부 소관 추진실적을 종합하여 성과를 평가하고, 그 결과를 정책위원회에 보고하여야 한다.

⑤ 여성가족부장관은 제4항에 따른 평가를 효율적으로 하기 위하여 필요한 경우 전문가에게 자문하거나 조사 · 분석 등을 의뢰할 수 있다. 이 경우 여성가족부장관은 해당 전문가에게 예산의 범위에서 수당과 여비, 그 밖에 필요한 경비를 지급할 수 있다.

제4조(계획 수립 등의 협조) ① 여성가족부장관, 관계 중앙행정기관의 장 및 시 · 도지사는 시행계획을 수립 · 시행하고 추진실적을 평가하기 위하여 필요한 경우에는 국가기관, 지방자치단체 또는 「공공기관의 운영에 관한 법률」 제4조에 따른 공공기관의 장에게 협조를 요청할 수 있다.

② 제1항에 따른 협조 요청을 받은 자는 특별한 사유가 없으면 협조하여야 한다.

제5조(정책위원회의 구성 등) ① 법 제3조의4제3항제1호에서 "대통령령으로 정하는 중앙행정기관의 장"이란 기획재정부장관, 교육부장관, 과학기술정보통신부장관, 외교부장관, 법무부장관, 행정안전부장관, 문화체육관광부장관, 농림축산식품부장관, 보건복지부장관, 고용노동부장관, 여성가족부장관 및 국무조정실장을 말한다. 〈개정 2013. 3. 23., 2014. 11. 19., 2017. 7. 26.〉

② 정책위원회 위원장(이하 "위원장"이라 한다)은 법 제3조의4제3항제2호에 따라 7명 이내의 위원을 위촉할 수 있다.

③ 제2항에 따른 위원의 임기는 2년으로 한다.

④ 위원장은 필요하다고 인정되면 정책위원회의 심의 안건과 관련된 중앙행정기관의 장 및 지방자치단체의 장을 회의에 참석하게 할 수 있다.

⑤ 정책위원회의 사무를 처리하기 위하여 정책위원회에 간사 1명을 두며, 간사는 여성가족부 청소년가족정책실장이 된다.

제6조(위원장) ① 위원장은 정책위원회를 대표하고, 정책위원회의 사무를 총괄한다.

② 위원장이 부득이한 사유로 직무를 수행할 수 없을 때에는 여성가족부장관이 그 직무를 대행한다.

제7조(정책위원회의 회의) ① 위원장은 정책위원회의 회의를 소집하고 그 의장이 된다.

② 위원장은 회의를 소집하려면 회의의 일시 · 장소 및 심의 안건을 정책위원회 위원과 제5조제4항에 따라 회의에 참석하는 사람에게 회의 개최 5일 전까지 서면으로 알려야 한다. 다만, 긴급히 개최하여야 하는 경우와 그 밖의 부득이한 사정이 있는 경우에는 그러하지 아니하다.

③ 정책위원회의 회의는 재적위원 과반수의 출석으로 개의(開議)하고, 출석위원 과반수의 찬성으로 의결한다.

제8조(실무위원회의 구성 및 운영 등) ① 법 제3조의4제4항에 따라 정책위원회에 두는 실무위원회(이하 "실무위원회"라 한다)는 다음 각 호의 사항을 검토한다.

1. 정책위원회에서 심의할 안건에 관한 사항
2. 정책위원회로부터 검토 지시를 받은 사항
3. 그 밖에 실무위원회 운영에 필요한 사항

② 실무위원회 위원장은 여성가족부차관이 되고, 위원은 제5조제1항에 따른 정책위원회 위원이 소속된 중앙행정기관의 고위공무원단에 속하는 일반직공무원 또는 고위공무원단에 속하지 아니한 1급부터 3급까지의 공무원 중에서 소속 중앙행정기관의 장이 지명한다.

③ 실무위원회 위원장은 필요하다고 인정되면 실무위원회 안건과 관련된 중앙행정기관 및 지방자치단체의 소속 공무원을 회의에 참석하게 할 수 있다.

④ 실무위원회 위원장은 다문화가족과 관련된 사안으로서 전문적인 검토가 필요하다고 인정되는 경우에는 제5조제1항에 따른 정책위원회 위원이 소속된 중앙행정기관 및 관계 행정기관의 과장급 공무원으로 다문화가족정책 실무협의체(이하 "실무협의체"라 한다)를 구성 · 운영할 수 있다.

⑤ 실무위원회는 직무수행을 위하여 필요한 경우에는 관계 공무원 또는 전문가의 의견을 듣거나 관계 기관 · 단체 등에 자료 · 의견의 제출을 요구하는 등 필요한 협조를 요청할 수 있다.

⑥ 실무위원회의 운영에 관하여는 제7조를 준용한다. 이 경우 "정책위원회"는 "실무위원회"로 본다.

제9조(수당 등) 정책위원회 및 실무위원회의 회의에 출석한 위원, 관계 기관 · 단체 등의 직원 또는 전문가에게는 예산의 범위에서 수당과 여비를 지급할 수 있다. 다만, 공무원이 소관 업무와 직접 관련하여 출석한 경우에는 그러하지 아니하다.

제10조(운영 세칙) 이 영에서 규정한 사항 외에 정책위원회의 구성과 운영에 필요한 사항은 정책위원회의 의결을 거쳐 위원장이 정하고, 실무위원회 및 실무협의체의 구성과 운영에 필요한 사항은 실무위원회의 의결을 거쳐 실무위원회 위원장이 정한다.

제10조의2(다문화 이해교육 관련 연수) ① 교육부장관은 「교육공무원법」 제38조제2항에 따라 교육공무원의 연수를 위한 계획을 수립 · 시행할 때 법 제5조제6항에 따른 다문화 이해교육 관련 내용을 포함하여야 한다.

② 특별시 · 광역시 · 특별자치시 · 도 · 특별자치도의 교육감은 법 제5조제6항에 따른 연수 실시와 관련하여 다음 각 호의 사항을 모두 포함하는 다문화 이해교육 관련 교원연수계획을 매년 수립하여 시행하여야 한다.

1. 연수의 목적 및 내용
2. 연수의 개설 및 운영 기관
3. 연수의 종류
4. 연수과정별 대상 및 인원
5. 연수의 이수기준
6. 그 밖에 연수의 운영 및 연수비의 지급 등에 필요한 사항

[본조신설 2018. 6. 5.]

제11조(생활정보 제공 및 교육 지원) ① 국가와 지방자치단체는 법 제6조제1항에 따라 다문화가족 지원 관련 정책정보, 이민자 정착 성공사례, 어린이집 등의 기관 소개, 한국문화 소개 등을 수록한 생활안내책자 등 정보지를 발간하여 배포한다. 〈개정 2011. 12. 8.〉

② 국가와 지방자치단체는 법 제6조제1항에 따라 결혼이민자등의 국적, 수학능력(修學能力), 그 밖의 교육 여건 등을 고려하여 체계적 · 단계적 교육을 실시할 수 있다.

③ 국가와 지방자치단체는 법 제6조제1항에 따라 결혼이민자등의 취업 및 창업을 촉진하기 위하여 능력 및 적성을 고려한 직업교육·훈련을 실시할 수 있다.

제11조의2(다문화가족 종합정보 전화센터 설치·운영의 위탁) 법 제11조의2제2항에서 "대통령령으로 정하는 기관 또는 단체"란 다음 각 호의 기관 또는 단체를 말한다.

1. 「사회복지사업법」에 따른 사회복지법인
2. 「가정폭력방지 및 피해자보호 등에 관한 법률」 제4조의6제1항 각 호 외의 부분 후단에 따른 외국어 서비스를 제공하는 긴급전화센터를 운영하는 기관 또는 단체
3. 그 밖에 다문화가족 지원을 위한 다국어 상담·통역 시설 및 전문인력을 갖춘 비영리법인 또는 단체 중 여성가족부장관이 지정·고시하는 법인 또는 단체

[전문개정 2014. 6. 30.]

제12조(다문화가족지원센터의 설치·운영 기준) ① 법 제12조제1항에 따른 다문화가족지원센터(이하 "지원센터"라 한다)의 설치·운영 기준은 별표 1과 같다. 〈개정 2013. 12. 30.〉

② 그 밖에 지원센터의 설치·운영에 관한 세부사항은 여성가족부장관이 정한다.

[전문개정 2012. 7. 31.]

제12조의2(지원센터의 위탁 대상 및 절차 등) ① 국가 또는 지방자치단체는 법 제12조제2항에 따라 지원센터의 설치·운영을 다음 각 호의 어느 하나에 해당하는 법인이나 단체에 위탁할 수 있다.

1. 「사회복지사업법」 제2조제3호에 따른 사회복지법인
2. 「민법」 제32조에 따라 설립된 다문화가족 지원 관련 비영리법인
3. 「공익법인의 설립·운영에 관한 법률」 제2조에 따라 같은 법을 적용받는 공익법인
4. 「비영리민간단체지원법」 제2조에 따른 다문화가족 지원 관련 비영리단체
5. 「고등교육법」 제2조에 따른 학교
6. 그 밖에 여성가족부장관이 다문화가족 지원을 위한 시설 및 전문인력을 갖추었다고 인정하는 법인·단체

②국가 또는 지방자치단체는 법 제12조제2항에 따라 지원센터의 설치·운영을 위탁하려는 경우에는 위탁 내용 및 절차를 고시하여 지원센터의 설치·운영을 위탁받으려는 자의 신청을 받은 후 신청자의 사업수행 능력, 재정적 능력, 활동 실적, 신뢰성 등을 종합적으로 고려하여 위탁받을 자를 선정하고 여성가족부령으로 정하는 내용이 포함된 위탁계약을 체결하여야 한다.

③ 지원센터 설치·운영의 위탁기간은 최대 3년으로 한다.

[본조신설 2012. 7. 31.]

제12조의3(지원센터의 지정 신청 등) ① 법 제12조제3항에 따라 지원센터를 지정받으려는 자는 별표 1에 따른 지원센터의 설치·운영 기준에 따른 요건을 갖추고 여성가족부령으로 정하는 지정 신청서에 다음 각 호의 서류를 첨부하여 시·도지사 또는 시장·군수·구청장(자치구의 구청장을 말한다. 이하 같다)에게 제출하여야 한다. 〈개정 2013. 12. 30.〉

1. 사업계획서
2. 별표 1에 따른 설치 · 운영 기준에 맞는 요건을 갖추었음을 증명하는 서류

② 시 · 도지사 또는 시장 · 군수 · 구청장은 제1항에 따라 지정 신청을 받은 경우에는 다음 각 호의 사항을 고려하여 지정 여부를 결정한다.

1. 다문화가족 지원 관련 업무 수행 경력
2. 교통여건, 지리적 위치 등 접근성
3. 법 제12조제5항에 따른 전문인력의 확보 수준
4. 시설의 적정성
5. 사업계획서의 충실성 및 실행 가능성

③ 시 · 도지사 또는 시장 · 군수 · 구청장은 제2항에 따라 지원센터로 지정한 경우에는 여성가족부령으로 정하는 지정서를 발급하여야 한다.

④ 지원센터의 지정기간은 3년으로 한다.

[본조신설 2012. 7. 31.]

제12조의4(전문인력 양성기관 지정 등) ① 법 제13조의2제2항에 따라 전문인력 양성기관으로 지정받으려는 자는 여성가족부령으로 정하는 지정 신청서에 다음 각 호에 해당하는 서류를 첨부하여 여성가족부장관에게 제출하여야 한다.

1. 사업계획서
2. 교육 과정 및 내용을 설명하는 서류
3. 교육 관련 인력 현황
4. 시설 및 장비 등 교육 환경 현황

② 여성가족부장관은 제1항에 따라 지정 신청을 받은 경우에는 다음 각 호의 사항을 고려하여 지정 여부를 결정한다.

1. 교육 과정 및 내용의 체계성
2. 교육 관련 인력의 전문성 및 교육기능 수행 역량
3. 시설 및 장비 등의 교육 적합성
4. 전문인력의 수 및 전문인력 양성기관의 지역적 분포 등 교육 수요

③ 여성가족부장관은 제2항에 따라 전문인력 양성기관으로 지정한 경우에는 여성가족부령으로 정하는 지정서를 발급하여야 한다.

[본조신설 2012. 7. 31.]

제13조(보수교육의 위탁) 여성가족부장관은 법 제15조제2항에 따라 법 제12조의2제1항에 따른 보수교육을 다음 각 호의 어느 하나에 해당하는 법인 · 단체에 위탁할 수 있다.

1. 「고등교육법」 제2조에 따른 학교
2. 「민법」 제32조 또는 특별법에 따라 설립된 다문화가족 지원 관련 비영리법인

[전문개정 2012. 7. 31.]

제14조(정보제공의 범위) ① 법 제15조의2제1항 각 호 외의 부분 전단에서 "대통령령으로 정하는 정보"란 다음 각 호의 정보를 말한다. 다만, 제6호의 정보는 본인이 제공에 동의한 경우로 한정한다. 〈개정 2014. 6. 30.〉

1. 이름
2. 성별
3. 출생연도
4. 국적
5. 국내거주지역(시, 군 또는 자치구까지로 한다)
6. 주소 및 연락처(전화번호 · 전자우편주소 등을 말한다)

② 법무부장관은 제1항에 따른 정보를 제출받은 여성가족부장관 또는 지방자치단체의 장(그로부터 정보를 제공받은 법 제12조제1항 · 제3항에 따른 지원센터를 포함한다)에게 그 정보의 사용내역, 제공 · 관리 현황 등 정보관리에 필요한 자료를 요청할 수 있다.

[본조신설 2012. 7. 31.]

제15조(고유식별정보의 처리) 국가와 지방자치단체의 장(법 제15조제2항에 따라 그 업무를 위탁받은 자를 포함한다) 또는 법 제12조에 따라 설치된 다문화가족지원센터는 다음 각 호의 사무를 수행하기 위하여 불가피한 경우 「개인정보 보호법 시행령」 제19조제1호 또는 제4호에 따른 주민등록번호 또는 외국인등록번호가 포함된 자료를 처리할 수 있다.

1. 법 제6조제1항에 따른 정보 제공 및 교육 지원에 관한 사무
2. 법 제7조에 따른 가족상담, 부부교육 등에 관한 사무
3. 법 제9조제1항에 따른 영양 · 건강 교육 및 의료서비스 지원 등에 관한 사무
4. 법 제10조제3항에 따른 보육 및 교육 지원 등에 관한 사무
5. 법 제11조에 따른 다국어 서비스 제공에 관한 사무

[본조신설 2013. 1. 16.]

제15조의2(규제의 재검토) 여성가족부장관은 제12조 및 별표 1에 따른 다문화가족지원센터의 설치 · 운영 기준에 대하여 2017년 1월 1일을 기준으로 2년마다(매 2년이 되는 해의 1월 1일 전까지를 말한다) 그 타당성을 검토하여 개선 등의 조치를 하여야 한다.

[전문개정 2016. 12. 30.]

제16조(과태료의 부과기준) 법 제17조제2항에 따른 과태료의 부과기준은 별표 2와 같다.

[본조신설 2013. 12. 30.]

부칙 〈제28939호, 2018. 6. 5.〉

이 영은 2018년 6월 13일부터 시행한다.

| 참고문헌 |

강경심(2011). 고등학교 기술, 가정 교과서의 진로교육단원 내용분석. **대한가정학연구, 49**(8), 113-124.

강선미(1998). 비행 청소년과 일반 청소년의 성역할 정체감과 공격성. 고려대학교 석사학위논문.

강선보(1997). 죽음에 관한 교육적 논의. 고려대학교 사범대학교 사대논집 21.

강선보(2003). 실존주의 철학에서 본 죽음과 교육. **교육문제연구, 19**, 1-23.

강은영, 신성만, 홍민지, 김일수(2012). 마약류사범 재활센터 치료, 재활교육 프로그램 개발 연구. **형사정책연구원 연구총서, 2012**(12), 2-302.

강주희, 박지혜, 전종설(2011). 피학대경험이 청소년의 음주에 미치는 영향: 정신건강과 자아존중감의 매개효과를 중심으로. **청소년복지연구, 13**(1), 121-140.

강진령, 유형근(2000). **집단괴롭힘**. 서울: 학지사.

강진숙(2010). 청소년미디어보호 자율규제제도에 대한 인식 연구. **한국언론학보, 54**(5), 372-396.

강혜승(2006. 02. 20.). 수원 청소년 자살예방센터를 찾아서. 서울신문.

경찰업무편람(2003). 경찰청.

경찰청(2006). 경찰백서.

경찰청 · 한국심리학회(2007). 소년범수사시 전문가 참여제 운영관련 워크숍 자료집.

고동우(2007). **여가학의 이해**. 서울: 세림출판사.

고윤순(2006). 부모의 참여정도와 치료종류가 알코올과 약물남용 청소년의 치료결과에 미치는 영향. **한국아동복지학, 22**, 161-190.

고효진, 김대진, 이홍표(2000). 청소년 자살위험성 예측척도의 타당화 연구(1). **신경정신의학, 39**(4), 680-690.

곽금주(2006). "학교폭력과 왕따의 구조적 특징". **학교폭력 예방과 상담**(문용린 외). 서울: 학지사.

곽미정, 문신용(2010). 시민의식 영향요인 연구: 청소년자원봉사활동의 동기, 진로 성숙도, 학업스트레스를 중심으로. **시민사회와 NGO, 8**(2), 111-141.

관계부처합동(2010). 제4차 청소년 정책(수정 · 보완) 기본계획. 여성가족부.

교육과학기술부(2010). 청소년 정신건강 증진메뉴얼: 중학생용.

구본용(2005). 위기(가능) 청소년 지원모델 개발 운영방안. 2005 수원시 청소년심포지움 수원시 위기청소년의 실태 및 지원방안.

국가청소년위원회(2005). 2005년도 청소년 유해환경접촉종합실태조사.

국가청소년위원회(2006). 2006년도 청소년 유해환경접촉종합실태조사.

국가청소년위원회(2006). 청소년 동반자 프로그램 활동 매뉴얼.

국가청소년위원회(2007). 2007년도 청소년쉼터 운영지침.

국가청소년위원회(2007). 정책점검회의자료.

권병덕(2002). 참여연대 설문조사와 사례로 본 청소년아르바이트 실태. 청소년 노동의 실태와 문제 토론회, 참여연대사회인권팀.

권용웅(2007). 문제해결요법이 중, 고등학생의 학업스트레스와 학업에 미치는 효과. 성균관대학교 대학원 박사학위논문.

권지은(1998). 청소년 비행관련 변인에 대한 메타분석. 숙명여자대학교 아동복지학과 석사학위논문.

금명자 외(2006). **다문화 가정 청소년 (혼혈청소년) 연구: 사회적응 실태조사 및 고정관념 조사**. 서울: 한국청소년상담원.

김경신(1993). 가족학의 이론적 관점과 적용. **대한가정학회지, 31**(1), 137-151.

김경아(2002). 청소년의 예절수행 세대전이 및 가정생활 건강성. 숙명여자대학교 대학원 박사학위논문.

김경애(2010). 협동학습과 강의식 수업을 복합적으로 적용한 수업이 중학교 과학 학업성취도에 미치는 영향. 아주대학교 교육대학원 석사학위논문.

김경자(2007). 다문화 가정 아동의 심리적 문제와 학교적응. 진주교육대학교 교육대학원 석사학위논문.

김경준, 김지혜, 류명화, 정익중(2006). 청소년 유형별 복지욕구 실태와 지원방안(연구보고 06-R10). 한국청소년정책연구원.

김경준, 최인재, 조흥식, 이용교, 이상균, 정익중(2005). **청소년 복지정책 현황과 개선방안 연구**. 서울: 한국청소년개발원.

김경희(2007). 중학생의 진로의식과 진로상담에 관한 연구. 금오공과대학교 석사학위논문.

김기헌, 안선영, 장상수, 김미란, 최동선(2009). 아동 · 청소년 생활패턴에 관한 국제비교연구. 보건복지가족부.

김기헌, 임희진, 장근영, 김혜영, 황옥경(2011). 제5차 청소년정책기본계획 수립을 위한 연구. 한국청소년정책연구원.

김기환, 전명희(2000). 청소년 자살의 특성과 유형에 관한 연구. **한국아동복지학회 학술발표논문집, 2000**(06), 113-134.

김남수(2000). 사회과교육에서의 생명교육에 관한 연구. 서울교육대 교육대학원 석사학위논문.

김남숙, 정진경, 박광배(1997). 한국 성역할 검사의 수정점수 및 분류기준 산출. **한국심리학회지:**

사회 및 성격, 11(2), 77-90.

김동련, 김명엽(2010). 방송통신상 청소년보호를 위한 법제개선에 관한 연구. 입법정책, 4(2), 131-166.

김명식, 이임순, 이창선(2007). 한국판 BDI-II의 타당화 연구1: 여대생을 대상으로. 한국심리학회지: 임상, 26(4), 997-1014.

김미영(2007). 학교체계가 중학생의 학교폭력에 미치는 영향. 한국청소년연구, 18(2), 287-314.

김복주(2007). 영상매체를 이용한 학습효과에 대한 비교연구. 예원예술대학교 석사학위논문.

김성경(1997). 가출소녀를 위한 사회복지 서비스 연구. 서울: 한국여성개발원.

김성이, 조학래, 노충래(2004). 청소년복지학. 경기: 집문당.

김순규(2008). 청소년 자살에 영향을 미치는 위험요인과 보호요인, 보호요인의 매개효과를 중심으로. 정신보건과 사회사업, 29, 66-93.

김승권, 김미숙, 강은정, 윤선화, 김현철, 이경상, 조혜영, 김주환, 임지영(2008). 아동 · 청소년정책 5개년 기본계획(안). 보건복지부.

김승권, 김유경, 조애저, 김혜련, 이혜경, 설동훈, 정기선, 심인선(2010). 2009년 전국다문화가족실태조사연구. 서울: 한국보건사회연구원.

김영순(2007). 청소년의 학교폭력에 영향을 미치는 요인에 관한 연구. 에니어그램연구, 4(1), 71-97.

김영평(1982). "정책오차의 수정에 대한 정당성", 「한국행정학보」, 제16권, 한국행정학회, pp.209-225.

김용석(1999). 국내외 알코올사용장애 선별도구의 비교를 통한 한국성인의 알코올사용장애에 관한 역학조사. 한국사회복지학, 37, 67-88.

김용석(1999). 청소년의 문제성 음주와 정신증상에 관한 연구. 정신보건과 사회사업, 7, 27-45.

김용석, 모선영, 최현정, 이자영(2008). 아동, 청소년의 정서행동문제 현황과 지원방안에 관한 연구. 초록우산 어린이재단 보고서, 1, 1-128.

김유경 외(2008). 다문화 시대를 대비한 복지정책 방안연구: 다문화가족을 중심으로. 한국보건사회연구원.

김은경(2006). 21세기 소년사법 개혁의 발전방향과 과제. 형사정책연구소식, 98, 15-23.

김은경, 이동원(2003). 범죄청소년의 문제행동 예방과 대책연구. 서울: 한국청소년개발원 · 한국형사정책연구원.

김인희(2011). 집단상담 진로탐색프로그램이 시각장애 중학생의 자아개념과 진로성숙도에 미치는 효과. 이화여자대학교 교육대학원 석사학위논문.

김일환(1996). 교육개혁안에 따른 초등학교 진로교육 실천방향. 진로교육연구, 5, 47-66.

김장희, 김계현(2007). 초등학생의 직업역량 육성에 대한 초등학교 교사들의 인식. 아시아 교육연구, 8(3), 81-114.

김재엽, 최선희(1998). 청소년 스트레스가 폭력비행에 미치는 영향. **사회과학논집, 29**, 181-204.

김정민, 박준희(2007). 비행성향 청소년의 우울 및 공격성 감소를 위한 인지행동집단상담 프로그램 개발과 효과. **한국가정관리학회지, 25**(4), 31-41.

김정옥(2006). 의사소통훈련프로그램이 청소년의 대인갈등 대처양식에 미치는 효과. 공주대학교 교육대학원 석사학위논문.

김종양(2003). 비행청소년 선도를 위한 경찰의 대응방안에 관한 연구. **한국경찰학회보. 5**(2), 37-61.

김종오, 성용은(2006). 유해환경이 청소년비행에 미치는 영향에 관한 실증적 연구. 한국범죄심리연구, 2(2), 203-225.

김종운, 박성실(2011). 대학생의 정서지능, 진로장벽, 진로결정 자기효능감이 진로결정에 미치는 영향. **진로교육연구, 24**(4), 209-229.

김준호, 박정선(1991). 청소년의 가출과 비행의 관계에 관한 연구. **형사정책연구원 연구총서, 1991**(1), 11-220.

김지선(2006). 청소년범죄의 발생 및 처리실태. **형사정책연구소식, 98**, 2-7.

김지혜(2003). 가출 청소년의 비행경험에 관한 해석적 연구. **한국사회복지학, 54**, 99-122.

김지혜(2005a). 가출 청소년의 비행화 과정 연구. 서울대학교 대학원 박사학위논문.

김지혜(2005b). 가출 청소년의 노동시장 참여와 비행. **한국청소년연구, 16**(2), 207-234.

김진숙, 강진구(2000). **청소년 문제유형 분류체계 개발 연구 Ⅳ**. 서울: 한국청소년상담원.

김창은(1990). 자기표현훈련프로그램이 대인불안 및 자아존중감에 미치는 효과. 한국교육대학교 대학원 석사학위논문.

김춘경, 김미화(2005). 문학을 활용한 상호작용 놀이치료 프로그램이 우울아동의 일상생활 스트레스, 무망감, 자살구상 및 자존감에 미치는 효과. **놀이치료연구, 9**(1), 67-83.

김충기(1987). **직업교육과 진로교육**. 서울: 교육과학사.

김충기(1995). 교육개혁에 따른 고등학교 직업 · 진로교육의 방향. **기술교육연구, 4**, 60-78.

김충기(2000). **진로교육의 이론과 실제**. 서울: 교육과학사.

김학수(2007). 비행청소년의 재범방지를 위한 경찰기관과 청소년관련 기관의 연계방안 연구. 중앙대학교 석사학위논문.

김향초(1998). **가출청소년의 이해**. 서울: 학지사.

김향초(2004). 가출청소년 보호대책의 필요성. 청소년보호위원회, 2004 가출청소년 보호대책토론회 자료집.

김향초(2007). 가출청소년에 대한 이해. 청소년쉼터 전문상담사 워크숍. 한국청소년쉼터협의회.

김현수(2003). 가출청소년 개입에서의 새로운 서비스 패러다임 개발을 위하여. 서울시립 신림청소년쉼터 5주년 기념 워크숍 자료집. 서울시립 신림청소년쉼터.

김현수, 김병석(2008). 자살생각과 그 관련변인들 간의 구조적 관계모형 검증. 한국상담심리학회, 20(2), 201-219.

김현수, 김정환(2011). 청소년 보호를 위한 유해 매체물 규제방안. 문화 · 미디어 · 엔터테인먼트법, 5(1), 1-23.

김현실(2002). 청소년의 성격 특성, 가정 역동적 환경 및 자살시도간의 관계. 대한간호학회지, 32(2), 231-242.

김현실(2005). 청소년의 자살시도 예측 요인-수도권과 광역시 거주 청소년을 대상으로. 아동간호학회지, 11(1), 34-42.

김혜선(2010). 인터넷을 활용한 진로정보탐색 프로그램이 중학생의 진로의사 결정유형, 진로정체감 및 진로결정 자기효능감에 미치는 효과. 계명대학교 교육대학원 석사학위논문.

김효창(2006). 성인자살의 특성과 자살유형에 관한 연구. 한국심리학회지: 사회문제, 12(1), 15-33.

김희주, 공은경, 이수정(2005). 소년사법처리 절차에 있어 경찰의 역할: 미국선도경찰관을 통한 한국의 소년보호정책. 한국공안행정학회, 20, 185-222.

남민(1997). 청소년 자살. 대한의사협회지, 453, 1282-1287.

남수정(2011). 고교생의 진로교육의 현황 및 진로역량과의 관계연구. 청소년학연구, 18(11), 283-304.

남승구, 정국현, 이은석(2007). 청소년의 집단따돌림, 자살생각에 있어서 생활체육참가의 긍정적 효과에 관한 연구. 한국스포츠사회학회지, 20(3), 403-423.

노기숙(2004). 진로탐색 집단상담 프로그램이 중학생의 진로성숙과 진로결정 자기효능감에 미치는 효과. 홍익대학교 교육대학원 석사학위논문.

노상우, 송영미(2002). 청소년 자살충동의 요인 분석. 교육논총, 22, 67-90.

노호래(2005). 청소년범죄자에 대한 경찰단계의 다이버젼. 법학연구, 19, 347-366.

류은영(2007). 진로탐색 집단상담 프로그램이 인문계 고등학생에게 미치는 영향 분석, 의사 결정유형, 진로태도성숙도 및 진로결정 자기 효능감을 중심으로. 중앙대학교 석사학위논문.

류진숙, 현은민(2006). 청소년의 정서지능과 스트레스 대처방식: 일반청소년과 비행청소년의 비교. 한국가정관리학회지. 24(1), 209-221.

류창열(2005). 기술교육원론. 충남: 충남대학교출판부.

문성도(1995). 파출소장 훈방권의 법적 근거. 경찰대논문집 제15권.

문성원(2002). 인터넷 자살 사이트에 의해 매개된 자살: 사례 중심의 탐색적 연구. 한국심리학회지: 상담 및 심리치료, 14(2), 461-485.

문용린, 곽윤정(2000). EQ를 높이려면 이렇게 하자. 서울: 대교출판사.

민무숙, 김인순(1999). 여학생 비행실태와 학교의 대응방안. 서울: 한국여성개발원.

박경(2005). 청소년의 아동기 학대경험과 자살사고간의 관계에서 문제해결과 사회적 지지의 중재 효과. **한국심리학회지: 학교, 12**(2), 131-147.

박광배, 신민섭(1991). 고등학생의 지각된 스트레스와 자살 생각. **한국심리학회지: 임상, 10**(1), 298-314.

박금혜(2004). 가출청소년 조기발견방안. 청소년보호위원회, 2004 가출청소년 보호대책 토론회 자료집.

박병금(2006). 청소년의 자살생각에 관한 생태체계요인 탐색. 충북대학교 박사학위논문.

박병금(2007). 청소년 자살생각 관련요인: 자아존중감과 우울의 매개효과를 중심으로. **한국생활과학회지, 16**(3), 505-522.

박상기, 손동권, 이순래(2003). **형사정책.** 서울: 형사정책연구원.

박순희(2000). 중학생의 내외 통제성 및 학업 성취도와 진로성숙도와의 관계 연구. 동국대학교 석사학위논문.

박영숙, 김영임, 박연환(1998). 대학생과 고등학생의 성역할 정체감과 성 고정관념에 대한 비교조사. **한국학교보건학회지, 11**(1), 51-62.

박영신(1990). 고등학생의 죽음에 대한 태도에 관한 연구. **공주대학교 교육연구소 교육연구, 7**, 93-115.

박우현(2001). 훈방권과 기소편의주의: 파출소장의 훈방권을 중심으로. 경찰종합학교 교관논문집 제16집.

박은성(2009). 진로탐색 집단상담 프로그램이 여고생의 자아정체감과 진로결정 자기효능감에 미치는 효과. 전남대학교 석사학위논문.

박은아(2005). 청소년의 진로 및 진로교육에 대한 인식. 목포대학교 석사학위논문.

박재우, 윤지영, 김태석, 김수진, 김대진(2007). 한국판 니코틴 의존 증후군 척도의 표준화와 금연 예측 인자로서의 유용성. **신경정신의학, 46**(1). 58-64.

박종효(2007c). 집단따돌림(왕따)에 대한 이해: 발달경향과 정신건강과의 관련성. **한국청소년연구, 18**(1), 247-272.

박지영(2006). 또래 상담자 훈련프로그램이 중학생의 공감적 이해와 의사소통에 미치는 효과. 부산대학교 교육대학원 석사학위논문.

박채연, 안준호, 방수영, 최삼욱(2010). 한국어판 Cigarette Dependence Scale-12(CDS-12)의 신뢰도와 타당도 연구. **중독정신의학, 14**(1), 42-48.

박현선(2001). 비행청소년의 공격성 대체를 위한 다중 모델적 개입의 효과. **한국아동복지학, 12**, 160-184.

박현선, 이상균(1998). 청소년기 문제 예방을 위한 학교-가정 연계프로그램 개발-학교기 반의 부모교육 프로그램을 중심으로. **한국사회복지학, 35**, 205-229.
박희봉(2010). **사회자본.** 조명출판사.
방수영 외(2008). **청소년 약물 남용의 이론과 실제: 청소년 유해약물 상담사 양성교재.** 서울: 명문출판사.
방은령(2001). 청소년보호와 육성에 관한 제도개선방안. **청소년복지연구, 3**(1), 23-40.
배영광(2013). 장애대학생의 장애정체성과 낙인이 진로성숙에 미치는 영향: 자기효능감의 매개효과. 건국대학교 석사학위논문.
배종대(2005). **형사정책**(7판). 서울: 홍문사.
법무부(2006). 청소년보호관찰 사례연구집.
법무부(2007). 보도자료.
법무연수원(2000). 소년범 처리절차.
보건복지가족부(2005). 자살 예방 5개년 종합대책-세부추진계획.
서미경(2011). 여성 흡연의 현황 및 정책과제. **보건복지포럼, 172**, 59-67.
서울 YMCA(1991). 청소년연구조사 활동보고서. 서울 YMCA 청소년 상담실.
서울 YMCA 청소년쉼터(1997). 청소년의 가출과 가정과의 관계에 대한 조사연구.
소광희(1999). **생명존중과 교육**. 서울: 문화과학사.
손은령, 이순희(2011). 국내 진로 집단지도 및 집단프로그램의 연구동향과 후속 연구과제. **교육연구논총, 32**(2), 129-147.
손진희, 홍지영(2008). **청소년 따돌림 문제의 이해와 대처**. 서울: 학지사.
송광섭(2003). 경미사건의 효율적 처리방안. **형사법연구, 19**, 47-84.
송영미(2000). 청소년 자살 충동요인과 예방교육에 관한 연구. 전북대 교육대학원 석사학위논문.
송은경(1994). 고등학생의 성역할 정체감과 진로의사결정 유형간의 관련 연구. 숙명여자대학교 석사학위논문.
식품의약품안전청(2008). 단약 동기증진 프로그램 매뉴얼 개발 연구보고서.
신민섭(1993). 자살기제에 대한 실증적 연구: 자기도피척도의 타당화. 연세대학교 박사학위논문.
신민섭, 박광배, 오경자(1991). 우울증과 충동성이 청소년들의 자살 행위에 미치는 영향. **한국심리학회지: 임상, 10**, 286-297.
신민섭, 박광배, 오경자, 김중술(1990). 고등학생의 자살 성향에 관한연구. **한국심리학회지: 임상, 9**(1), 1-19.
신영화(1999). 학대받는 아내의 능력고취를 위한 집단사회사업실천의 효과성. 서울대학교 대학원 박사학위논문.
신익현(1996). 인력개발 정책과 학교 진로교육의 방향. **진로교육연구, 6**, 35-65.

신임선, 장윤옥(2012). 커리어포트폴리오형 및 교사주도형 진로탐색 프로그램이 중학생의 진로성숙도와 진로정체감에 미치는 효과. **한국가정과교육학회지, 24**(1), 85-104.

안경애(2002). 초등학교 실과 교육과정에 반영된 진로교육 내용분석. 안양대학교 대학원 석사학위논문.

안동현, 김세실, 한은선(2004). **주의력결핍 장애아동의 사회기술훈련**. 서울: 학지사.

안세지, 김세일, 강은주(2012). 중학생 진로집단상담 프로그램의 활동내용 분석. **인문학논총, 29**, 345-386.

안창규(2003). **Holland 진로발달검사 실시요강**. 서울: 한국가이던스.

양계민, 조혜영(2010). 청소년 방과후 아카데미 프로그램에 대한 효과성 인식이 참여청소년의 심리사회적응 및 학업성취요인에 미치는 영향. **청소년복지연구, 12**(1), 61-92.

양돈규, 성옥련(1998). 부모갈등과 사회적 지지가 청소년의 우울과 비행에 미치는 영향. **한국심리학회 연차 학술발표논문집, 1998**, 375-393.

양미경, 김소연, 여성희(2005). 제7차 중학교 과학 교과서에 제시된 진로교육 관련 내용분석. **한국생물교육학회, 33**(3), 338-349.

양숙미(2000). 정신지체 성인자녀의 부모를 위한 역량강화집단 프로그램개발과 효과. 서울대학교 대학원 박사학위논문.

양희산(2001). 대학교 진로교육 프로그램의 개발과 활용. **진로교육연구, 14**, 67-77.

양희진(2005). 중학생의 진로교육 인식조사 및 중학교 3학년 과학 진로교육 프로그램 개발. 이화여자대학교 석사학위논문.

여성가족부(2015). 2015년 가족실태 조사 분석 연구.

오영재, 백경숙, 조선화(2001). **뉴밀레니엄 시대의 청소년복지론**. 서울: 양지.

원혜욱(2001). 가출로 인한 청소년범죄의 유형 및 대처방안. **형사정책, 13**(2), 217-241.

원혜욱(2006). 소년비행 예방을 위한 입법정책. **형사정책, 18**(2), 375-397.

원호택(1997). 청소년의 집단 따돌림의 원인과 지도방안. 청소년상담연구보고서 29. 청소년대화의 광장.

유선희(2003). 중학생들의 학교폭력에서 여학생과 남학생의 상호 가해, 피해 정도에 관한 연구. 경희대학교 교육대학원 석사학위논문.

유성경(2000). **청소년의 가출**. 서울: 한국청소년상담원.

유성경, 이소래, 송수민(2000). **청소년비행예방 및 개입전략 개발을 위한 기초연구**. 서울: 한국청소년상담원.

유영만(2013). **브리꼴레르**. 경기: 쌤앤파커스.

육동은(2005). 중학교 교사들의 진로교육 인식조사 및 중학교 1학년 과학진로교육 프로그램개발.

이화여자대학교 석사학위논문.

윤유식 · 박덕병(2008). "농촌관광마을 지역주민의 사회자본이 농촌관광개발 효과 인지에 미치는 영향 분석", 「관광학연구」, 제32권 제2권, 한국관광학회, pp.193-211.

윤현영(2004). 가출청소년 보호시설의 발전방안. 청소년보호위원회, 2004 가출청소년 보호대책토론회 자료집.

윤현영, 강진구(2005). 가출청소년 쉼터 실태조사. 한국청소년쉼터협의회.

윤혜인(2003). 실업계 고등학생들의 영어 학습 향상을 위한 정의적 특성연구. 홍익대학교 교육대학원 석사학위논문.

이광숙(2003). 능력증강교육 프로그램이 비행청소년의 능력증강과 정신건강에 미치는 효과. 전남대학교 박사학위논문.

이길자(2007). 청소년들의 가족개념에 대한 질적 연구-중학생을 중심으로-. 중앙대학교 대학원 석사학위논문.

이동원(2006). **한국의 청소년비행 동향과 요인**. 경기: 한국학술정보.

이민희, 이장현, 오해섭, 신순갑(2006). **학교폭력 대책을 위한 지역사회 네트워크의 실천적 운영에 관한 연구**. 서울: 한국청소년개발원.

이백철, 김현중, 송성자(2000). **비행청소년의 사회재적응 훈련프로그램 개발연구**. 서울: 한국청소년개발원.

이상균(2000). 청소년의 학교비행에 대한 생태체계적 영향 요인. **사회복지연구, 15**, 109-132.

이상균(2002). 청소년 흡연행위의 결정요인. **사회복지리뷰, 6**, 77-94.

이석연(1992). 검사의 불기소처분의 헌법적 통제를 위한 시론: 기소편의주의에 대한 반성적 측면에서. **법과사회, 6**, 105-123.

이성식(1995). 역할담당 감정으로서의 수치심과 청소년 비행: 상징적 상호작용모델의 검증을 중심으로. **한국사회학, 29**(1), 617-649.

이성식(2005). 사이버상의 청소년에 대한 일반이론의 검증. **한국공안행정학회, 21**, 227-248,

이수정(2006). **최신범죄심리학**. 서울: 북카페.

이수정(2007). 경찰단계에서의 범죄소년 다이버전을 위한 비행성 평가절차의 재범예측력 연구. **한국심리학회: 사회 및 성격, 21**(2), 47-57.

이수정, 전주희(2007). 성범죄자의 위험유형 별 처우 방안 연구. **한국심리학회: 사회 및 성격, 21**(3), 117-131.

이영대(2002). 제7차 교육과정과 진로교육강화방안. **경제교육연구, 8**, 221-241.

이영자, 이종숙(1999). **방과후 정서지능 계발 프로그램**. 서울: 교육과학사.

이용교(2004). **디지털 청소년 복지**. 서울: 인간과 복지.

이용교, 홍봉선, 윤현영(2005). **청소년보호시설 설치 및 운영기준 마련에 관한 연구**. 세종: 보건복지부.

이윤호, 김지연(2006). 최근 소년사법의 경향에 따른 소년범에 대한 효과적인 대응방안 모색. **한국공안행정학회보, 22**, 322-348.

이은진(2005). 가치관 명료화 프로그램이 비행청소년의 가치 명료도에 미치는 영향. **대한간호학회지, 37**(5), 1201-1209.

이인재(2006). **저소득층 가정 청소년 탈빈곤 정책에 관한 연구: 한국사회의 신빈곤**. 한국 도시연구소 엮음. 경기: 한울 아카데미.

이재창(1994). 진로교육 발전방안 탐색에 관한 연구. **한국진로교육학회, 2**, 80-119.

이정연, 김진희(2005). 비행청소년의 자아성장프로그램의 효과. **한국가족관계학회, 6**(1), 159-179.

이춘화, 방은령, 윤옥경(2005). **청소년보호시설 · 단체의 역할 정립방안 연구**. 서울: 한국청소년개발원.

이춘화, 윤옥경(2003). **여자 청소년 문제행동 예방과 대책연구**. 서울: 한국청소년개발원.

이태곤(2009). e-커리어포트폴리오를 활용한 진로교육 프로그램이 초등학교 고학년 아동의 진로의식성숙에 미치는 효과. 동아대학교 교육대학원 석사학위논문.

이해경(2002). 인터넷상에서 청소년들의 폭력게임 중독을 예측하는 사회심리적 변인들. **한국심리학회지: 발달, 14**(4), 55-79.

이현림(2007). **진로상담**. 경기: 양서원.

이희순, 김희진, 윤성혜, 천성문(2010). 중학교 기술 · 가정교과와 연계한 진로교육 프로그램의 구안과 적용. **직업교육연구, 29**(3), 247-263.

임미옥, 정연옥(2010). 교과통합 진로교육 프로그램이 초등학생의 진로성숙도와 자아존중감에 미치는 영향. **한국실과교육학회지, 2**, 379-398.

임용수(1995). 학교 진로교육 체제의 조직과 운영방안: 진로교육 강화를 위한 사회체제 접근의 탐색적 고찰. **진로교육연구, 4**, 36-59.

임은미, 장선숙(2002). 인터넷을 활용한 진로정보탐색 프로그램이 중학생의 진로성숙도에 미치는 영향. **청소년상담연구, 10**(2), 161-174.

장석민(1994). 미래사회에 대비한 진로교육의 방향. **진로교육연구, 2**, 1-25.

장석민(2001). **진로교육목표 및 내용 체계화연구**. 서울: 한국직업능력개발원.

장재정(1988). 중년 여성의 성역할정체감과 심리적 건강에 관한 연구. 고려대학교 박사학위논문.

전경숙(1999). **가출청소년 보호시스템구축방안**. 서울: 한국청소년개발원.

전경숙(2006). "청소년가출". **청소년문제론**(한국청소년개발원 편). 서울: 교육과학사.

전은경(1992). 고등학생의 성역할정체감과 정신건강에 관한 연구. 숙명여자대학교 석사학위논문.

정기선, 민수홍, 이희길(2001). **가족과 청소년비행.** 서울: 자녀안심운동서울협의회.

정미경, 안남규(2001). 초등실과교과에서의 진로교육 내용분석에 관한 연구. **대구 교육대학교 초등교육연구논총,** 17(3), 103-125.

정소희(2006). 가족구조, 부모양육행동 및 청소년비행: 모자가정과 부자가정의 비교를 중심으로. **사회복지연구,** 30, 185-213.

정수진, 류창임(2009). 중학교 기술교과 교육과정에서의 진로교육 내용분석. **기술교육연구,** 28(1), 25-42.

정영진(1996). 학생 개개인의 다양성을 중시하는 진로교육 방안. **과학과 교육,** 4, 221-233.

정윤경, 이지연, 김나라(2005). **중 · 고등학생용 커리어포트폴리오.** 서울: 한국직업능력개발원.

정진경(1990). 한국 성역할 검사(KSRI). **한국심리학회지: 사회,** 5(1), 82-92.

조권중(2010). 서울시 중장기 사회적 자본 증대방안 연구. 서울시정개발연구원.

조성심, 주석진(2010). 체험활동중심 진로교육 집단 프로그램이 고등학생의 진로 준비행동에 미치는 효과분석. **진로교육연구,** 23(3), 41-64.

조아미(2002). 청소년이 지각한 사회적 지지가 게임중독에 미치는 영향. 한국복지학회 춘계학술대회.

조아미(2002). 청소년의 성별과 성역할정체감이 진로관련 변인에 미치는 영향. **한국 심리학회지: 상담 및 치료,** 14(1), 91-108.

조영승(1999). **청소년학 총론.** 한국청소년학회 편. 서울: 양서원.

조용선(2009). 중학생을 위한 컴퓨터 시뮬레이션 활용 학교집단 상담프로그램 개발. 한국교원대학교 대학원 박사학위논문.

조은경, 양은석(2003). 수상캠프 프로그램이 보호관찰 대상 청소년의 긍정적 자기개념 향상에 미치는 영향. **한국발육발달학회지,** 11(1), 133-144.

주장훈(2006). 중학교 학생, 교사의 진로인식 및 진로교육 실태분석. 강원대학교 석사학위논문.

중앙건강지원센터(2018). www.familynet.or.kr

지승희, 이은경, 이지은, 최수미, 정찬석(2001). **청소년비행예방 및 개입전략개발을 위한 종단연구 Ⅰ.** 서울: 한국청소년상담원.

진미경(2000). 대학생의 진로결정수준과 진로준비행동에 따른 진로유형화와 심리적 변인과의 관계. 숙명여자대학교 대학원 석사학위논문.

짐 아이프(2005). **지역사회개발.** 인간과 복지.

차훈진(2005). 경찰의 회복적 사법 제도에 관한 연구. **한국경찰학회보,** 7(1), 229-253.

참여연대(2002). 청소년노동의 실태와 문제 토론회. 참여연대사회인권팀.

청소년기본법, 청소년복지지원법(2007).

청소년대화의광장(1998). 학교폭력: 그 현실과 대책. 학술세미나자료집.

청소년보호위원회(2004). 청소년자살의 원인과 실태.

최균식, 임경희(2010). 진로탐색 프로그램과 영상매체 진로교육이 고등학생의 진로성숙도에 미치는 효과 비교. **상담평가연구, 3**(2), 31-45.

최말옥(2002). 정신장애인의 임파워먼트 증진을 위한 자기옹호프로그램의 효과. 부산대학교 대학원 박사학위논문.

최미경(2006). 능력증강교육프로그램이 중학생의 자기효능감과 대인관계 기술에 미치는 효과. 경성대학교 석사학위논문.

최봉주, 김희정(2010). 영상매체를 활용한 중학생의 진로자기효능감 향상 집단 상담 프로그램개발. **중등교육연구, 58**(2), 127-156.

최성학(2012). 일반청소년과 비행청소년이 지각한 가족의 의사소통비교연구, 백석대학교 상담대학원 석사학위논문.

최운선(2005). 학교폭력 관련변인에 관한 메타분석. **한국가족복지학, 10**(2), 95-111.

최윤진, 구창모, 정문성(1990). **청소년 문제행동 진단을 위한 조사 연구**. 서울: 한국청소년연구원.

최정인, 박미진, 유계식(2001). 대학생의 진로결정수준과 진로탐색 자기효능감과의 관계. **진로교육연구, 13**, 257-275.

최종숙(2007). 학교에서의 위기청소년 지원에 관한 연구. 한서대학교 석사학위논문.

최지나, 이용진(2012). 정보통신 기술과 생활 단원에서 진로교육 수업자료개발. **대한공업교육학회, 37**, 145-164.

최지영(2006). "괴롭힘 행동의 새로운 이해". **학교폭력 예방과 상담**(문용린 외). 서울: 학지사.

최창욱, 김정주, 조영희(2005). **청소년 갈등해결프로그램 개발 및 효과 연구**. 서울: 한국청소년개발원.

최창현, 김명하(2017). **행복이 뭘까요 행복한 58문답**. 서울: 윤성사.

최창현, 김흥률(2019). **키워드로 보는 정책학**. 서울: 박영사.

최해림, 김영희(2000). 한국상담자의 성역할정체감 유형의 분석 연구. **한국심리학회지: 상담 및 심리치료, 12**(2), 1-15.

통계청(2019). 사회조사.

하진의(2003). 대학생을 위한 진로탐색 프로그램 개발. **백록논총, 5**(2), 229-251.

한국청소년개발원 편(2006). **청소년문제론**. 서울: 교육과학사.

한국청소년상담원(2000). **위기청소년 실태조사 연구**. 서울: 한국청소년상담원.

한국청소년상담원(2002). **청소년심리학**. 서울: 한국청소년상담원.

한국청소년상담원(2005). **청소년기관편람**. 서울: 한국청소년상담원.

한국청소년쉼터협의회(2002). 전국 가출청소년 실태조사 및 상담사례 연구.

한국청소년쉼터협의회(2006). 가출청소년 및 청소년쉼터 실태조사. 한국청소년연구원.

한준상(2002). **집단따돌림과 교육해체**. 서울: 집문당

허승연(2009). 청소년의 행복에 영향을 미치는 생태체계 변인. 숙명여자대학교 대학원 박사학위 논문.

허장 · 정기환(2003). "농촌마을의 발전과 새로운 리더십". 「농촌사회」, 제13권 제1호, 한국농촌사회학회, pp.51-83.

홍봉선, 남미애(2000). **청소년복지론**. 서울: 양서원.

홍봉선, 남미애(2010). **청소년복지론**. 경기: 공동체.

황성만(2007). 진로교육 프로그램이 초등학생의 자아개념과 진로성숙에 미치는 효과. 국민대학교 교육원 석사학위논문.

황순길, 이은경, 권해수, 박관성(2001). **"청소년 가출과 성매매 실태분석". 청소년 위기, 어떻게 해결할 것인가**. 서울: 한국청소년상담원.

中原英臣, 佐川峻(1992). **진화론이 변하고 있다: 다윈에 도전하는 분자생물학**. [進化論が 變わる] (고경식 역). 서울: 전파과학사(원저출판: 1996).

Abrams, L. S. (2000). "Social Context, Gender, and Youth Development: An Exploratory Study of Sociocultural Variations Among At-Risk." Adolescent Girls. Unpublished doctoral dissertation. University of California at Berkeley.

Adelmann, P. K. (1994). Multiple Role and Psychological Well-being in a National Sample of Older Adults. *Journal of Gerontology: Social Sciences. 49*(6), 227-285.

Baldwin, J. H., Rawlings, A., Marshall, E. S., Conger, C. O., & Abbott, K. A. (1999). Mom empowerment, too!: A program for young mothers involved in substance abuse. *Public Health Nursing, 16*(6), 376-383.

Bandura, A. (1977). *Social Learning Theory. Englewood Cliffs.* New Jersey: Prentice-Hall.

Bandura, A. (1982). Self-efficacy mechanism in Human Agency. *American Psychologist, 37,* 122-147.

Bandura, A. (2001). **자기효능감과 삶의 질**. [Self-efficacy: the exercise of control] (박영신, 김의철 역). 서울: 교육과학사(원저출판: 1997).

Bandura, A., & Wood, R. E. (1989). Effect of perceived controllability and performance standards on self- regulation of complex decision making. *Journal of Personality and Social Psychology, 56*, 805-814.

Batsche, G. M., & Knoff, H. M. (1994). Bullies and their victims: Understanding a pervasive problem in the schools. *School Psychology Review, 23*(2), 165-174.

Bem, S. L. (1974). The Measurement of Psychological Androgyny. *Journal of Consulting and Clinical Psychology, 42,* 155-162.

Betz, N. E., & Hackett, G. (1981). The relationship of career-related self-efficacy expectations to perceived career options in college women and men. *Journal of Counseling Psychology, 28*, 399-410.

Boix, C. & Posner, Daniel N., Social Capital: Explaining Its Origins and Effects on Government Performance, *British Journal of Political Science,* vol.28 no.4, 1998, pp.686-693.

Boss, P. G., Doherty, W. J., LaRossa, R. Schumm W. R., & Steinmetz, S. K. (2003). **가족학이론: 관점과 쟁점.** [Sourcebook of family theories and methods] (유계숙, 최연실, 성미애 역). 서울: 하우(원저출판: 1993).

Brennan, T., Blanchard, F., Huizinga, D., & Elliott, D. (1975). The Incidence and the Nature of Runaway Behavior. Behavioral Research and Evaluation Corporation.

Burn, S. M. (1996). *The Social Psychology of Gender.* New York: Mc Graw-Hill.

Butcher, D. A. (2000). The relationship among engagement in youth development programs, risk and protective factors, and problem behaviors: An exploratory study. Unpublished doctoral dissertation, Utah university.

Campos, J. J., Mumme, D. L., Kermoian, R., & Campos, R. G. (1994). A functionalist perspective on the nature of emotion. In N. Fox(Ed.), The development of emotion regulation. *Monographs of the Society for Research in Child Development, 59,* 284-303.

Cook, E. P. (1985). *Psychological Androgyny.* New York: Pergamon Press.

Coopersmith, S. (1967). *The antecedents of self-esteem.* San Francisco: W. H. Freeman.

Cungsik, Jung. (2000). The Reorganization for the IT Industries. *Korean Society and Public Administration Studies, 21,* 3.

DeCarlo, T. J. (1974). Recreation participation patterns and successful aging. *Journal of Gerontology, 29*(4), 416-422.

English, C. J. (1973). Leaving Home: A Typology of Runaways. *Society, 10*(5), 22–24.

Freire, P. (1970). Pedagogy of the oppressed. The Continue Publishing Corporation. In Garbarino, J., Shellenbach, C. J. & Sebes, J. M. (eds.), *Troubled Youth, Troubled Families: Understanding Families At Risk for Adolescent Maltreatment.* New York: Aldine Publishing Company.

Ginzberg, E. (1951). *Career Maturity Inventory Theory to General Theory.* New York: Columbia University Press.

Gribbons, W. D., & Lohnes, P. R. (1964). Relationship among measures of readiness for vocational planning. *Journal of Counseling Psychology. 41*, 13-20.

Grolnick, W. S., Bridges, L. J., & Connell, J. P. (1996). Emotion Regulation in two-year-olds: Strategies and Emotional Expression in Four Contexts. *Child Development, 67,* 928-941.

Harren, V. A. (1979). A model of career decision-making for college students. *Journal of vocational behavior, 14*, 119-133.

Heimer, K. (1989). Sex, Interaction, and Delinquency. Ph. D. dissertatation, University of Wisconsisn- Madison.

Hermann, H. (1997). An investigation of the relationship of teacher language to social competence of preschool children in accredited and non-accredited early childhood programs. Unpublished Doctoral Dissertation, America University.

Hirschi, T. (1969). *Causes of Delinquency.* Berkeley, CA: University of California Press.

Homer, L. E. (1973) Community-based resource for runaway girls. *Social Casework, 54,* 473-479.

Irene, L. & Jan T. (1992). Understanding the Concept of Family. *Family Relation, 41*(3), 348-351.

Iso-Ahola, S. E.(1980). *Social psychological perspectives on leisure and recreation*. Iowa: WM. C. Brown Company.

Jung, Won. (2012). The Policy Implications of the foreign Cases of the ICT Governance, Proceedings of KAPA.

Jungsuk, Kang, et al. (2011). The Study on the ICT Governance suitable to the Smart Age, KIPA Report.

Kaufamn, J., & Cicchetti, D. (1989). Effects of maltreatment on school-age children's socioemotional development: Assessment in a day-camp setting. *Development Psychology, 25,* 516-524.

Kazdin, A. E. (1987). Parent management training evidence, outcomes and issues. *Journal of American Academy of Child and Adolescent Psychiatry, 36,* 1349-1356.

Kipke, M. D., Simon, T. R., Montgomery, S. B., Unger, J. B., & Iversen, E. F. (1997). Homeless youth and their exposure to and involvement in violence while living on the streets. *Journal of Adolescent Health, 20*(5), 360-367.

Kleiber, D. A. & Kelly, J. R. (1980). Leisure, socialization, and the life cycle, In S. E. Iso-Ahola(Eds) *Social psychological perspectives on leisure and recreation.* Springfield, IL:

Charles C. Thomas.

Klein, K., Forehand, R., Armastead, L., & Long, P. (1997). Delinquency during the transition to early adulthood: Family and parenting predictors from early adolescence. *Adolescence, 32,* 61-80.

Kliewer, W. (1991). Coping in middle childhood : Relations to competence, type A behavior, monitoring, blunting, and locus of control. *Developmental Psychology, 27,* 689-697.

Krishna, A. (2007). How Does Social Capital Grow? A Seven-Year Study of Villages in India. *The Journal of Politics,* vol.69 no4, pp.941-956.

Kurtz, P.S., Jarvis, S. V., & Kurtz, G. L. (1991). Problems of homeless youth: Empirical findings and human services issues. *Social Work, 36*(4). 309-314.

Kwan, Chi-fai. (2000). Gender, Identity, and Suicidality: A Study of Adolescents in Macau. Unpublished doctoral dissertation. The Chinese University of Hong Kong.

Lazarus, A. A. (1971). *Behavior therapy and beyond.* New York : Mcgraw-Hill.

Lazzo, D. A. (1993). The relationship between undergraduates' locus of control and career development. *Journal of College Student Personal, 34*(3), 227.

Lent, R. W. & Hackett, G. (1987). Career self-efficacy :Empirical status and future directions. *Journal of Vocational Behavior, 30,* 347-382.

Marra, T. (2006). **변증법적 행동치료: 개인 치료 현장에서 실제적이고 포괄적인 안내서.** [Dialectical behavior therapy in private practice] (심민섭 외 역). 서울: 시그마프레스(원저출판: 2005).

Matsueda, R. L. (1992). Reflected appraisals, parental labeling, and delinquency: Specifying a symbolic interactionist theory. *American Journal of Sociology, 97*(6), 1577-1611.

Matthews, G., & Zeidner, M. (2000). Emotional intelligence, adaptation to stressful encounters and health outcomes. In R. Bar-On, & J. D. Parker (Eds.), *Handbook of emotional intelligence*(pp. 459-489). New York: Jossey-Bass.

Matthews, G., Zeinder, M., & Roberts, R. D. (2002). Can Emotional Intelligence Be Schooled?: A Critical Review. *Educational Psychologist, 37*(4), 215-231.

Miller, D., Miller, D., Hoffman, F. & Duggan,. R. (1980). *Runaways Illegal Aliens in Their Own Land.* New York: Praeger Publishers.

Mudrak, P. M. (2000). An Investigation of the Relationship Between Personality Disorders and Gender Roles among Adolescents. Unpublished doctoral dissertation. The Kent State University.

Narayan, D. & Pritchett L., (1996). Cents and Sociability: Household Income and Social Capital in

Rural Tanzania. World Bank. Environment Department. Washington. D.C., 1996.

Norton, D. (1978). *The dual perspective.* Washington D.C: Council for Social Work.

Nwadiora, E., & McAdoo, H. (1996). Acculturative stress among Amerasian refugees: Gender and racial differences. *Adolescence, 31*(122), 477-487.

OECD(2017). http://www.oecdbetterlifeindex.org.

Parsons, F. (1909). *Choosing a vocation.* Boston: Houghton Mifflin Company.

Redfield, R., Linton, R., & Herskovits, M. J. (1936). Memorandum for the study of acculturation. *American Anthropologist, 38*, 149-152.

Petersen, Dana M., The Potential of Social Capital Measures in the Evaluation of Comprehensive Community-Based Health Initiatives. *American Journal of Evaluation,* vol.23 no.1 , 2002, pp.55-64.

Roberts, A. R. (1987). *Runaways and Non-runaways: An Exploratory Study of Adolescent and Parental Coping.* IL: The Dorsey Press.

Roberts, K. (2006). *Leisure in Contemporary Society.* UK: CABI.

Rogers, C. R. (1961a). *On becoming a person.* Boston: Houghton Mifflin Company.

Rogers, C. R. (1970b). *Carl Rogers on encounter groups.* New York: Harper & Row.

Rollnick, S., & Miller, W. R. (2006). **동기강화상담: 변화준비시키기.** [Motivational interviewing: preparing people for change] (신성만, 권정옥, 손명자 역). 서울: 시그마프레스(원저출판: 2002).

Ronald L. A., & Christine S. S. (2011). **범죄학이론.** [Criminological theories: introduction, evaluation, and application] (민수홍, 박기석, 박강우, 기광도, 전영실, 최병각 역). 경기: 나남(원저출판: 2004년).

Schonert-Reichl, K. A., & Muller, J. R. (1996). Correlates of help-seeking in adolescence. *Journal of Youth and Adolescence, 25,* 705-732.

Scott, D. & Willits, F. K. (1998). Adolescent and adult leisure patterns: a reassessment. *Journal of Leisure Research, 3D,* 319-330.

Searle, W., & Ward, C. (1990). The prediction of psychological and sociocultural adjustment during cross-cultural transitions. *International Journal of Intercultural Relations, 14*(4), 449-464.

Sherer, M., Maddux, J. E., Mercandants, B., Prentice-Dunn, S., & Jacobs, B. (1983). The self-efficacy scale: construction and validation. *Psychological Reports, 51,* 663-671.

Sokol-Katz, J., Dunham, R., & Zimmerman, R. (1997). Family structure versus parental attachment in controlling adolescent deviant behavior: A social control model. *Adolescence, 32*(125): 199-215.

Spence, J. T., & Helmreich, R. L. (1979). On Assessing Androgyny. *Sex Roles, 5,* 721-738.

Springer, D. (2001). Runaway Adolescents: Today's Huckleberry Finn Crisis. Brief Treatment and crisis Intervention, 1.

Sprinthall, N. A., & Collins, W. A. (1995). *Adolescent Psychology: A developmental view*(3ed.). New York: McGraw-Hill.

Strauss, A., & Corbin, J. (1998). *Basics of qualitative research: technique and procedures for developing grounded theory*. New York: SAGE Publications.

Stryker, S. (2002). *Symbolic Interactionism: A Social Structural Version*. NJ: The Blackburn Press.

Super, D, E. (1953). A Theory of vocational development. *American Psychologist, 8*, 185-190.

Super, D. E. (1957). Applications of self-efficacy theory to the understanding and treatment of career indecision. *Journal of Vocational Behavior. 22,* 63-81.

Super, D. E. (1976). Career educational and the meaning of work monographs on career education. U. S. Office of Education.

Sutherland, E. H. (1947). *Principles of Criminology*(4th ed.). Chicago: J. B. Lippincott Company.

Suzanne R. S., & Bron B I. (2009). *Exploring family theories*. New York : Oxford University Press.

Swearer, S. M., Espelage, D. L., & Napolitano, S. A. (2011). **괴롭힘의 예방과 개입.** [Bullying prevention and intervention] (이동형, 이승연, 신현숙 역). 서울: 학지사(원저출판: 2009).

Taylor, M. C., & Hall, J. A. (1982). Psychological Androgyny: Theories, Methods, and Conclusions. *Psychological Bulletin, 92,* 347-366.

Tipton, R. M., & Worthington, E. L. (1984). The Measurement of generalized self-efficacy: A study of construct validity. *Journal of Personality Assessment, 48*, 545-548.

Tyler, K. A., Hoyt, D. R., & Whitbeck, L. B. (2000). The effects of early sexual abuse on later sexual victimization among female homeless and runaway adolescents. *Journal of Interpersonal Violence, 15*(3), 235-250.

Wallerstein, N., & Bernstein, E. (1988). Empowerment education: Freire's ideas adapted to health education. *Health Education Quarterly, 15*(4), 379-394.

Wilson, F. R., & Cook, E. P. (1984). Concurrent Validity of Four Androgyny Instruments. *Sex Roles, 11,* 813-837.

찾아보기

저/자/소/개

■ 곽미정

상명대학교에서 2013년 행정학박사 학위를 취득한 이후, 경기대학교에서 2015년 사회복지학박사 학위를 취득하였다. 그 밖에 단국대학교 행정학학사, 한양대학교 사회학석사, 성신여자대학교에서 사회복지학석사 학위를 취득하였다. 사회복지개발원의 수석연구원으로 활동하였으며, 현재 김포대학교 사회복지과 교수로 재직 중이다. 주요 관심 분야는 사회복지실천, 행정 및 정책 분야이며, 주요 저서로는 가족상담 및 가족치료, 가족관계, 가족정책론 외 다수가 있다.

■ 성진경

서울장신대학교 사회복지상담대학원에서 석사 학위를 취득하였고, 고양시덕양노인종합복지관 사회복지사, 철산종합사회복지관 사회복지사로 20여년간 근무하였다. 현재 부천대학교 사회복지과 겸임교수이며 고양시건강가정지원센터 센터장으로 재직 중이다. 주요 관심 분야로는 가족복지, 가족상담, 사회복지실천, 노인복지 분야이다.

■ 이영미

대구가톨릭대학교에서 사회복지학석사 학위를 취득한 후 사회복지사 1급을 취득하였다. 계명대학교에서 교육학(상담전공)박사를 취득하였다. 그 외 대구한의대학교에서 미술치료사 학위를 취득하였고, 심리 상담사로 활동하였다. 현재 대구공업대학교 사회복지경영계열 겸임교수로 재직 중이며, 누리상담심리교육센터 센터장으로 재직 중이다. 주요 관심 분야는 인간행동과 사회환경, 장애인복지 분야이다. 저서로는 장애인복지론이 있다.

■ 전대성

서울대학교 대학원 도시 및 지역계획 석사, 명지대학교에서 사회복지학석사를 취득하고 단국대학교에서 행정학박사를 취득하였다. 현재 경북전문대학교 사회복지과 학과장으로 재직 중이며, 관심 분야로는 정신건강, 사회복지실천, 인간행동과 사회환경, 노인복지 분야이며, 주요 저서로는 사회복지법제론, 정신건강론, 아동생활지도 등 다수의 저서가 있다.

■ 전미숙

경기대학교 행정대학원에서 사회복지학석사 학위를 취득하였고, 2017년 경기대학교 일반대학원에서 사회복지학박사 학위를 취득하였다. 현재 효자노치원 서수원점 대표로 기관을 운영 중이며, 수원여자대학교 겸임교수로 활동 중이다. 주요 관심 분야로는 노인복지, 사회복지실천 분야이며, 주요 저서로는 노인복지론, 사회복지실천론, 사회복지사 1급 수험서 등 다수의 저서가 있다.

[개정판]

가족과 문화

1판 1쇄 발행 — 2021년 8월 27일
2판 1쇄 발행 — 2025년 3월 20일

저　　자 - 곽미정 성진경 이영미 전대성 전미숙
발 행 인 - 강철원
발 행 처 - 양성원
주　　소 - 경기도 파주시 검산로 173번길 29-12
전　　화 - 031-946-3861(代)
팩　　스 - 031-946-3864
이 메 일 - tnwpub@naver.com
홈페이지 - tnwpub.co.kr
출판등록 - 2015년 8월 31일 제 2015-000211 호

ISBN 979-11-6126-621-3

정가 22,000원